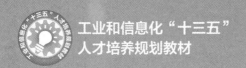

Linux 基础与服务管理 | 基于 CentOS 7.6

Linux Foundation and Service Management

唐乾林 黎现云 ◎ 主编
李治国 杨成相 朴文学 袁中强 ◎ 副主编

人民邮电出版社
北京

图书在版编目（CIP）数据

Linux基础与服务管理：基于CentOS 7.6 / 唐乾林，黎现云主编. -- 北京：人民邮电出版社，2019.9（2023.7重印）
工业和信息化"十三五"人才培养规划教材
ISBN 978-7-115-51737-1

Ⅰ. ①L… Ⅱ. ①唐… ②黎… Ⅲ. ①Linux操作系统－高等学校－教材 Ⅳ. ①TP316.85

中国版本图书馆CIP数据核字(2019)第164752号

内 容 提 要

本书以目前广泛使用的CentOS 7.6平台为例，由浅入深、系统地介绍了Linux基础及对Linux各种服务的管理。全书共11章，主要内容包括Linux简介、基础操作命令、账户与权限管理、文件系统与磁盘管理、网络管理与系统监控、软件包管理、进程与基础服务、常用服务器配置、常用集群配置、常用系统安全配置和Shell编程基础。

本书可作为电子信息类相关专业的教材，也可作为广大计算机爱好者和网络管理员的参考用书以及社会培训教材。

◆ 主　　编　唐乾林　黎现云
　　副 主 编　李治国　杨成相　朴文学　袁中强
　　责任编辑　祝智敏
　　责任印制　马振武

◆ 人民邮电出版社出版发行　北京市丰台区成寿寺路11号
　　邮编　100164　电子邮件　315@ptpress.com.cn
　　网址　http://www.ptpress.com.cn
　　北京市艺辉印刷有限公司印刷

◆ 开本：787×1092　1/16
　　印张：17.75　　　　　　　　　　2019年9月第1版
　　字数：421千字　　　　　　　　　2023年7月北京第12次印刷

定价：52.00元

读者服务热线：(010)81055256　印装质量热线：(010)81055316
反盗版热线：(010)81055315
广告经营许可证：京东市监广登字 20170147 号

前 言　FOREWORD

　　Linux 操作系统从诞生至今给 IT 行业带来了巨大的贡献，随着虚拟化、云计算、大数据和人工智能时代的来临，Linux 更是飞速发展，占据了整个服务器行业的半壁江山。当今互联网企业各种多样化的需求、高难度复杂的业务及不断扩展的应用领域，都需要有越来越合理的管理模式来保证 Linux 服务器的安全、稳定和高可用，而这些都离不开 Linux 运维工作人员的付出。

　　本书以 CentOS 7.6 为平台，这也是目前企业生产环境选择的主流操作系统版本。

　　本书融入了作者丰富的教学经验和多位长期从事 Linux 运维工作的资深工程师的实践经验，具有以下特点。

　　1. 内容丰富、技术新颖、图文并茂、通俗易懂，具有很强的实用性。

　　2. 内容从初学者角度出发，以基础知识为"基石"，以核心技术和高级应用为"梁柱"，通过实训项目来检验学习效果。

　　3. 在介绍常用服务的配置时并没有像常规教材那样通过关闭防火墙来简单实现，而是基于生产环境启用防火墙并配置防火墙的端口来实现，更具实用价值。

　　4. 在服务器配置中，所有软件都采用当前最新版本，如 PHP 7.3.3、MySQL 8.0.15。

　　本书配套的教学资源有课程标准、教学计划、电子教案、PPT 课件和书中所需软件等，读者若有需要，请登录人邮教育网站进行下载或找编者索要。

　　本书由唐乾林（重庆电子工程职业学院）、黎现云（重庆迎圭科技有限公司）任主编，李治国、杨成相、朴文学和袁中强任副主编，赵怡、汤建国、李秋羽和秦长春参与编写，唐乾林负责全书的统稿和定稿。在此，谨向为本书出版付出辛勤劳动的同仁表示感谢！

　　由于编者水平有限，加之时间仓促，书中不妥之处在所难免，衷心希望广大读者不吝批评指正，我们将在再版时及时更正。编者的 E-mail：1670101348@qq.com。

编　者

2019 年 4 月

目 录 / CONTENTS

第1章　Linux 简介 ... 1
1.1　Linux 概述 ... 1
1.1.1　Linux 的发展历史 ... 1
1.1.2　Linux 的版本 ... 1
1.1.3　Linux 的应用 ... 3
1.2　Linux 安装 ... 3
1.2.1　安装虚拟机 ... 3
1.2.2　安装 Linux ... 6
1.3　使用 Linux ... 13
1.3.1　本地登录 ... 13
1.3.2　远程登录 ... 14
1.4　作业 ... 14

第2章　基础操作命令 ... 15
2.1　Shell 命令基础 ... 15
2.1.1　Shell 简介 ... 15
2.1.2　命令格式 ... 16
2.1.3　命令帮助 ... 17
2.2　常用文件目录命令 ... 18
2.2.1　目录处理命令 ... 18
2.2.2　文件处理命令 ... 22
2.3　常用文本命令 ... 26
2.4　打包和压缩命令 ... 30
2.5　其他命令 ... 31
2.5.1　链接文件命令 ln ... 31
2.5.2　设置别名命令 alias ... 33
2.5.3　查看历史记录命令 history ... 34
2.5.4　重定向命令 ... 34
2.5.5　管道命令 "|" ... 35
2.6　文本编辑器 vi ... 35
2.7　作业 ... 38

第3章　账户与权限管理 ... 39
3.1　用户和组管理 ... 39
3.1.1　账户类型 ... 39
3.1.2　创建用户和组 ... 40
3.1.3　相关配置文件 ... 41
3.1.4　管理用户和组 ... 43
3.1.5　口令管理 ... 44
3.2　权限管理 ... 45
3.2.1　查看文件和目录权限 ... 45
3.2.2　设置文件和目录权限 ... 46
3.3　系统高级权限 ... 48
3.3.1　SET 位权限 ... 48
3.3.2　粘滞位权限 ... 49
3.3.3　ACL 权限 ... 50
3.4　作业 ... 52

第4章　文件系统与磁盘管理 ... 53
4.1　文件系统 ... 53
4.1.1　文件系统简介 ... 53
4.1.2　文件系统类型 ... 54
4.1.3　文件系统的目录结构 ... 55
4.2　磁盘管理 ... 56
4.2.1　添加新硬盘 ... 56
4.2.2　对硬盘分区 ... 57
4.2.3　格式化分区 ... 60
4.2.4　挂载硬盘分区 ... 61
4.3　逻辑卷管理 ... 64
4.3.1　逻辑卷概念 ... 64
4.3.2　创建逻辑卷 ... 65
4.3.3　逻辑卷管理 ... 69
4.4　RAID 管理 ... 70
4.4.1　RAID 简介 ... 70
4.4.2　RAID5 搭建 ... 71
4.4.3　RAID5 测试 ... 75
4.5　作业 ... 77

第 5 章　网络管理与系统监控 ... 78

5.1　常用网络配置文件 ... 78
- 5.1.1　网卡配置文件 ... 78
- 5.1.2　DNS 配置文件 ... 79
- 5.1.3　主机名配置文件 ... 80
- 5.1.4　hosts 配置文件 ... 80

5.2　常用网络管理命令 ... 80
- 5.2.1　管理网络接口命令 ifconfig ... 80
- 5.2.2　设置主机名命令 hostname ... 83
- 5.2.3　管理路由命令 route ... 84
- 5.2.4　检测主机命令 ping ... 85
- 5.2.5　查看网络信息命令 netstat ... 86
- 5.2.6　DNS 解析命令 nslookup ... 89
- 5.2.7　跟踪路由命令 traceroute ... 89
- 5.2.8　网络配置工具 ip ... 91

5.3　系统监控 ... 93
- 5.3.1　内存监控 ... 93
- 5.3.2　CPU 监控 ... 95
- 5.3.3　磁盘监控 ... 96
- 5.3.4　综合监控工具 ... 97

5.4　作业 ... 99

第 6 章　软件包管理 ... 100

6.1　RPM 包安装 ... 100
- 6.1.1　RPM 包简介 ... 100
- 6.1.2　rpm 命令 ... 100

6.2　YUM ... 105
- 6.2.1　yum 查询 ... 105
- 6.2.2　yum 安装/升级 ... 107
- 6.2.3　yum 删除 ... 108
- 6.2.4　yum 清除缓存 ... 109
- 6.2.5　yum 配置文件 ... 109

6.3　源码安装 ... 110
6.4　作业 ... 116

第 7 章　进程与基础服务 ... 117

7.1　进程管理 ... 117
- 7.1.1　进程概念 ... 117
- 7.1.2　查看进程状态 ... 118
- 7.1.3　进程的控制 ... 120

7.2　基础服务 ... 122
- 7.2.1　系统启动流程 ... 122
- 7.2.2　服务管理 ... 124
- 7.2.3　远程访问 ... 125
- 7.2.4　日志系统 ... 129
- 7.2.5　计划任务 ... 132

7.3　作业 ... 135

第 8 章　常用服务器配置 ... 136

8.1　网络文件共享 ... 136
- 8.1.1　NFS ... 136
- 8.1.2　rsync ... 140
- 8.1.3　vsftpd ... 146
- 8.1.4　Samba ... 152

8.2　网络服务 ... 158
- 8.2.1　DHCP 服务 ... 158
- 8.2.2　DNS 服务 ... 162

8.3　数据库服务 ... 170
- 8.3.1　MySQL 服务 ... 170
- 8.3.2　Redis 服务 ... 175

8.4　LAMP ... 179
- 8.4.1　LAMP 简介 ... 179
- 8.4.2　Apache ... 179
- 8.4.3　PHP ... 181

8.5　作业 ... 193

第 9 章　常用集群配置 ... 194

9.1　LVS ... 194
- 9.1.1　LVS 简介 ... 194
- 9.1.2　LVS 管理工具 ... 197
- 9.1.3　基于 VS/DR（LVS-DR）模式的配置实例 ... 197

9.2　高性能负载均衡器 HAProxy ... 202
- 9.2.1　HAProxy 简介 ... 202
- 9.2.2　HAProxy 安装及配置文件 ... 204
- 9.2.3　HAProxy 访问控制列表 ... 205

9.2.4 HAProxy 配置实例 ……………… 206
9.2.5 使用 Web 监控平台 …………… 211
9.3 高可用软件 Keepalived ………… 212
　9.3.1 Keepalived 简介 ……………… 212
　9.3.2 Keepalived 安装及基础配置 …… 214
　9.3.3 Keepalived 基于非抢占模式配置
　　　 实例 …………………………… 216
9.4 MySQL Replication ……………… 223
　9.4.1 MySQL Replication 简介及常用架构 … 223
　9.4.2 MySQL Replication 主从模式的配置
　　　 实例 …………………………… 224
9.5 作业 ………………………………… 230

第 10 章　常用系统安全配置 … 231

10.1 系统安全加固配置 ……………… 231
10.2 账户与远程安全 ………………… 235
　10.2.1 使用 SSH 方式登录 ………… 235
　10.2.2 清理用户和组 ……………… 236
　10.2.3 密码与密钥对 ……………… 237
　10.2.4 使用 su 与 sudo …………… 238

10.2.5 使用 tcp_wrappers ………… 240
10.3 文件系统安全 …………………… 241
10.4 入侵检测与端口扫描 …………… 242
　10.4.1 入侵检测 …………………… 242
　10.4.2 端口扫描 …………………… 244
10.5 防火墙 …………………………… 247
　10.5.1 iptables …………………… 247
　10.5.2 firewalld ………………… 249
10.6 作业 ……………………………… 252

第 11 章　Shell 编程基础 ……… 253

11.1 Shell 编程简介 ………………… 253
11.2 Shell 变量 ……………………… 255
11.3 Shell 运算符 …………………… 258
11.4 Shell 流程控制语句 …………… 266
11.5 Shell 函数 ……………………… 272
11.6 Shell 脚本调试 ………………… 273
11.7 作业 ……………………………… 275

参考文献 ……………………………… 276

第 1 章
Linux 简介

- 了解 Linux。
- 掌握 Linux 的安装。
- 熟悉 Linux 的使用。

1.1 Linux 概述

1.1.1 Linux 的发展历史

Linux 来源于 UNIX。UNIX 是一种主流经典的操作系统，于 1969 年诞生于美国的贝尔实验室。工程师肯·汤普森（Ken Thompson）开发了 UNIX 操作系统的原型，1972 年又与丹尼斯·里奇（Dennis Ritchie）一起用 C 语言重写了 UNIX 操作系统，大幅增加了其可移植性，之后 UNIX 系统开始蓬勃发展。

1987 年，荷兰 Vrije 大学的安德鲁·塔能鲍姆（Andrew S.Tanenbaum）教授仿照 UNIX 自行设计了一款精简版的微型 UNIX，并将之命名为 MINIX，专门用于教学。

1991 年，来自芬兰赫尔辛基大学的学生李纳斯·托沃兹（Linux Torvalds）在 MINIX 系统的基础上，增加了很多功能将之完善并发布在互联网上，所有人都可以免费下载、使用它的源代码，这就是 Linux 系统。

经过几十年的发展，Linux 凭借其优秀的设计、不凡的性能，加上 IBM、Intel、CA、CORE、Oracle 等国际知名企业的大力支持，市场份额逐步扩大，逐渐成为主流操作系统之一。

1.1.2 Linux 的版本

正是基于自由开源的特性，才造就了 Linux 发行版本百花齐放的局面。

Linux 的标识是一只企鹅，寓意着开放和自由，这也是 Linux 操作系统的精髓。

Linux 发行版本是指在 Linux 内核的基础之上添加各种管理工具和应用软件，构成的一个完整的操作系统。发行版本为许多不同的目的而制作，包括对不同计算机结构的支持、对具体区域或语言版本的本地化，用于实时系统和嵌入式系统，甚至许多版本只嵌入免费软件。目前已经有超过三百个发行版本被开发出来，最普遍使用的有如下几个。

1. Fedora

Fedora（第七版以前称为 Fedora Core）是众多 Linux 发行版之一，它是一套从 Red Hat Linux 发展出来的免费 Linux 系统。Fedora 作为一个开放的、创新的、具有前瞻性的操作系统和平台，允许任何人自由地使用、修改和重新发布，它由一个强大的社群开发，无论现在还是将来，Fedora 社群的成员都将以自己的不懈努力，提供并维护自由、开放源码的软件和开放的标准。

2. Debian

Debian 诞生于 1993 年 8 月 13 日，它的目标是提供一个稳定容错的 Linux 版本。支持 Debian 不断发展的不是某家公司，而是许多在其改进过程中投入了大量时间的开发人员，这些改进均吸取了早期 Linux 的经验。

Debian 以稳定性著称，虽然它的早期版本 Slink 有一些问题，但是它的现有版本 Potato 已经相当稳定了，这个版本更多地使用了可插拔认证模块（Pluggable Authentication Modules，PAM），综合了一些更易于处理的需要认证的软件（如 Winbind for Samba）。

3. Mandrake

Mandrake Linux 在 1998 年由一个推崇 Linux 的小组创立，它的目标是让工作尽量变得更简单。最终，Mandrake 给人们提供了一个优秀的图形安装界面，它的最新版本还包含了许多 Linux 软件包。

作为 Red Hat Linux 的一个分支，Mandrake 将自己定位为桌面市场的最佳 Linux 版本。但其仍然支持服务器上的安装，而且成绩也不差。Mandrake 的安装非常简单明了，并为初级用户设置了简单的安装选项；完全使用 GUI 界面，还为磁盘分区制作了一个适合各类用户的简单 GUI 界面；软件包的选择非常标准，还有对软件组和单个工具包的选项。安装完毕后，用户只需重启系统并登录进入即可。

4. Ubuntu

Ubuntu 是一个以桌面应用为主的 Linux 操作系统，其名称来自非洲南部祖鲁语或豪萨语的 "ubuntu" 一词（音译为乌班图）。Ubuntu 基于 Debian 发行版本和 Unity 桌面环境，与 Debian 的不同在于，它每 6 个月会发布一个新版本。Ubuntu 的目标在于为一般用户提供一个最新的、同时又相当稳定的主要由自由软件构成的操作系统。Ubuntu 拥有庞大的社区，用户可以方便地从社区获得帮助。随着云计算的流行，Ubuntu 推出了一个为云计算环境搭建的解决方案，可以在其官方网站找到相关信息。2012 年 4 月 26 日发布的 Ubuntu 12.04 是其长期支持的版本。

5. Red Hat Linux

Red Hat Linux 是现今最著名的 Linux 版本，不仅创造了自己的品牌，而且有越来越多的人开始使用它。Red Hat 在 1994 年创立，当时在全世界聘用了 500 多名员工，他们都致力于开发开放的源代码体系。

Red Hat Linux 是公共环境中表现上佳的服务器，它拥有自己的公司，能向用户提供一套完整的服务，使得它特别适合在公共网络中使用。Red Hat Linux 也使用最新的内核，还拥有大多数人都需要使用的主体软件包。

Red Hat Linux 的安装过程也十分简单明了，它的图形安装界面提供了简易设置服务器的全部信息；磁盘分区过程可以自动完成，也可以选择 GUI 工具完成，即使对于 Linux 新手来说也非常简单；选择软件包的过程也与其他版本类似，用户可以选择软件包的种类或特殊的软件包。可以说 Red Hat 是一个符合大众需求的最优版本。它在服务器和桌面系统中都工作得很好。Red

Hat 的唯一缺陷是带有一些不标准的内核补丁，这使得它难于按用户的需求进行定制。Red Hat 通过论坛和邮件列表提供广泛的技术支持，还有公司的电话技术支持，后者对于要求更高技术支持水平的集团客户更有吸引力。

6. CentOS

社区企业操作系统（Community Enterprise Operating System，CentOS）是一个基于 Red Hat Linux 的企业级 Linux 发行版本，它由 Red Hat Enterprise Linux 依照开放源代码规定释出的源代码编译而成。由于源自同样的源代码，因此有些要求高度稳定性的服务器用 CentOS 替代了商业版的 Red Hat Enterprise Linux。两者的不同，在于 CentOS 并不包含封闭源代码软件。

通过安全更新，每个版本的 CentOS 都能获得十年的支持。新版本的 CentOS 大约每两年发布一次，而每个版本的 CentOS 会定期（大概每六个月）更新一次，以便支持新的硬件。这样，可以建立一个具有高预测性、高重复性的安全、稳定、低维护率的 Linux 环境。

CentOS 具有以下特点：

（1）CentOS 完全免费，不存在 Red Hat Linux 需要序列号的问题；

（2）CentOS 独有的 yum 命令支持在线升级，可以即时更新系统，不像 Red Hat Linux 还需要花钱购买支持服务；

（3）CentOS 修正了许多 Red Hat Enterprise Linux 的 Bug；

（4）稳定的环境；

（5）在大规模的系统下也能够发挥很好的性能。

本书以 CentOS 7.6 为平台介绍 Linux 的使用，书中出现的各种操作如无特别说明，均以 CentOS 7.6 为实现平台，所有案例都经过了作者的完整实现。

1.1.3 Linux 的应用

与其他操作系统相比，Linux 具有三大突出优势。
- 可靠性高；
- 彻底的开放性；
- 强大的网络功能。

正是由于 Linux 具有的这三大突出优势，使得 Linux 在世界超级计算机 500 强排行榜中占据了 462 个席位，比率高达 92%。

早期，Linux 主要用作服务器的操作系统，如以 Linux 为基础的 LAMP（Linux+Apache+MySQL+PHP）就是使用最普遍的 Web 服务器平台。

现今，Linux 已被广泛应用于各种嵌入式系统中，小到电视机和顶盒、手机，大到路由器、防火墙等。

目前流行的 Android（安卓）手机操作系统，也是使用的经过定制的 Linux 内核。

1.2 Linux 安装

1.2.1 安装虚拟机

在学习 Linux 的过程中必定要进行大量的实验操作，而完成这些实验操作最方便的就是借助虚拟机软件。

虚拟机（Virtual Machine）是指通过软件模拟的具有完整硬件系统功能的、运行在一个完全隔离环境中的完整计算机系统。

使用虚拟机软件，一方面可以很方便地搭建各种网络环境，为实验奠定基础；另一方面可以保护真机，尤其是在完成一些诸如硬盘分区、安装系统的操作时，对真机没有任何影响。

虚拟机软件众多，本书选用的是 VMware Workstation。VMware Workstation（威睿工作站）是一款功能强大的桌面虚拟机软件，提供了在单一桌面上同时运行不同操作系统，并完成开发、测试、部署新的应用程序的最佳解决方案。

VMware Workstation 可在一部实体机器上模拟完整的网络环境和便于携带的虚拟机器，其更好的灵活性与先进的技术胜过了市面上其他的虚拟机软件。对于企业的 IT 开发人员和系统管理员来说，VMware 在虚拟网络、实时快照、拖曳共享文件夹、支持 PXE 等方面的特点使其成为它们工作中必不可少的工具。

下面介绍 VMware Workstation 的安装过程。

首先下载软件。如果是 Windows XP 或 32 位系统，使用 10.0 版本；如果是 Windows 7 或更高版本的 64 位系统，使用 11.0 版本。

下面以在 Windows 10 下安装 VMware Workstation 14 Pro 为例进行讲解。

双击安装文件 VMware-workstation-full-14.1.2-8497320.exe（可以从本书所附资源中找到），出现图 1-1 所示的界面。

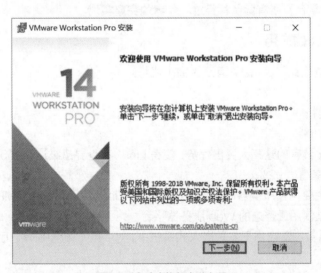

图 1-1　启动虚拟机安装向导

单击"下一步"按钮，在出现的界面中勾选"我接受许可协议中的条款"，再单击"下一步"按钮，在出现的界面中勾选"增强型键盘驱动程序"，如图 1-2 所示。

单击"下一步"按钮，在出现的界面中把所有选项前的勾选都去掉，如图 1-3 所示。

单击"下一步"按钮，在出现的界面中直接单击"下一步"按钮，再单击"安装"按钮，开始执行安装程序，如图 1-4 所示。

图1-2　自定义安装选项

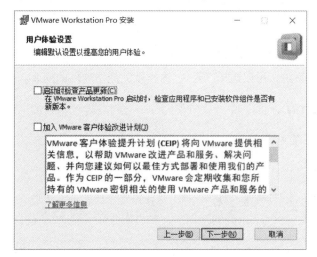

图1-3　用户体验设置

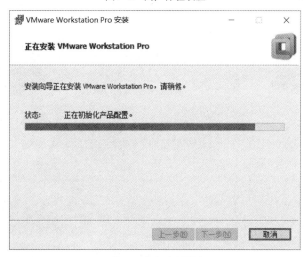

图1-4　执行安装程序

安装程序执行完成后出现图 1-5 所示的界面。

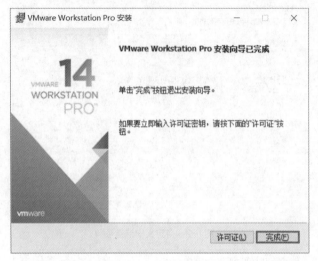

图1-5 完成安装向导

单击"许可证"按钮，在出现的界面中输入相应的许可证密钥，单击"输入"，再单击"完成"。若提示是否重启系统，可以选择"否"，这样就完成了软件的安装。

1.2.2 安装 Linux

首先可从 CentOS 官网下载 Linux 的发行版本 CentOS 的安装包。

> **注意**
>
> 要选择离自己最近的服务器下载，这样下载速度会比较快。下载后会得到文件"CentOS-7-x86_64-DVD-1810.iso"，当前版本为 7.6.1810。

双击桌面上的图标"VMware Workstation Pro"，运行后会出现图 1-6 所示的界面。

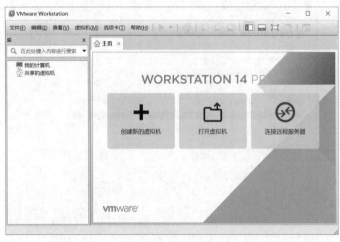

图1-6 启动虚拟机

单击"创建新的虚拟机"按钮,会弹出"新建虚拟机向导"窗口,如图1-7所示。

图1-7 新建虚拟机向导

选择"自定义",单击"下一步"按钮,进入"虚拟机硬件兼容性"选择窗口,可以不做更改,直接单击"下一步"按钮,再从出现的窗口中选择"稍后安装操作系统",如图1-8所示。

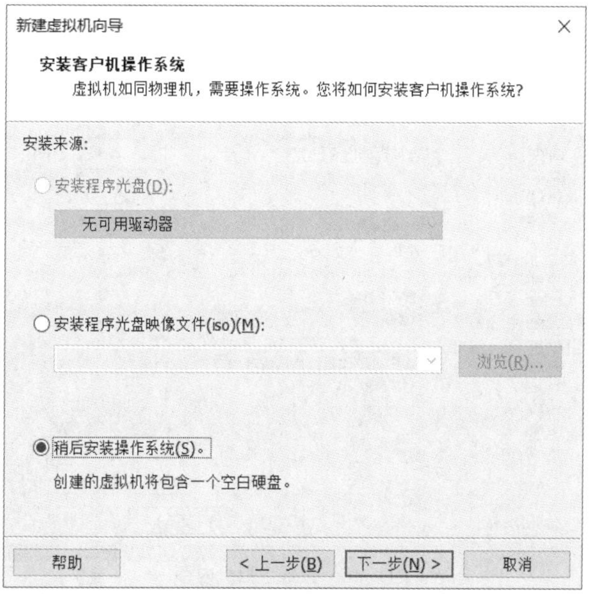

图1-8 安装客户机操作系统

单击"下一步"按钮,在出现的窗口中,选择客户机操作系统为"Linux"、版本为"CentOS 7 64位",然后单击"下一步"按钮,出现图1-9所示的窗口。

将虚拟机的名称设置为"Master",位置设置为"d:\Master",单击"下一步"按钮,进入处理器配置窗口,处理器数量可以选择"2",其他保持默认,然后单击"下一步"按钮,出现图1-10所示的窗口。

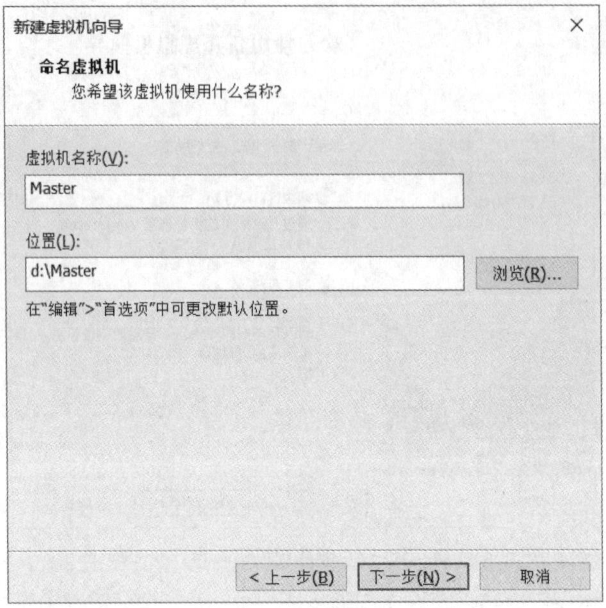

图1-9 命名虚拟机

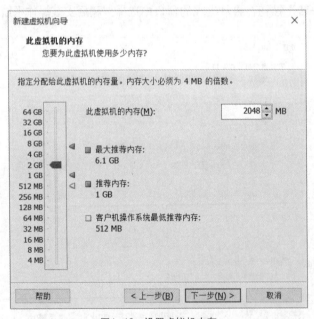

图1-10 设置虚拟机内存

虚拟机的内存设为2048MB,即2GB,单击"下一步"按钮,出现图1-11所示的窗口。

网络类型选择"使用网络地址转换",单击"下一步"按钮,在随后出现的窗口中直接使用默认值并单击"下一步"按钮,直到出现图1-12所示的窗口。

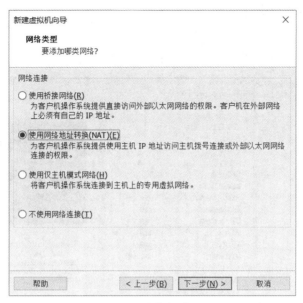

图1-11 网络类型设置

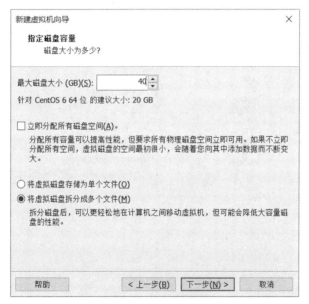

图1-12 设置磁盘容量

将磁盘容量设为"40GB",单击"下一步"按钮,进入磁盘文件设置窗口;使用默认值,直接单击"下一步"按钮,出现完成设置窗口;单击"完成"按钮,出现图 1-13 所示的窗口。

单击"编辑虚拟机设置",从弹出的窗口中选择"硬件"→"CD/DVD",选中"使用 ISO 映像文件",单击"浏览"按钮,找到文件"CentOS-7-x86_64-DVD-1810.iso",选中并单击"确定"按钮,如图 1-14 所示。

单击"选项"→"常规",对增强型键盘选择"在可用时使用",然后单击"确定"按钮,完成设置,回到图 1-13 所示的窗口。单击"开启此虚拟机",先按 Tab 键,再按回车键,稍等一会儿即出现图 1-15 所示的窗口。

图1-13　虚拟机初步设置完成

图1-14　使用ISO映像文件

图1-15 设置安装语言

选择"中文"→"简体中文"后单击"继续"按钮,进入安装信息摘要窗口:单击"日期和时间",设置正确的时间后单击"完成";单击"键盘",添加"英语(美国)"并将它设为默认的键盘布局;单击"语言支持",添加"简体中文"和"English(United States)";单击"软件选择",选中"带 GUI 的服务器",并选中"KDE";单击"安装位置",选中"我要配置分区",单击"完成"进入手动分区窗口——设置"/boot"为"512","swap"为"4096","/"为"10240","/home"为"15360",如图 1-16 所示。

图1-16 手动分区

单击"完成",在弹出的窗口中单击"接受更改",返回安装信息摘要窗口;单击"网络和主机名",选择"配置"→"常规",选中"可用时自动连接到这个网络",单击"保存";然后单击"完成"返回安装信息摘要窗口,如图 1-17 所示。

图1-17 安装信息摘要

单击"开始安装",CentOS 系统正式开始安装,时间稍长,请耐心等待。在等待的同时,可以设置超级账户 root 的密码,并且需要设置一个一般账户,如"tang"及其密码。安装完成后,单击"完成"按钮,系统自动重启,进入图 1-18 所示的窗口。

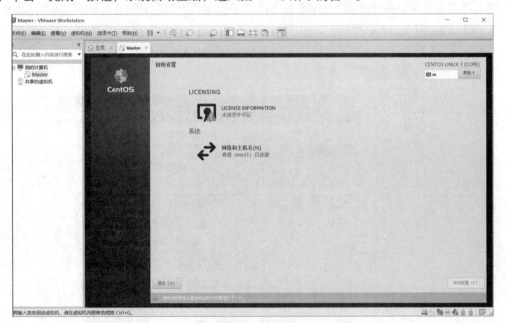

图1-18 系统初始设置

单击"LICENSING",选中"我同意许可协议"再单击"完成",然后单击"完成配置",系统再次重启,进入正常的登录界面,至此,系统安装全部完成。

1.3 使用 Linux

1.3.1 本地登录

首先启动虚拟机软件，然后选择相应的虚拟机，如"Master"，单击"开启此虚拟机"即可启动 Linux，进入图形登录界面，单击用户名，输入登录密码，如图 1-19 所示。

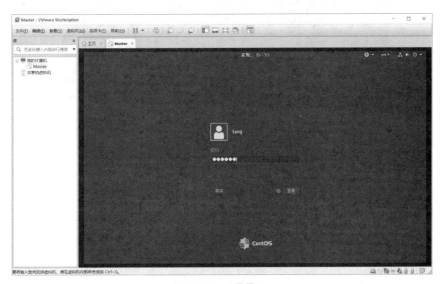

图1-19 登录界面

单击"登录"后即可登录系统。若是首次登录，会出现图 1-20 所示的窗口。

图1-20 初次登录设置

选择"汉语"，单击"前进"，其他设置可以跳过，然后单击"开始使用"，即可进入系统主界面。

1.3.2 远程登录

远程登录可以采用 Windows 的 OpenSSH 客户端，如图 1-21 所示。

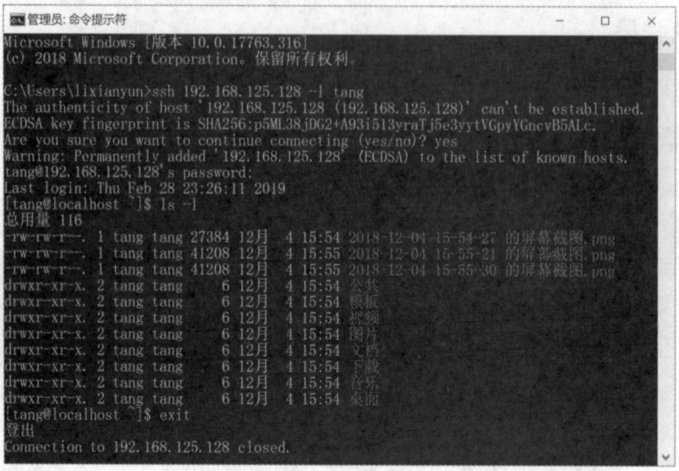

图1-21 远程登录

在 Windows 10 中已内置有 OpenSSH 客户端，其安装方法如下。

打开 Windows 10，依次单击"开始→设置→应用→管理可选功能→增加功能"，在列表中找到"OpenSSH 客户端"，安装之后就可以直接在命令行中使用 ssh 命令了。

SSH 命令的格式如下：

```
ssh 远程主机名或IP -l 登录名
```

输入如下命令：

```
ssh 192.168.125.128 -l tang
```

再输入登录密码即可正常登录，结果如图 1-21 所示。

1.4 作业

1. 在自己的计算机上安装 VMware Workstation。
2. 在自己的计算机上安装 CentOS 7.6。
3. 本地登录 CentOS 7.6。
4. 远程登录 CentOS 7.6。

第 2 章 基础操作命令

- 掌握 Shell 命令基础。
- 掌握常用文件目录命令。
- 掌握常用文本命令。
- 掌握打包和压缩命令。
- 了解其他常用命令。
- 掌握文本编辑器 vi。

2.1 Shell 命令基础

2.1.1 Shell 简介

Shell 是 Linux 系统的外壳，为用户提供使用操作系统的接口，是命令语言、命令解释程序及程序设计语言的统称。

Shell 是命令解释器，它解释用户输入的命令并把它们送到内核去执行。Shell 允许用户对命令进行编辑，允许用户编写由 Shell 命令组成的程序，也允许用户使用条件语句、循环语句等流程控制语句，如同高级编程语言一样。

Shell 有多种类型，最常用的有 Bourne Shell（sh）、C Shell（csh）和 Korn Shell（ksh）三种，它们各有优缺点。Bourne Shell 在 Shell 编程方面相当优秀，但在处理与用户的交互方面不如另外两种 Shell。Linux 操作系统默认的 Shell 是 Bourne Again Shell，它是 Bourne Shell 的扩展，简称 Bash，完全向后兼容 Bourne Shell，并且在 Bourne Shell 的基础上增加、增强了很多特性。C Shell 是一种比 Bourne Shell 更适于编程的 Shell，其语法与 C 语言很相似。Korn Shell 集合了 C Shell 和 Bourne Shell 的优点并且完全兼容 Bourne Shell。

Shell 最主要的功能是解释用户在命令提示符后输入的指令，并把它们分解成以 Tab 键、空格符和换行符等区分开的符号，寻找命令并执行。

Shell 提供个性化的用户环境，可以设定终端机键盘、定义窗口的特征、设定变量、定义搜寻路径、定义权限、定义提示符号、定义终端机类型、设定特殊应用程序所需要的变量等。

Linux 提供图形用户界面 X Window，就像 Windows 一样，也有窗口、图标和菜单，可以通过鼠标进行所有的管理操作。

当用户成功登录后，系统将执行 Shell 程序，提供命令提示符，对普通用户，用"$"作提示符，对超级用户，用"#"作提示符。

一旦出现命令提示符，用户就可以输入命令名称及命令所需的参数，系统将执行这些命令。若要中止命令的执行，可以在键盘上按组合键 Ctrl+C。若用户结束登录，可以输入 logout、exit 或按文件结束符（Ctrl+D）。

2.1.2 命令格式

Shell 命令的格式如下：

命令 选项 参数

命令行中输入的第一个单词必须是一个命令的名字，第二个单词是命令的选项或参数，每个单词之间必须用空格或 Tab 键隔开。

选项是包括一个或多个字母的代码，前面有一个短横线（短横线是必需的，Linux 用它来区别选项和参数），选项可用于改变命令执行的动作的类型。当然，也可以没有选项，例如：

```
[tang@localhost ~]$ ls
2018-12-04 15-54-27 的屏幕截图.png  2018-12-04 15-55-30 的屏幕截图.png
模板    图片   下载   桌面
2018-12-04 15-55-21 的屏幕截图.png   公共              视频   文档   音乐
```

这是没有选项的 ls 命令，可以列出当前目录中的所有文件，但只列出各个文件的名字，而不显示其他更多的信息。

```
[tang@localhost ~]$ ls -l
总用量 116
-rw-rw-r--. 1 tang tang 27384 12月  4 15:54 2018-12-04 15-54-27 的屏幕截图.png
-rw-rw-r--. 1 tang tang 41208 12月  4 15:55 2018-12-04 15-55-21 的屏幕截图.png
-rw-rw-r--. 1 tang tang 41208 12月  4 15:55 2018-12-04 15-55-30 的屏幕截图.png
drwxr-xr-x. 2 tang tang     6 12月  4 15:54 公共
drwxr-xr-x. 2 tang tang     6 12月  4 15:54 模板
drwxr-xr-x. 2 tang tang     6 12月  4 15:54 视频
drwxr-xr-x. 2 tang tang     6 12月  4 15:54 图片
drwxr-xr-x. 2 tang tang     6 12月  4 15:54 文档
drwxr-xr-x. 2 tang tang     6 12月  4 15:54 下载
drwxr-xr-x. 2 tang tang     6 12月  4 15:54 音乐
drwxr-xr-x. 2 tang tang     6 12月  4 15:54 桌面
```

加入 "-l" 选项，将会为每个文件列出一行信息，包括数据大小和数据最后被修改的时间。

大多数命令都被设计为可以接受参数，参数是在命令行中的选项之后键入的一个或多个单词，例如：

```
[tang@localhost ~]$ ls -l 图片
总用量 44
-rw-rw-r--. 1 tang tang 41208 12月  4 15:55 2018-12-04 15-55-30 的屏幕截图.png
```

将显示"图片"目录下的所有文件及其信息。

有些命令，如 ls，可以带或不带参数，而另一些命令，可能需要给出最小数目的参数，如

cp 命令至少需要两个参数，如果参数的数目与命令的要求不符，Shell 将会给出出错信息。示例：

```
[tang@localhost ~]$ cp "2018-12-04 15-55-21 的屏幕截图.png" 图片
[tang@localhost ~]$ ls -l 图片
总用量 88
-rw-rw-r--. 1 tang tang 41208 3月   6 19:01 2018-12-04 15-55-21 的屏幕截图.png
-rw-rw-r--. 1 tang tang 41208 12月  4 15:55 2018-12-04 15-55-30 的屏幕截图.png
```

2.1.3 命令帮助

由于 Linux 操作系统的命令以及选项和参数实在太多，所以建议用户不要去费力记住所有命令的用法，实际上也不可能全部记住。借助 Linux 提供的各种帮助工具，问题便可迎刃而解。

1. 利用 whatis 查询命令

```
[tang@localhost ~]$ whatis ls
ls (1)               - 列目录内容
ls (1p)              - list directory contents
```

2. 利用“--help”选项查询命令

```
[tang@localhost ~]$ ls --help
用法：ls [选项]... [文件]...
List information about the FILEs (the current directory by default).
Sort entries alphabetically if none of -cftuvSUX nor --sort is specified.

Mandatory arguments to long options are mandatory for short options too.
 -a, --all          不隐藏任何以. 开始的项目
……
```

3. 利用 man 查询命令

```
[tang@localhost ~]$ man ls
```

输入命令后会弹出图 2-1 所示的帮助信息窗口。

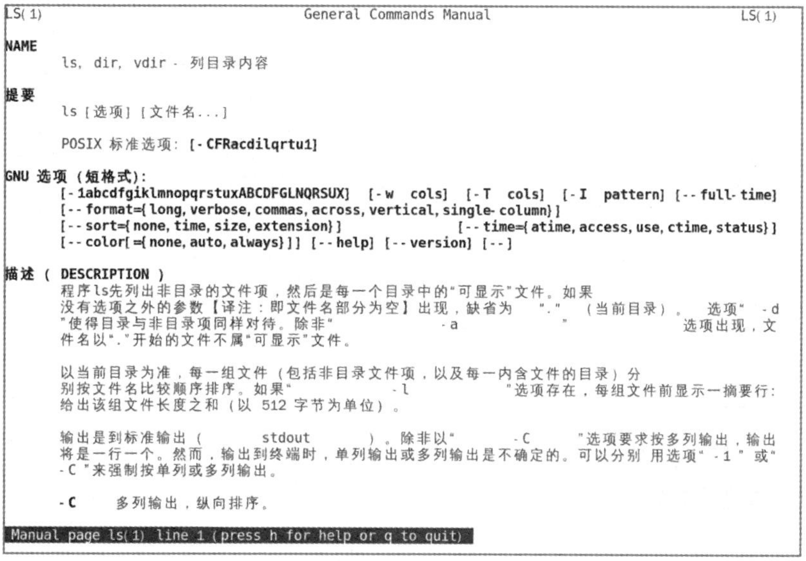
```
LS(1)                      General Commands Manual                      LS(1)

NAME
       ls, dir, vdir - 列目录内容

提要
       ls [选项] [文件名...]

       POSIX 标准选项: [-CFRacdilqrtu1]

GNU 选项 (短格式):
       [-1abcdfgiklmnopqrstuxABCDFGLNQRSUX] [-w cols] [-T cols] [-I pattern] [--full-time]
       [--format={long,verbose,commas,across,vertical,single-column}]
       [--sort={none,time,size,extension}]        [--time={atime,access,use,ctime,status}]
       [--color[={none,auto,always}]] [--help] [--version] [--]

描述 ( DESCRIPTION )
       程序ls先列出非目录的文件项，然后是每一个目录中的"可显示"文件。如果
       没有选项之外的参数【译注：即文件名部分为空】出现，缺省为 "." （当前目录）。 选项" -d
       "使得目录与非目录项同样对待。除非"        -a        "                选项出现，文
       件名以"."开始的文件不属"可显示"文件。

       以当前目录为准，每一组文件（包括非目录文件项，以及每一内含文件的目录）分
       别按文件名比较顺序排序。如果"          -l          "选项存在，每组文件前显示一摘要行：
       给出该组文件长度之和（以 512 字节为单位）。

       输出是到标准输出（      stdout      ）。除非以"      -C      "选项要求按多列输出，输出
       将是一行一个。然而，输出到终端时，单列输出或多列输出是不确定的。可以分别 用选项" -1 " 或"
       -C "来强制按单列或多列输出。

       -C      多列输出，纵向排序。

Manual page ls(1) line 1 (press h for help or q to quit)
```

图2-1 利用man查询命令

按 PgDn 键可将帮助信息下移一页，按 PgUp 键上移一页，按 Home 键移到第一页，按 End 键移到最后一页。

4. 利用 info 查询命令

```
[tang@localhost ~]$ info ls
```

输入命令后会弹出图 2-2 所示的帮助信息窗口。

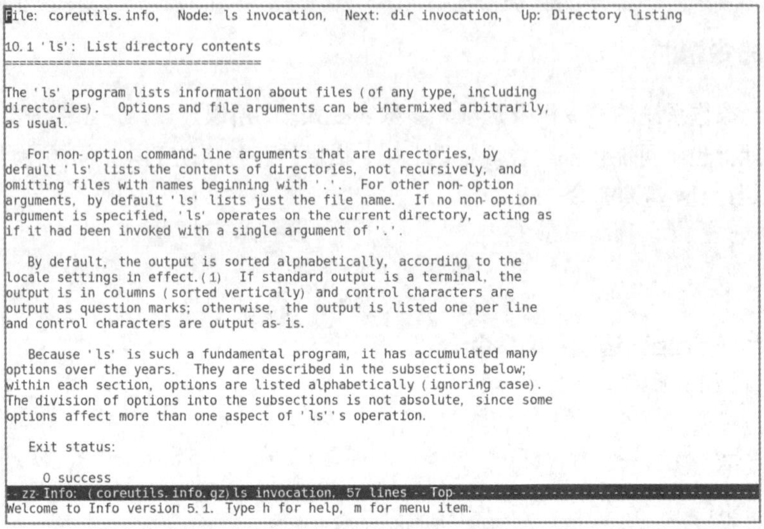

```
File: coreutils.info,  Node: ls invocation,  Next: dir invocation,  Up: Directory listing

10.1 'ls': List directory contents
==================================

The 'ls' program lists information about files (of any type, including
directories).  Options and file arguments can be intermixed arbitrarily,
as usual.

   For non-option command-line arguments that are directories, by
default 'ls' lists the contents of directories, not recursively, and
omitting files with names beginning with '.'.  For other non-option
arguments, by default 'ls' lists just the file name.  If no non-option
argument is specified, 'ls' operates on the current directory, acting as
if it had been invoked with a single argument of '.'.

   By default, the output is sorted alphabetically, according to the
locale settings in effect.(1)  If standard output is a terminal, the
output is in columns (sorted vertically) and control characters are
output as question marks; otherwise, the output is listed one per line
and control characters are output as-is.

   Because 'ls' is such a fundamental program, it has accumulated many
options over the years.  They are described in the subsections below;
within each section, options are listed alphabetically (ignoring case).
The division of options into the subsections is not absolute, since some
options affect more than one aspect of 'ls''s operation.

   Exit status:

     0 success
--zz-Info: (coreutils.info.gz)ls invocation, 57 lines --Top------------------
Welcome to Info version 5.1.  Type h for help, m for menu item.
```

图2-2 利用info查询命令

按 PgDn 键可将帮助信息下移一页，按 PgUp 键上移一页，按 Home 键移到第一页，按 End 键移到最后一页。

5. 其他获取帮助的方法

（1）查询系统中的帮助文档

```
[tang@localhost ~]$ ls -l /usr/share/doc
总用量 72
drwxr-xr-x.  2 root root   32 12月  4 15:31 abattis-cantarell-fonts-0.0.25
drwxr-xr-x.  2 root root   35 12月  4 15:33 abrt-2.1.11
drwxr-xr-x.  3 root root   18 12月  4 15:33 abrt-dbus-2.1.11
……
```

（2）通过官网获取 Linux 文档

2.2 常用文件目录命令

2.2.1 目录处理命令

下面讲解最常用的目录处理命令。

1. 显示目录文件命令 ls

语法：

```
ls [选项] [文件或目录]
```

常用的选项：
-a 显示所有文件，包括隐藏文件；
-l 显示详细信息；
-d 仅显示目录名，不显示目录下的内容列表；
-h 以易于阅读的格式输出文件大小；
-i 查看任意一个文件的节点；
-t 以文件和目录的更改时间排序；
-R 连同子目录的内容一起列出。

 注意

这些选项可以组合使用。

示例：显示当前目录下所有文件的详细信息。
```
[tang@localhost ~]$ ls -lR
```

2. 创建目录命令 mkdir
语法：
```
mkdir [选项] 目录名
```
常用的选项：
-p 递归创建，即目录的上级目录不存在就先创建上级目录；
-v 输出目录创建的详细信息。
示例：
```
[tang@localhost ~]$ mkdir /tmp/temp1
```

3. 切换目录命令 cd
语法：
```
cd [目录名]
```
示例：切换到指定目录：
```
[tang@localhost ~]$ cd /tmp/temp1
```
回到上一级目录：
```
[tang@localhost ~]$ cd ..
```
切换到用户的主目录：
```
[tang@localhost ~]$ cd ~
```
或
```
[tang@localhost ~]$ cd
```
返回用户之前的工作目录：
```
[tang@localhost ~]$ cd -
```

4. 显示当前目录命令 pwd
语法：
```
pwd
```

注意

该命令不需要带任何选项或参数。

示例:
```
[tang@localhost temp1]$ pwd
/tmp/temp1
```

5. 删除空目录命令 rmdir
语法:
```
rmdir [选项] 目录名
```
常用的选项:
-p 删除指定的目录后,若目录的上级目录为空也一并删除;
-v 输出目录删除的详细信息。

注意

如果目录下存在文件,则不能删除。

示例:
```
[tang@localhost temp1]$ cd
[tang@localhost ~]$ rmdir /tmp/temp1
```

6. 复制文件或目录命令 cp
语法:
```
cp [选项] 原文件或目录 目标文件或目录
```
常用的选项:
-a 将文件的属性一起复制;
-f 如果无法打开现有目标文件,则将其删除,然后重试;
-i 覆盖前提示;
-n 不要覆盖已存在的文件(使-i 选项失效);
-p 保持指定的属性,如模式、所有权、时间戳等,与-a 类似,常用于备份;
-r 递归复制目录及其子目录内的所有内容;
-u 只在源文件比目标文件新或目标文件不存在时才进行复制;
-v 显示详细的复制步骤。

7. 剪切文件或目录命令 mv
语法与 cp 命令相同。

8. 删除文件或目录命令 rm
语法:
```
rm [选项] 文件或目录
```
常用的选项:
-f 强制删除;
-i 在删除之前给出提示信息;

-r 递归删除目录及其内容。

9. 查看文件或目录大小命令 du
语法：
```
du [选项] 文件或目录
```
常用的选项：
-h 以人类可读格式打印文件大小，例如 1K、234M、2G；
-s 仅显示总计。
示例：
```
[tang@localhost ~]$ du -hs ~
204M    /home/tang
```

10. 查找文件命令 find
语法：
```
find [路径] [表达式]
```
路径默认为当前目录。
表达式默认为"-print"，也可以由操作符、选项、比较测试以及动作组成。
常用的选项：
-mount、-xdev 只检查和指定目录在同一个文件系统下的文件，避免列出其他文件系统中的文件；
-amin n 在过去 n 分钟内被读取过；
-anewer file 比文件 file 更晚被读取过的文件；
-atime n 在过去 n 天内被读取过的文件；
-cmin n 在过去 n 分钟内被修改过的文件；
-cnewer file 比文件 file 更新的文件；
-ctime n 在过去 n 天内被修改过的文件；
-empty 空的文件；
-gid n、-group name gid 是 n 或 group 名称是 name 的文件；
-ipath p、-path p 路径名称符合 p 的文件，ipath 会忽略大小写；
-name name、-iname name 文件名称符合 name 的文件，iname 会忽略大小写；
-size n 文件大小 n 是单位，其中，b 表示 512 位元组的区块，c 表示字元数，k 表示 KB，w 表示两个位元组；
-type c 文件类型是 c 的文件；
-exec command 执行 command；
-ok command 类似-exec，但是会先向用户询问（在标准输入），如果回应不是以 y 或 Y 开头，则不会运行 command 而是返回 false。
示例：列出当前目录及其子目录下所有后缀名为"c"的文件。
```
[tang@localhost ~]$ find . -name "*.c"
```
示例：列出当前目录及其子目录下的所有普通文件。
```
[tang@localhost ~]$ find . -type f
```
示例：列出当前目录及其子目录下所有最近 20 天内更新过的文件。

```
[tang@localhost ~]$ find . -ctime -20
```
示例：查找/var/log 目录中更改时间在 7 天以前的普通文件，并在删除之前询问。
```
[tang@localhost ~]$ find /var/log -type f -mtime +7 -ok rm {} \;
```
示例：查找当前目录中文件属主具有读、写权限，并且文件所属组的用户和其他用户具有读权限的文件。
```
[tang@localhost ~]$ find . -type f -perm 644 -exec ls -l {} \;
```
示例：查找当前目录中所有文件长度为 0 的普通文件，并列出它们的完整路径。
```
[tang@localhost ~]$ find / -type f -size 0 -exec ls -l {} \;
```

2.2.2 文件处理命令

下面讲解最常用的文件处理命令。

1. 创建空文件命令 touch

语法：

touch [选项] 文件名

常用的选项：

-a　只更改访问时间；

-d "字符串"　使用指定字符串表示时间而非当前系统时间；

-m　只更改修改时间；

-r　把指定文档或目录的日期时间设成和参考文档或目录相同；

-t　使用指定的日期，而非当前的时间。

示例：用 touch 命令修改文件的访问时间。
```
[tang@localhost ~]$ cd 图片
[tang@localhost 图片]$ ls -ls
总用量 88
 44 -rw-rw-r--. 1 tang tang 41208 3 月   6 19:01 2018-12-04 15-55-21 的屏幕截图.png
 44 -rw-rw-r--. 1 tang tang 41208 12 月  4 15:55 2018-12-04 15-55-30 的屏幕截图.png
[tang@localhost 图片]$ touch -d "12/04/2018 15:56:21" "2018-12-04 15-55-21 的屏幕截图.png"
[tang@localhost 图片]$ ls -l
总用量 88
-rw-rw-r--. 1 tang tang 41208 12 月  4 15:56 2018-12-04 15-55-21 的屏幕截图.png
-rw-rw-r--. 1 tang tang 41208 12 月  4 15:55 2018-12-04 15-55-30 的屏幕截图.png
```

2. 显示文件内容命令 cat

语法：

cat [选项] 文件名

常用的选项：

-A　相当于-vET；

-b　对非空输出行编号；

-e 相当于-vE；

-E 在每行结束处显示"$"；

-n 对输出的所有行编号；

-s 不输出多行空行；

-t 相当于-vT；

-T 将 Tab 键显示为^I。

该命令仅适合内容较少的文件，示例：

```
[tang@localhost ~]$ cat /etc/sysconfig/network-scripts/ifcfg-ens33
TYPE=Ethernet
PROXY_METHOD=none
BROWSER_ONLY=no
BOOTPROTO=dhcp
DEFROUTE=yes
IPV4_FAILURE_FATAL=no
IPV6INIT=yes
IPV6_AUTOCONF=yes
IPV6_DEFROUTE=yes
IPV6_FAILURE_FATAL=no
IPV6_ADDR_GEN_MODE=stable-privacy
NAME=ens33
UUID=48987c99-d4fd-4e37-a726-16a4d7a49ba3
DEVICE=ens33
ONBOOT=yes
IPV6_PRIVACY=no
```

3. 反向显示文件内容命令 tac

语法：

```
tac [选项] 文件名
```

该命令与 cat 命令相反，也只适合内容较少的文件，示例：

```
[tang@localhost ~]$ tac /etc/sysconfig/network-scripts/ifcfg-ens33
IPV6_PRIVACY=no
ONBOOT=yes
DEVICE=ens33
UUID=48987c99-d4fd-4e37-a726-16a4d7a49ba3
NAME=ens33
IPV6_ADDR_GEN_MODE=stable-privacy
IPV6_FAILURE_FATAL=no
IPV6_DEFROUTE=yes
IPV6_AUTOCONF=yes
IPV6INIT=yes
IPV4_FAILURE_FATAL=no
DEFROUTE=yes
BOOTPROTO=dhcp
```

```
BROWSER_ONLY=no
PROXY_METHOD=none
TYPE=Ethernet
```

4. 分页显示文件内容命令 more

语法：

more [选项] 文件名

常用的选项：

-d　显示帮助，而不是响铃；

-f　统计逻辑行数而不是屏幕行数；

-l　抑制换页后的暂停；

-p　不滚屏，清屏并显示文本；

-c　不滚屏，显示文本并清理行尾；

-u　抑制下划线；

-s　将多个空行压缩为一行；

-NUM　指定每屏显示的行数为 NUM；

+NUM　从文件第 NUM 行开始显示；

+/STRING　从匹配搜索字符串 STRING 的文件位置开始显示。

该命令执行时，按空格键或 F 键向后翻页，按 B 键向前翻页，按回车键换行，按 Q 键退出。

示例：

```
[tang@localhost ~]$ more -f /etc/services
# /etc/services:
# $Id: services,v 1.55 2013/04/14 ovasik Exp $
#
# Network services, Internet style
# IANA services version: last updated 2013-04-10
#
# Note that it is presently the policy of IANA to assign a single well-known
# port number for both TCP and UDP; hence, most entries here have two entries
# even if the protocol doesn't support UDP operations.
# Updated from RFC 1700, "Assigned Numbers" (October 1994).  Not all ports
# are included, only the more common ones.
#
# The latest IANA port assignments can be gotten from
#       http://www.iana.org/assignments/port-numbers
# The Well Known Ports are those from 0 through 1023.
# The Registered Ports are those from 1024 through 49151
# The Dynamic and/or Private Ports are those from 49152 through 65535
#
# Each line describes one service, and is of the form:
#
```

```
# service-name   port/protocol   [aliases ...]    [# comment]

tcpmux          1/tcp                           # TCP port service multiplexer
tcpmux          1/udp                           # TCP port service multiplexer
rje             5/tcp                           # Remote Job Entry
rje             5/udp                           # Remote Job Entry
echo            7/tcp
echo            7/udp
discard         9/tcp           sink null
discard         9/udp           sink null
systat          11/tcp          users
systat          11/udp          users
--More--(0%)
```

5. 分页显示文件内容命令 less

语法：
```
less [选项] 文件名
```
常用的选项：

-b <缓冲区大小>　设置缓冲区的大小；

-e　文件显示完，自动离开；

-f　强迫打开特殊文件，例如外围设备代号、目录和二进制文件；

-g　只标记最后搜索的关键词；

-i　忽略搜索时的大小写；

-m　显示类似 more 命令的百分比；

-N　显示每行的行号；

-o <文件名>　将 less 输出的内容保存在指定文件中；

-Q　不使用警告音；

-s　显示连续空行为一行；

-S　行过长时将超出部分舍弃；

-x <数字>　将 Tab 键显示为规定的数字空格。

该命令执行时，按空格键或 F 键或 PgDn 键向后翻页，按 PgUp 键向前翻页，按回车键或向下的箭头换行（逐行往后显示），按向上的箭头则逐行往前显示，按 Q 键退出。

输入"/想搜索的字符"，然后按回车键，则向后搜索。

输入"?想搜索的字符"，然后按回车键，则向前搜索。

示例：
```
[tang@localhost ~]$ less /etc/services
……
```

6. 显示文件内容命令 head

语法：
```
head [选项] 文件名
```
常用的选项：

-c n　显示文件的前 n 个字节；

-c -n　显示文件除了最后 n 个字节的其他内容；
-n　显示文件的前 n 行；
-q　不显示包含给定文件名的文件头；
-v　总是显示包含给定文件名的文件头。

示例：

```
[tang@localhost 图片]$ head -7  /etc/services
# /etc/services:
# $Id: services,v 1.55 2013/04/14 ovasik Exp $
#
# Network services, Internet style
# IANA services version: last updated 2013-04-10
#
# Note that it is presently the policy of IANA to assign a single well-known
```

7. 反向文件内容命令 tail

语法：

```
tail [选项] 文件名
```

常用的选项：

-f　随着文件的增长输出附加数据，即实时跟踪文件，显示一直继续，直到按下 Ctrl+C 组合键才停止显示；

-F　实时跟踪文件，如果文件不存在，则继续尝试；

-n K　只显示最后的 K 行；

-n +K　显示文件的全部内容。

示例：

```
[tang@localhost ~]$ tail -f /etc/passwd
geoclue:x:992:986:User for geoclue:/var/lib/geoclue:/sbin/nologin
gluster:x:991:985:GlusterFS daemons:/var/run/gluster:/sbin/nologin
gdm:x:42:42::/var/lib/gdm:/sbin/nologin
gnome-initial-setup:x:990:984::/run/gnome-initial-setup/:/sbin/nologin
sshd:x:74:74:Privilege-separated SSH:/var/empty/sshd:/sbin/nologin
avahi:x:70:70:Avahi mDNS/DNS-SD Stack:/var/run/avahi-daemon:/sbin/nologin
postfix:x:89:89::/var/spool/postfix:/sbin/nologin
ntp:x:38:38::/etc/ntp:/sbin/nologin
tcpdump:x:72:72::/:/sbin/nologin
tang:x:1000:1000:tang:/home/tang:/bin/bash
```

2.3　常用文本命令

本节主要讲解 Linux 系统中的常用文本处理命令。

1. 统计命令 wc

语法：

```
wc [选项] 文件名
```
常用的选项：

-c　显示字节数；

-m　显示字符数；

-l　显示行数；

-L　显示最长行的长度；

-w　显示单词个数。

示例：
```
[tang@localhost ~]$ wc /etc/resolv.conf
 3  8 74 /etc/resolv.conf
[tang@localhost ~]$ wc -l /etc/passwd
43 /etc/passwd
```

2. 切分命令 cut

语法：
```
cut [选项] 文件名
```
常用的选项：

-b　以字节为单位进行分割，这些字节的位置将忽略多字节字符边界，除非也指定了-n 标志；

-c　以字符为单位进行分割；

-d　自定义分隔符，默认为制表符；

-f　与 "-d" 一起使用，指定显示哪个区域；

-n　与 "-b" 连用，不分割多字节字符；

-s　不打印未包含分界符的行。

示例：
```
[tang@localhost ~]$ cut -d: -f1 /etc/passwd
root
bin
daemon
adm
lp
sync
shutdown
……
```

3. 排序命令 sort

语法：
```
sort [选项] 文件名
```
常用的选项：

-b　忽略每行前面出现的空格字符；

-c　检查输入是否已排序，若已有序，则不进行操作；

-f　排序时，忽略字母大小写；

-M　将前面 3 个字母依照月份的缩写进行排序；

-n　依照数值的大小排序；

-o 输出文件　将排序后的结果存入指定的文件；

-r　以相反的顺序排序；

-t 分隔字符　指定排序时所用的字段分隔字符；

-k　选择对哪个区间进行排序。

示例：将文档"/etc/passwd"用冒号分隔后，以第三列的数值大小来排序，并将结果存入临时文件"/tmp/pwd.txt"。

```
[tang@localhost ~]$ sort -n -k 3 -t: /etc/passwd -o/tmp/pwd.txt
[tang@localhost ~]$ cat /tmp/pwd.txt
root:x:0:0:root:/root:/bin/bash
bin:x:1:1:bin:/bin:/sbin/nologin
daemon:x:2:2:daemon:/sbin:/sbin/nologin
adm:x:3:4:adm:/var/adm:/sbin/nologin
lp:x:4:7:lp:/var/spool/lpd:/sbin/nologin
sync:x:5:0:sync:/sbin:/bin/sync
……
```

4. 去重命令 uniq

语法：

uniq [选项] 文件名

常用的选项：

-c　进行计数；

-i　忽略大小写字母的不同；

-u　只显示唯一的行。

uniq 命令可以去除排序后的文件中的重复行，因此 uniq 常与 sort 合用。也就是说，为了使 uniq 起作用，所有的重复行必须是相邻的。

示例：

```
[tang@localhost ~]$ echo -e "hello\nworld\nfriend\nhello\nworld\nhello">testfile
[tang@localhost ~]$ cat testfile
hello
world
friend
hello
world
hello
[tang@localhost ~]$ sort testfile -otestfile
[tang@localhost ~]$ cat testfile
friend
hello
hello
hello
world
```

```
world
[tang@localhost ~]$ uniq -c testfile
      1 friend
      3 hello
      2 world
```

5. 查找命令 grep

语法：

grep [选项] 正则表达式 文件

常用的选项：

-c 只输出匹配的行数；

-i 不区分大小写（只适用于单字符）；

-h 查询多文件时不显示文件名；

-l 查询多文件时只输出包含匹配字符的文件名；

-n 显示匹配行及行号；

-s 不显示不存在或无匹配文本的错误信息；

-v 显示不包含匹配文本的所有行。

如果有任意行被匹配，退出状态为 0，否则为 1；如果有错误产生，且未指定"-q"参数，退出状态为 2。

 注意

这里的正则表达式，也可以是简单的文本，如"hello world"。

示例：

```
[tang@localhost ~]$ cat testfile
friend
hello
hello
hello
world
world
[tang@localhost ~]$ grep 'hello' testfile
hello
hello
hello
[tang@localhost ~]$ grep -c 'hello' testfile
3
[tang@localhost ~]$ grep -n 'hello' testfile
2:hello
3:hello
4:hello
```

2.4 打包和压缩命令

tar 命令用于为文件和目录创建压缩文件。利用 tar 命令，可以为某一特定文件创建压缩文件（备份文件），也可以在压缩文件中改变文件，或者向压缩文件中加入新的文件。tar 命令最初被用来在磁带上创建压缩文件，现在，用户可以利用它在任何设备上创建压缩文件。利用 tar 命令，还可以把多个文件和目录打包成一个文件，这对于备份文件或将几个文件组合为一个文件以便于网络传输是非常有用的。

首先要弄清两个概念：打包和压缩。打包是将多个文件或目录变成一个文件，压缩则是将一个大文件通过压缩算法变成一个小文件。

为什么要区分这两个概念呢？这源于 Linux 中的很多压缩程序只能针对一个文件进行压缩。有了 tar 命令，在需要压缩多个文件时，可以先将多个文件打成一个包（tar 命令），然后再用压缩程序进行压缩（gzip、bzip2 命令）。

语法：

    tar 选项 文件名

常用的选项：

-c　建立压缩文件；

-x　解压文件；

-t　查看文件内容；

-r　向压缩文件末尾追加文件；

-u　更新原压缩包中的文件。

这是五个独立的选项，压缩解压时必定要用到其中一个，可以和别的选项连用，但只能使用它们中的一个。下面的选项是根据需要在压缩或解压文件时可选的：

-z　有 gzip 属性的；

-j　有 bz2 属性的；

-Z　有 compress 属性的；

-v　显示所有过程；

-O　将文件解压到标准输出。

下面的选项-f是必需的：

-f　使用的压缩文件名字，切记，这个参数是最后一个参数，后面只能接文件名。

示例：将所有.png 文件打成一个名为 all.tar 的包，-c 表示产生新的包，-f 指定包的文件名。

    [tang@localhost ~]$ tar -cf all.tar *.png

示例：将所有.gif 文件增加到 all.tar 包里去，-r 表示增加文件。

    [tang@localhost ~]$tar -rf all.tar *.gif

示例：更新原来 tar 包 all.tar 中的 logo.gif 文件，-u 表示更新文件。

    [tang@localhost ~]$ tar -uf all.tar logo.gif

示例：列出 all.tar 包中的所有文件，-t 表示列出文件。

    [tang@localhost ~]$ tar -tf all.tar

示例：解压出 all.tar 包中的所有文件，-t 表示解压。

```
[tang@localhost ~]$ tar -xf all.tar
```
示例：将目录里所有.png 文件打包成 png.tar。
```
[tang@localhost ~]$ tar -cvf png.tar *.png
```
示例：将目录里所有.png 文件打包成 png.tar 后，再用 gzip 压缩，生成一个 gzip 压缩包，命名为 png.tar.gz。
```
[tang@localhost ~]$ tar -czf png.tar.gz *.png
```
示例：将目录里所有.png 文件打包成 png.tar 后，再用 bzip2 压缩，生成一个 bzip2 压缩包，命名为 png.tar.bz2。
```
[tang@localhost ~]$ tar -cjf png.tar.bz2 *.png
```
示例：将目录里所有.png 文件打包成 png.tar 后，再用 compress 压缩，生成一个 umcompress 压缩包，命名为 png.tar.Z。
```
[tang@localhost ~]$ tar -cZf png.tar.Z *.png
```
示例：解压 tar 包。
```
[tang@localhost ~]$ tar -xvf file.tar
```
示例：解压 tar.gz。
```
[tang@localhost ~]$ tar -xzvf file.tar.gz
```
示例：解压 tar.bz2。
```
[tang@localhost ~]$ tar -xjvf file.tar.bz2
```
示例：解压 tar.Z。
```
[tang@localhost ~]$ tar -xZvf file.tar.Z
```

2.5 其他命令

2.5.1 链接文件命令 ln

ln 是 Linux 中一个非常重要的命令，它的功能是为一个文件在另外一个位置建立一个同步的链接。若要在不同的目录用到相同的文件，可以不必在每一个需要的目录下都放一个相同的文件，而只在某个固定的目录放上该文件，然后在其他目录下用 ln 命令链接（link）它就可以，不必重复地占用磁盘空间。

语法：

ln [参数][源文件或目录][目标文件或目录]

常用的参数：

-b　删除，覆盖以前建立的链接；

-d　允许超级用户制作目录的硬链接；

-f　强制执行；

-i　交互模式，若文件存在，则提示用户是否覆盖；

-n　把符号链接视为一般目录；

-s　软链接（符号链接）；

-v　显示详细的处理过程。

在 Linux 文件系统中，有所谓的链接（link），可以将它视为文件的别名，而链接又分为两种：

硬链接（hard link）与软链接（symbolic link），硬链接的意思是一个文件可以有多个名称，而软链接则是产生一个特殊的文件，该文件的内容是指向另一个文件的路径。硬链接只存在于同一个文件系统中，而软链接却可以跨越不同的文件系统。

软链接的特点如下。

（1）软链接以路径的形式存在，类似于 Windows 操作系统中的快捷方式。

（2）软链接可以跨文件系统，而硬链接不可以。

（3）软链接可以对一个不存在的文件名进行链接。

（4）软链接可以对目录进行链接。

硬链接的特点如下。

（1）硬链接以文件副本的形式存在，但不占用实际空间。

（2）不允许给目录创建硬链接。

（3）硬链接只能在同一个文件系统中创建。

示例：给文件创建软链接。

```
[tang@localhost ~]$ ln -s testfile linktf
[tang@localhost ~]$ ls -l
总用量 65616
-rw-rw-r--. 1 tang tang     27384 12 月  4 15:54 2018-12-04 15-54-27 的屏幕截图.png
-rw-rw-r--. 1 tang tang     41208 12 月  4 15:55 2018-12-04 15-55-21 的屏幕截图.png
-rw-rw-r--. 1 tang tang     41208 12 月  4 15:55 2018-12-04 15-55-30 的屏幕截图.png
-rw-rw-r--. 1 tang tang    122880 3 月  12 15:59 all.tar
lrwxrwxrwx. 1 tang tang         8 3 月  13 02:26 linktf -> testfile
-rw-rw-r--. 1 tang tang        53 3 月  12 03:07 testfile
drwxr-xr-x. 2 tang tang         6 12 月  4 15:54 公共
drwxr-xr-x. 2 tang tang         6 12 月  4 15:54 模板
drwxr-xr-x. 2 tang tang         6 12 月  4 15:54 视频
drwxr-xr-x. 2 tang tang       100 3 月   6 19:01 图片
drwxr-xr-x. 2 tang tang         6 12 月  4 15:54 文档
drwxr-xr-x. 2 tang tang         6 12 月  4 15:54 下载
drwxr-xr-x. 2 tang tang         6 12 月  4 15:54 音乐
drwxr-xr-x. 2 tang tang         6 12 月  4 15:54 桌面
```

示例：给文件创建硬链接。

```
[tang@localhost ~]$ ln testfile lntf
[tang@localhost ~]$ ls -l
总用量 65620
-rw-rw-r--. 1 tang tang     27384 12 月  4 15:54 2018-12-04 15-54-27 的屏幕截图.png
-rw-rw-r--. 1 tang tang     41208 12 月  4 15:55 2018-12-04 15-55-21 的屏幕截图.png
-rw-rw-r--. 1 tang tang     41208 12 月  4 15:55 2018-12-04 15-55-30 的屏幕
```

```
截图.png
lrwxrwxrwx. 1 tang tang        8 3月  13 02:26 linktf -> testfile
-rw-rw-r--. 2 tang tang        53 3月  12 03:07 lntf
-rw-rw-r--. 2 tang tang        53 3月  12 03:07 testfile
drwxr-xr-x. 2 tang tang         6 12月  4 15:54 公共
drwxr-xr-x. 2 tang tang         6 12月  4 15:54 模板
drwxr-xr-x. 2 tang tang         6 12月  4 15:54 视频
drwxr-xr-x. 2 tang tang       100 3月   6 19:01 图片
drwxr-xr-x. 2 tang tang         6 12月  4 15:54 文档
drwxr-xr-x. 2 tang tang         6 12月  4 15:54 下载
drwxr-xr-x. 2 tang tang         6 12月  4 15:54 音乐
drwxr-xr-x. 2 tang tang         6 12月  4 15:54 桌面
```

2.5.2 设置别名命令 alias

用户可利用 alias 命令，自定义其他命令的别名。若仅输入 alias，则可列出目前所有的别名设置。alias 的效力仅次于该次登入的操作。若要每次登入时即自动设好别名，可在.profile 或.cshrc 中设定命令的别名。

语法：

```
alias [别名]=[命令名称]
```

若不加任何参数，则列出目前所有的别名设置。

示例：列出目前所有的别名设置。

```
[tang@localhost ~]$ alias
alias egrep='egrep --color=auto'
alias fgrep='fgrep --color=auto'
alias grep='grep --color=auto'
alias l.='ls -d .* --color=auto'
alias ll='ls -l --color=auto'
alias ls='ls --color=auto'
alias vi='vim'
alias which='alias | /usr/bin/which --tty-only --read-alias --show-dot --show-tilde'
[tang@localhost ~]$ alias ge='gedit'
[tang@localhost ~]$ alias
alias egrep='egrep --color=auto'
alias fgrep='fgrep --color=auto'
alias ge='gedit'
alias grep='grep --color=auto'
alias l.='ls -d .* --color=auto'
alias ll='ls -l --color=auto'
alias ls='ls --color=auto'
alias vi='vim'
alias which='alias | /usr/bin/which --tty-only --read-alias --show-dot --show-tilde'
```

2.5.3 查看历史记录命令 history

history 命令用于显示历史记录和执行过的历史命令，读取历史命令文件中的目录到历史命令缓冲区和将历史命令缓冲区中的目录写入历史命令文件。history 命令单独使用时，仅显示历史记录，使用符号"!"可以执行指定序号的历史命令。例如，要执行第 2 个历史命令，则输入"!2"。

history 命令是保存在内存中的，当退出或者登录 Shell 时，会自动保存或读取。在内存中，仅能够存储 1000 条历史命令，该数量由环境变量 HISTSIZE 进行控制。默认并不显示命令的执行时间，但命令的执行时间 history 已经记录，只是没有显示而已。

 注意

如果想查询某个用户在系统上执行了什么命令，可以使用 root 身份登录系统，检查 Home 目录下的用户主目录下的 ".bash_history" 文件，该文件记录了用户使用的命令和历史信息。

语法：
```
history [选项] [参数]
```
常用的选项：
-N　显示历史记录中最近的 N 个记录；
-c　清空当前历史记录；
-a　将历史命令缓冲区中的命令写入历史命令文件中；
-r　将历史命令文件中的命令读入当前历史命令缓冲区；
-w　将当前历史命令缓冲区中的命令写入历史命令文件中；
-d<offset>　删除历史记录中第 offset 个命令；
-n<filename>　读取指定文件。

参数：
n　打印最近的 n 条历史命令。

示例：查看历史记录。
```
[tang@localhost ~]$ history
```
示例：查看历史记录中的后 5 条。
```
[tang@localhost ~]$ history 5
```
示例：使用"!"执行历史命令。
```
! number 执行第几条命令
```
示例：执行历史记录中的第 10 条命令。
```
[tang@localhost ~]$ !10
```
示例：!! 执行上一条命令。
```
[tang@localhost ~]$ !!
```

2.5.4 重定向命令

重定向是指将原来从标准输入读取数据的文件操作重新定向为从其他文件读取数据；将原来

要输出到标准输出的内容重新定向输出到指定的其他文件中。

重定向命令有以下几个。

- <：标准输入重定向。
- >：标准输出重定向，清空原来的内容后添加新的内容。
- >>：标准输出重定向，在原来内容的后面添加新的内容。

示例：将原先输出到显示器的数据改为输出到 test.txt 文件中。

```
[tang@localhost ~]$ echo "hello world" >> ./test.txt
```

示例：将 testfile 文件的内容输入重定向到 wc 命令。

```
[tang@localhost ~]$ wc <testfile
 8  8 53
```

2.5.5 管道命令 "|"

管道命令 "|" 是用来连接多条指令的，前一条指令的输出流向会作为后一条指令的操作对象。

管道命令的操作符是 "|"，它只能处理由前一条指令传出的正确输出信息，对错误信息是没有直接处理能力的。然后，传递给后一条指令，作为操作对象。

基本格式：

指令 1 | 指令 2 | …

"指令 1" 正确输出，作为 "指令 2" 的输入，然后 "指令 2" 的输出作为 "指令 3" 的输入，如果 "指令 3" 有输出，那么输出就会直接显示在屏幕上了。通过管道命令的作用之后 "指令 1" 和 "指令 2" 的正确输出是不会显示在屏幕上面的。

 注 意

- 管道命令只能处理前一条指令的正确输出，不能处理错误输出。
- 管道命令的后一条指令，必须能够接收标准输入流命令才能执行。

示例：分页显示/etc 目录中内容的详细信息。

```
[tang@localhost ~]$ ls -l /etc | more
```

示例：将一个字符串输入到一个文件中。

```
[tang@localhost ~]$ echo "Hello World" | cat > hello.txt
```

2.6 文本编辑器 vi

所有的 Linux 系统都会内置 vi 文本编辑器，其他文本编辑器则不一定会有。

目前使用比较多的是 vim 编辑器。vim 具有程序编辑的能力，可以主动地以字体颜色辨别语法的正确性，方便程序设计。

vim 是从 vi 发展出来的一个文本编辑器，具有丰富的代码补全、编译及错误跳转等方便编程的功能，在程序员中广泛使用。

简单来说，vi 是老式的字处理器，而 vim 则是程序开发人员的一项很好用的工具。习惯上也将 vim 称作 vi。vi 共分为三种模式，分别是命令模式（Command mode），输入模式（Insert mode）

和底线命令模式（Last line mode）。这三种模式的作用分别介绍如下。
- 命令模式

用户刚刚启动 vi，便进入了命令模式。

此状态下的键盘动作会被 vi 识别为命令，而非输入字符。此时按下 i，并不会输入一个字符，而是被当作一个命令。

以下是几个常用的命令：

i　切换到输入模式，以输入字符；

x　删除当前光标所在处的字符；

/string　搜索字符串"string"；

?string　从当前光标位置向下搜索字符串"string"；

:　切换到底线命令模式，以在最底下一行输入命令。

若想要编辑文本：启动 vi，进入命令模式后按下 i，即可切换到输入模式。

命令模式只提供一些最基本的命令，因此仍要依靠底线命令模式输入更多命令。

- 输入模式

在命令模式中按下 i 就进入了输入模式。

在输入模式中，可以使用以下按键：

字符按键和 Shift 键组合　输入字符；

回车键　换行；

退格键　删除光标前一个字符；

删除键　删除光标后一个字符；

方向键　在文本中移动光标

Home/End 键　移动光标到行首/行尾；

PgUp/PgDn 键　上/下翻页；

Insert 键　切换光标为输入/替换模式，光标将变成竖线/下划线；

Esc 键　退出输入模式，切换到命令模式。

- 底线命令模式

在命令模式下按下:（英文冒号）就进入了底线命令模式。

在底线命令模式，可以输入单个字符或多个字符的命令，可用的命令非常多。

在底线命令模式中，基本的命令有（已经省略了冒号）：

q　退出程序；

w　保存文件。

按 Esc 键可以随时退出底线命令模式。

使用 vi 进入命令模式。

使用 vi 建立一个名为"test.txt"的文件：

```
[tang@localhost ~]$ vi test.txt
```

直接输入 vi 文件名，就能够进入 vi 的命令模式。注意，vi 后面一定要加文件名，不管该文件存在与否，如图 2-3 所示。

按下 i 进入输入模式（也称编辑模式），开始编辑文字。

在命令模式中，只要按下 i、o、a 就可以进入输入模式。

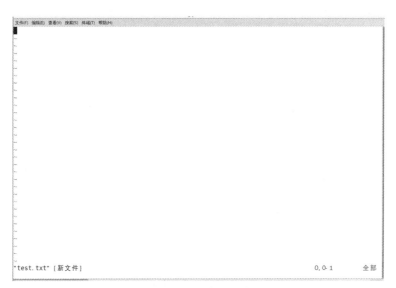

图2-3　进入vi

在输入模式中，状态栏左下角会出现"-- 插入 --"字样，是可以输入任意字符的提示，如图2-4所示。

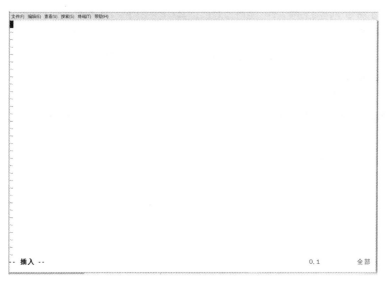

图2-4　vi输入模式

这个时候，键盘上除了Esc键之外，其他键都可以视作一般的输入按钮，所以可以进行任何的编辑。

按下Esc键回到命令模式。

按照上面的样式编辑完毕，那么应该如何退出呢？按下Esc键即可。马上就会发现状态栏左下角的"-- 插入 --"不见了！

在命令模式中，按下":wq"后回车，就可以保存文件并离开vi，如图2-5所示。

图2-5　vi底线命令模式

2.7 作业

1. 用 echo 命令创建新的文件"echo.txt"，其内容如下：第 1 行为"Welcome"，第 2 行为"to"，第 3 行为"Chongqing"。

2. 用文本处理命令在文件"echo.txt"中追加内容，第 4 行为"Welcome"，第 5 行为"to"，第 6 行为"Chongqing"。

3. 统计文件"echo.txt"。

4. 用 vi 编辑文件"echo1.txt"，其内容与文件"echo.txt"的最终内容相同。

第 3 章
账户与权限管理

- 了解 Linux 系统中用户和组的概念。
- 掌握 Linux 系统中用户和组的常用命令。
- 掌握文件和目录的权限管理。
- 掌握特殊权限的用法及作用。

3.1 用户和组管理

3.1.1 账户类型

Linux 是多用户的操作系统,为了实现资源的分配及出于安全的考虑,必须对用户进行不同权限的分配,用户组可以更高效地管理用户权限。

在 Linux 中,有两种类型的账户。
- 系统账户:通常用于一个守护进程或其他软件。
- 可交互式账户:通常分配给一个用户访问系统资源。

两种账户类型的主要区别在于:

守护进程使用系统账户来访问文件和目录,这些操作通常不允许通过 Shell 的交互式登录系统账户进行,主要是方便系统管理,大多是在安装系统及部分应用程序时自动添加的。

最终用户使用可交互式账户通过 Shell 或物理控制台登录系统访问计算资源。

Linux 下的用户有两种,普通用户和超级用户(管理员)。
- 普通用户需要管理员用户创建,拥有的权限受到一定限制,一般只在用户自己的主目录拥有完全权限。
- 管理员(root 用户)对所有的命令和文件有访问、修改和执行权限,一旦操作失误很容易对系统造成损坏。不建议直接以 root 用户登录系统,即应该在 root 用户之外建立一个普通用户,进行日常工作时以普通用户登录系统即可。

具有某种共同特征的用户集合起来就是用户组,用户组的设置主要是为了方便检查、设置文件或目录的访问权限。

每个用户至少属于一个组,这个组称为该用户的基本组。在 Linux 系统中,每创建一个用户就会自动创建一个与该用户同名的用户组。比如创建了一个名为 Bob 的普通用户，那么同时也将自动创建一个名为 Bob 的用户组。Bob 用户默认属于 Bob 组，这个组也是 Bob 用户的基本组。在 Linux 系统中，每个用户可以同时加入多个组，这些另外加入的组称为该用户的附加组。例如，将用户 Bob 再加入到邮件管理员组 mailadm，那么 Bob 就同时属于 Bob、mailadm 组，Bob 是其基本组，mailadm 是其附加组。

3.1.2 创建用户和组

1. 创建用户

新的用户可以使用 useradd 命令创建，命令用法如图 3-1 所示。

```
[root@localhost ~]# useradd --help
用法：useradd [选项] 登录
      useradd -D
      useradd -D [选项]

选项：
  -b, --base-dir BASE_DIR       新账户的主目录的基目录
  -c, --comment COMMENT         新账户的 GECOS 字段
  -d, --home-dir HOME_DIR       新账户的主目录
  -D, --defaults                显示或更改默认的 useradd 配置
  -e, --expiredate EXPIRE_DATE  新账户的过期日期
  -f, --inactive INACTIVE       新账户的密码不活动期
  -g, --gid GROUP               新账户主组的名称或 ID
  -G, --groups GROUPS           新账户的附加组列表
  -h, --help                    显示此帮助信息并推出
  -k, --skel SKEL_DIR           使用此目录作为骨架目录
  -K, --key KEY=VALUE           不使用 /etc/login.defs 中的默认值
  -l, --no-log-init             不要将此用户添加到最近登录和登录失败数据库
  -m, --create-home             创建用户的主目录
  -M, --no-create-home          不创建用户的主目录
  -N, --no-user-group           不创建同名的组
  -o, --non-unique              允许使用重复的 UID 创建用户
  -p, --password PASSWORD       加密后的新账户密码
  -r, --system                  创建一个系统账户
  -R, --root CHROOT_DIR         chroot 到的目录
  -s, --shell SHELL             新账户的登录 shell
  -u, --uid UID                 新账户的用户 ID
  -U, --user-group              创建与用户同名的组
  -Z, --selinux-user SEUSER     为 SELinux 用户映射使用指定 SEUSER
```

图3-1　useradd语法

例：创建了 Bob 用户，同时创建了用户的主目录。

```
[root@localhost ~]# useradd -m Bob
```

2. 创建组

增加一个新用户组可以使用 groupadd 命令。

格式：groupadd 选项 用户组

常用的选项：

-g　GID 指定新用户组的组标识号（GID）。

-o　一般与-g 选项同时使用，表示新用户组的 GID 可以与系统已有用户组的 GID 相同。

例：添加标识号为 1003 的 group 组。

```
[root@localhost ~]# groupadd -g 1003 group
```

例：查看新添加的组。

```
[root@localhost ~]# grep group /etc/group
group:x:1003:
```

3. 查看 uid 和 gid

通过 id 命令可以查看用户所属的基本组和附加组信息。

```
[root@localhost ~]# id Bob
uid=1001(Bob) gid=1001(Bob) 组=1001(Bob)
```

UID（用户 ID）是 Linux 系统中每一个用户的唯一标识符。
- root 用户的 UID 为固定值 0。
- 系统用户的 UID 默认值为 1~499。
- 500~60000 的 UID 默认值分配给普通用户使用。

每一个组也有一个数字形式的标识符，称为 GID（组 ID）。
- root 组的 GID 为固定值 0。
- 系统组的 GID 默认值为 1~499。
- 普通组的 GID 默认值为 500~60000。

3.1.3 相关配置文件

Linux 系统中与用户账号相关的配置文件主要有两个：/etc/passwd 和/etc/shadow。前者用于保存用户的基本信息，后者用于保存用户的密码相关信息，这两个文件是互补的。

与组账号相关的配置文件也有两个：/etc/group 和/etc/gshadow。前者用于保存组账号的基本信息，后者用于保存组账号的加密密码字符串等信息，但在实际中很少使用，了解即可。

1. /etc/passwd 文件

/etc/passwd 文件是文本文件，包含用户登录需要的相关信息，每行代表一个用户的信息，该文件对所有用户可读。

例：查看 Bob 用户的信息。

```
[root@localhost ~]# grep Bob /etc/passwd
Bob:x:1001:1001::/home/tang:/bin/bash
```

每行的各字段之间用冒号":"分隔，其格式和具体含义如下。
存储格式：name:password:UID:GID:comment:directory:shell：
- 第 1 个字段：用户名。
- 第 2 个字段：密码占位符 x，所谓密码占位符，只表示这是一个密码字段，用户的密码并不是存放在这里，而是存放在/etc/shadow 中。
- 第 3 个字段：用户的 UID。
- 第 4 个字段：用户所属组的 GID。
- 第 5 个字段：用户注释信息，可填写与用户相关的一些说明信息，该字段是可选的。
- 第 6 个字段：用户主目录。
- 第 7 个字段：用户登录所用的 Shell 类型，默认为/bin/bash。

基于系统运行和管理需要，所有用户都可以访问/etc/passwd 文件中的内容，但是只有 root 用户才能修改。

2. /etc/shadow 文件

/etc/shadow 文件包含用户密码的加密信息及其他相关安全信息。为了安全起见，只有 root 用户才有权限读取 shadow 文件中的内容，普通用户无法查看，即使是 root 用户，也不允许直接编辑 shadow 文件中的内容。

例：查看/etc/passwd 文件中 Bob 用户的相关信息。

```
[root@localhost ~]# grep Bob /etc/shadow
Bob:$6$QoElMqvu$vyDbXiLXtIaa5xS0tig0mdbCMrADs8GsDulWtP7wzTit709DWp/
MVUS95JpUXLtQMwakSy73CI/wfxT5YDPBg1:17901:0:99999:7::17531:
```

该文件存储格式为：

  登录名:$加密算法$salt$加密的密码:最后一次更改密码的日期:密码最小期限:密码最大期限:密码警告时间段:密码禁用期:账户过期日期:保留字段

各字段说明如下。

- 第1个字段：用户登录名。
- 第2个字段：加密的密码，$为分隔符，首先是使用的加密算法，其次是salt（随机数），最后才是加密的密码本身。
- 第3个字段：从1970年1月1日算起，密码被修改的天数（最近一次更改密码）。
- 第4个字段：密码最小期限，即密码最近更改日期到下次允许更改日期之间的天数（比如设置为10，则表示更改密码后10天内不允许再次更改；0表示无限制，可在任何时间修改）。
- 第5个字段：密码最大期限，即密码最近更改日期到系统强制用户更改密码日期之间的天数（比如设置为100，则表示更改密码后100天，系统将强制要求再次更改密码；1表示永不修改）。
- 第6个字段：密码警告时间段，密码过期前，用户被警告的天数（比如，设置密码最大期限为100、密码警告时间段为5，则表示更改密码后第96~100天这5天，用户将被警告"密码即将过期"；-1表示没有警告）。
- 第7个字段：密码禁用期，密码过期到系统自动禁用账户的天数（-1表示永远不会被禁用）。
- 第8个字段：账户过期日期（-1表示该账户被启用）。
- 第9个字段：保留条目，目前没用。

3. /etc/group 文件

用于保存组账号基本信息的文件是/etc/group，存储格式为：group_name:password:GID:user_list。

每行信息包括4个字段，各字段的含义如下。

- 第1个字段：group_name，组名。
- 第2个字段：password，用户组的口令，用占位符x表示，一般Linux用户组都没有口令。
- 第3个字段：GID，组ID。
- 第4个字段：user_list，用户列表，注意，这里列出的是以该组为附加组的用户列表，以此组为主组的用户并没有被列出。

例：查看/etc/group 文件中 Bob 的相关信息。

```
[root@localhost ~]# grep Bob /etc/group
Bob:x:1001:
```

4. /etc/gshadow 文件

/etc/gshadow 文件包含组密码的加密信息，与/etc/shadow 文件类似，只能被root用户访问。/etc/gshadow和/etc/group是互补的两个文件。对于大型服务器，往往面对很多用户和组，定制一些关系结构比较复杂的权限模型，设置用户组密码是极为必要的。

  存储格式为：组名:口令:组管理者:组内用户列表。各字段的含义如下。

- 组名：用户组的名称，由字母或数字构成。
- 口令：用户组密码，这个字段可以是空或"!"，如果是空的或有"!"，表示没有密码。
- 组管理者：这个字段也可以为空，如果有多个用户组管理者，用逗号分隔。
- 组内用户列表：如果有多个成员，用逗号分隔。

例：查看/etc/gshadow 文件中 Bob 的相关信息。

```
[root@localhost ~]# grep Bob /etc/gshadow
Bob:!::
```

3.1.4 管理用户和组

1. 修改用户

修改用户就是根据实际情况更改用户的有关属性，如用户号、主目录、用户组、登录 Shell 等。修改已有用户的信息使用 usermod 命令，其格式如下：

格式：usermod 选项 用户名

常用的选项如图 3-2 所示。

```
[root@localhost ~]# usermod --help
用法：usermod [选项] 登录

选项：
  -c, --comment 注释            GECOS 字段的新值
  -d, --home HOME_DIR           用户的新主目录
  -e, --expiredate EXPIRE_DATE  设定账户过期的日期为 EXPIRE_DATE
  -f, --inactive INACTIVE       过期 INACTIVE 天数后，设定密码为失效状态
  -g, --gid GROUP               强制使用 GROUP 为新主组
  -G, --groups GROUPS           新的附加组列表 GROUPS
  -a, --append GROUP            将用户追加至上边 -G 中提到的附加组中，
                                并不从其他组中删除此用户
  -h, --help                    显示此帮助信息并推出
  -l, --login LOGIN             新的登录名称
  -L, --lock                    锁定用户账号
  -m, --move-home               将主目录内容移至新位置（仅于 -d 一起使用）
  -o, --non-unique              允许使用重复的(非唯一的) UID
  -p, --password PASSWORD       将加密过的密码（PASSWORD）设为新密码
  -R, --root CHROOT_DIR         chroot 到的目录
  -s, --shell SHELL             该用户账号的新登录 shell
  -u, --uid UID                 用户账号的新 UID
  -U, --unlock                  解锁用户账号
  -Z, --selinux-user SEUSER     用户账号的新 SELinux 用户映射
```

图3-2 usermod语法

例：修改 Bob 用户的组为 root。

```
[root@localhost ~]# usermod -g root Bob
```

2. 删除用户

如果一个用户的账号不再使用，可以从系统中将其删除。删除用户就是将/etc/passwd 等系统文件中的该用户记录删除，必要时还可以删除用户的主目录。

删除一个已有的用户账号使用 userdel 命令，其语法如下：

格式：userdel 选项 用户名

常用的选项：

-r 把用户的主目录一起删除。

例：删除用户 Bob。

```
[root@localhost ~]# userdel -r Bob
```

此命令删除用户 Bob 在系统文件（主要是/etc/passwd、/etc/shadow、/etc/group 等）中的记录，同时删除用户的主目录。

3. 修改组

修改用户组的属性使用 groupmod 命令，其语法如下：

格式：groupmod 选项 用户组

常用的选项：

-g GID　为用户组指定新的组标识号；

-o　与-g 选项同时使用，用户组的新 GID 可以与系统已有用户组的 GID 相同；

-n 新用户组　将用户组的名字改为新名字。

例：修改 group 组标识号并查看修改内容。

```
[root@localhost ~]# groupmod -g 1004 group
[root@localhost ~]# grep group /etc/group
group:x:1004:
```

4. 删除组

删除用户组使用 groupdel 命令，其语法如下：

格式：groupdel 用户组

例：删除用户组 group。

```
[root@localhost ~]# groupdel group
```

3.1.5 口令管理

1. 为用户设置密码

口令管理指的是通过密码管理不同的用户，刚创建的用户没有密码且不能使用，需要设定密码才能使用。Linux 系统中可以使用 passwd 命令修改密码。root 用户可以为自己和其他用户指定密码，普通用户只能修改自己的密码。

格式：passwd 选项 用户名

常用的选项：

-d　清空密码；

-l　锁定用户账号；

-u　解锁用户账号。

例：为 Bob 用户设置登录密码。

```
[root@localhost ~]# passwd Bob
更改用户 Bob 的密码。
新的密码：
重新输入新的密码：
passwd：所有的身份验证令牌已经成功更新。
```

2. 禁用用户账号

有许多方法可以禁用用户账号，包括手动修改/etc/passwd 文件、使用 "passwd –l" 命令等。这些方法的缺点是如果用户有 ssh 访问和密钥授权，仍可以登录。

使用 change 命令可以改变用户密码的过期期限，语法如下：

```
[root@localhost ~]# change --help
```

格式：change [选项] 登录

常用的选项：

参数	说明
-d, --lastday 最近日期	将最近一次密码设置时间设为"最近日期"
-E, --expiredate 过期日期	将账户过期时间设为"过期日期"
-h, --help	显示此帮助信息并退出
-I, --inactive INACITVE	过期 INACTIVE 天后，设定密码为失效状态
-l, --list	显示账户年龄信息
-m, --mindays 最小天数	将两次改变密码之间相距的最小天数设为"最小天数"
-M, --maxdays 最大天数	将两次改变密码之间相距的最大天数设为"最大天数"
-R, --root CHROOT_DIR	chroot 到的目录
-W, --warndays 警告天数	将过期警告天数设为"警告天数"

例：禁止 Bob 用户登录。

```
[root@localhost ~]# date
2019 年 01 月 20 日 星期日 17:22:43 CST
[root@localhost ~]# change -E 2018-12-31 Bob
[root@localhost ~]# ssh Bob@127.0.0.1
Your account has expired; please contact your system administrator
Authentication failed.
```

3.2 权限管理

3.2.1 查看文件和目录权限

介绍目录和文件的权限之前，先看一下图 3-3 所示命令的输出结果。

```
[root@localhost ~]# ls -ld /etc/yum/*
drwxr-xr-x. 2 root root   6 4月  13 2018 /etc/yum/fssnap.d
drwxr-xr-x. 2 root root  54 12月   4 15:38 /etc/yum/pluginconf.d
drwxr-xr-x. 2 root root  26 12月   4 15:32 /etc/yum/protected.d
drwxr-xr-x. 2 root root  37 4月  13 2018 /etc/yum/vars
-rw-r--r--. 1 root root 444 4月  13 2018 /etc/yum/version-groups.conf
```

图3-3 查看文件和目录属性

在用"ls -l"命令查看文件详细信息时，将会看到文件和目录的权限和归属设置。

其中，第一列表示对象的类型，d 代表目录，l 代表链接，没有的话则代表文件。

第 2~4 个字符代表文件所有者对文件的权限，r 是读，w 是写，x 是执行。如果是对文件夹操作的话，执行意味着查看文件夹下的内容，如"rw-"就代表文件所有者可以对文件进行读取和写入。

第 5~7 个字符代表文件所属组对文件的权限，含义是一样的，如"r-x"就代表文件所属组内的所有用户对文件具有读取和执行的权限。

第 8~10 个字符代表其他用户对文件的权限，含义也是一样的，如"r--"就代表非所有者、非用户组的用户只拥有对文件的读取权限。

文件的权限主要针对三类对象进行定义。

- owner：属主，u。
- group：属组，g。
- other：其他，o。

每个文件或目录针对每类访问者都定义了三种权限，如表 3-1 所示。

表 3-1 访问者权限

代表字符	权限	对文件夹的含义	对目录的含义
r	读权限	可以读文件内容	可以列出目录中的文件列表
w	写权限	可以修改文件	可以在目录中创建、删除文件
x	执行权限	可以执行文件	可以使用 cd 命令进入目录

权限用数字表示，如图 3-4 所示。

权限	二进制	十进制
---	000	0
--x	001	1
-w-	010	2
-wx	011	3
r--	100	4
r-x	101	5
rw-	110	6
rwx	111	7

图 3-4 权限进制转换表

简化记忆：读(r) = 4，写(w) = 2，执行(x) = 1。

3.2.2 设置文件和目录权限

可以使用 chmod 命令来改变文件或目录的权限，有以下几种用法。

1. 数字形式的 chmod 命令

一种是数字权限命名，用 rwx 对应一个二进制数字，如 101 就代表拥有读取和执行的权限，而转为十进制的话，r 就代表 4，w 就代表 2，x 就代表 1，然后 3 个数字加起来就和二进制数字对应起来了。如 7=4+2+1，就对应着 rwx；5=4+1，就对应着 r-x。所以，777 就代表 rwxrwxrwx，即所有者、所属用户组、其他用户对该文件都拥有读取、写入、执行的权限。

例：修改文件权限。

```
[root@localhost ~]# ls -l b.txt
-rw-r--r--. 1 root root 0 1月  21 11:26 b.txt
[root@localhost ~]# chmod 755 b.txt
[root@localhost ~]# ls -l b.txt
-rwxr-xr-x. 1 root root 0 1月  21 11:26 b.txt
```

文件原来的权限是属主拥有读写权限，属组和其他组拥有读权限。755 中的 7 代表了 4+2+1，即拥有读取、写入、执行所有权限，5 代表了 4+1，即拥有读取和执行权限。

2. 字符形式的 chmod 命令

也可以使用代号来赋予权限，代号有 u、g、o、a 四种，分别代表所有者权限、用户组权限、其他用户权限和所有用户权限，在这些代号后面通过 "+" 和 "-" 符号来控制权限的添加和移除，再跟上权限类型。

例：修改文件权限。

```
[root@localhost ~]# ls -l b.txt
-rw-r--r--. 1 root root 0 1月  21 11:26 b.txt
[root@localhost ~]# chmod u+x b.txt
[root@localhost ~]# chmod g+x b.txt
[root@localhost ~]# chmod o+x b.txt
[root@localhost ~]# ls -l b.txt
-rwxr-xr-x. 1 root root 0 1月  21 11:26 b.txt
```

常用的权限有如下几个。

- -rw-------(600)：只有所有者才有读和写的权限。
- -rw-r--r--(644)：只有所有者才有读和写的权限，群组和其他人只有读的权限。
- -rw-rw-rw-(666)：每个人都有读和写的权限。
- -rwx------(700)：只有所有者才有读、写和执行的权限。
- -rwx--x--x(711)：只有所有者才有读、写和执行的权限，群组和其他人只有执行的权限。
- -rwxr-xr-x(755)：只有所有者才有读、写和执行的权限，群组和其他人只有读和执行的权限。
- -rwxrwxrwx(777)：每个人都有读、写和执行的权限。

例：给 testfile 的属主增加执行权限。

```
[tang@localhost ~]$ chmod u+x testfile
```

例：给 testfile 的属主分配读、写、执行(7)的权限，给 file 的属组分配读、执行(5)的权限，给其他用户分配执行(1)的权限。

```
[tang@localhost ~]$ chmod 751 testfile
```

例：上例的另一种实现形式。

```
[tang@localhost ~]$ chmod u=rwx,g=rx,o=x testfile
```

例：为所有用户分配读权限。

```
[tang@localhost ~]$ chmod =r testfile
```

例：同上例。

```
[tang@localhost ~]$ chmod 444 testfile
```

例：同上例。

```
[tang@localhost ~]$ chmod a-wx,a+r testfile
```

例：递归地给 directory 目录下所有文件和子目录的属主分配读的权限。

```
[tang@localhost ~]$ chmod -R u+r directory
```

例：设置用户 ID，给属主分配读、写和执行权限，给组和其他用户分配读、执行的权限。

```
[tang@localhost ~]$ chmod 4755 testfile
```

3. 设置文件或目录的归属

通过 chown 命令可以更改文件或目录的属主和属组。

格式：chown 属主 文件或目录
　　　chown :属组 文件或目录
　　　chown 属主:属组 文件或目录

常用的选项：

-R 递归修改指定目录下所有文件、子目录的归属。

例：修改 b.txt 文件的属主和属组。

```
[root@localhost ~]# ls -l b.txt
-rwxr-xr-x. 1 root root 0 1月  21 11:26 b.txt
[root@localhost ~]# chown Bob:Bob b.txt
[root@localhost ~]# ls -l b.txt
-rwxr-xr-x. 1 Bob Bob 0 1月  21 11:26 b.txt
```

4. 设置文件和目录的生成掩码

umask 值用于设置用户在创建文件时的默认权限。在系统中创建目录或文件时，目录或文件所具有的默认权限就是由 umask 值决定的。

用户可以使用 umask 命令设置文件的默认生成掩码，默认生成掩码告诉系统，当创建一个文件或目录时不应该赋予其哪些权限。

格式：

```
umask [-S] [u1u2u3]
```

说明如下。

- u1 表示不允许属主具有的权限。
- u2 表示不允许同组的人具有的权限。
- u3 表示不允许其他人具有的权限。

在默认情况下，对于目录，用户所能拥有的最大权限是 777；对于文件，用户所能拥有的最大权限是目录的最大权限去掉执行权限，即 666。因为执行权限对于目录是必需的，没有执行权限将无法进入目录，而对于文件的执行权限风险太高，所以一般在权限初始赋值时必须去掉 x。

对于用户创建的目录，默认的权限就是用 777 减去 umask 值，即 755；对于用户创建的文件，默认的权限则是用 666 减去 umask 值，即 644。

例：查看当前用户文件的默认掩码。

```
[root@localhost ~]# umask
0022
```

例：在默认掩码的情况下创建文件和目录。

```
[root@localhost ~]# touch testfile
[root@localhost ~]# ll testfile
-rw-r--r--. 1 root root 0 2月  20 15:52 testfile
testfile 权限是 644=666-022
[root@localhost ~]# mkdir test
[root@localhost ~]# ll -d test
drwxr-xr-x. 2 root root 6 2月  20 15:59 test
目录 test 权限是 755=777-022
```

umask 命令只能临时修改 umask 值，系统重启之后 umask 值将还原成默认值。如果要永久修改 umask 值，可以修改系统配置文件/etc/bashrc。

3.3 系统高级权限

3.3.1 SET 位权限

SET 位权限又叫作特殊权限。一般权限是 rwx，在某些特殊场合可能无法满足要求，因此 Linux

系统还提供了一些额外的权限，只要设置了这些权限，除了具有 rwx 权限外，还将具有一些额外的功能。

命令：chmod u+s 可执行文件

关于命令的几点说明。

- 设置对象：可执行文件。

完成设置后，此文件的使用者在使用文件的过程中会临时获得该文件的属主身份及部分权限。

- 设置位置：Set UID 附加在文件属主的 x 权限位上，表示对属组内的用户增加 SET 位权限；Set GID 附加在属组的 x 权限位上，表示对属组内的用户增加 SET 位权限。
- 设置后的变化：此文件属主的 x 权限位会变为 s。

例：修改文件权限，附加 Set UID。

```
[root@localhost ~]# chmod u+s /usr/bin/mkdir
```

查看文件属主权限，x 位已变为 s，此时当其他用户使用 mkdir 命令时，会拥有此文件属主的身份和部分权限。

```
[root@localhost ~]# ls -l /usr/bin/mkdir
-rwsr-xr-x. 1 root root 79760 4月  11 2018 /usr/bin/mkdir
Bob 用户创建目录 test
[Bob@localhost ~]$ mkdir test
#test 目录所有者为 root
[Bob@localhost ~]$ ls -l
总用量 0
-rw-rw-r--. 1 Bob  Bob 0 1月  14 22:07 a.txt
drwxrwxr-x. 2 root Bob 6 1月  14 22:21 test
```

3.3.2 粘滞位权限

在通常情况下，用户只要对某个目录具备写入权限，就可以删除该目录中的任何文件，而不论这个文件的权限是什么。

粘滞位权限就是针对此种情况设置的，当目录被设置了粘滞位权限之后，即便用户对该目录拥有写入权限，也不能删除该目录中其他用户的文件数据，而只有该文件的属主和 root 用户才有权限将其删除，保持了一种动态的平衡：即允许用户在目录中任意写入、删除数据，但是禁止其随意删除其他用户的数据。

格式：chmod o+t 目录

关于命令几点说明。

- 设置对象：开放 w 权限的目录。

为公共目录（例如，权限为 777 的目录）设置，用户不能删除该目录中其他用户的文件，即阻止用户滥用写入权限（禁止操作别人的文档）。

- 设置位置：粘滞位附加在其他人的 x 权限位上。
- 设置后的变化：此目录的其他人的 x 权限位会变为 t。

例：为公共目录 tmp 设置粘滞位权限。

```
[root@localhost tmp]# ls -l ..|grep tmp
drwxrwxrwt. 14 root root 4096 1月  14 22:58 tmp
```

```
[root@localhost tmp]# su Bob
[Bob@localhost tmp]$ touch a.txt
[Bob@localhost tmp]$ exit
exit
[root@localhost tmp]# su wen
[wen@localhost tmp]$ touch b.txt
[wen@localhost tmp]$ ls -l *.txt
-rw-rw-r--. 1 Bob Bob 0 1月  14 23:02 a.txt
-rw-rw-r--. 1 wen wen 0 1月  14 23:02 b.txt
wen 用户删除 Bob 创建的文件
[wen@localhost tmp]$ rm a.txt
rm: 是否删除有写保护的普通空文件 "a.txt"? yes
rm: 无法删除"a.txt": 不允许的操作
```

3.3.3 ACL 权限

Linux 系统中的传统权限设置方法比较简单，仅有属主权限、属组权限、其他人权限三种身份和读、写、执行三种权限。传统权限设置方法有一定的局限性，在进行比较复杂的权限设置时，如某个目录要开放给某个特定的用户使用，传统权限设置方法就无法满足了。

比如，某一目录权限如下所示。

```
drwx------. 2 root root     6 1月  14 21:55 abc
```

用户 Bob 对此目录无任何权限，因此无法进入目录，当给 Bob 属组权限并赋予 rwx 权限给属组时，才能进入目录。但是属组的其他用户也会拥有此权限。而 ACL 权限可以单独为用户设置对此目录的权限，使其可以操作这个目录。

ACL 的全称是 Access Control List（访问控制列表），是一个针对文件或目录的访问控制列表。它在 UGO 权限管理的基础上为文件系统提供了一个额外的、更灵活的权限管理机制，被设计为 UNIX 文件权限管理的一个补充，ACL 权限允许给任何的用户或用户组设置任何文件或目录的访问权限。

1. 设置 ACL 权限

设置 ACL 权限使用 setfacl 命令，语法如下：

语法：setfacl [-bkRd] [-m|-x acl 参数] 目标文件名

选项与参数：

-m   设置后续的 acl 参数，不可与-x 一起使用；

-x   删除后续的 acl 参数，不可与-m 一起使用；

-b   删除所有的 acl 参数；

-k   删除默认的 acl 参数；

-R   递归设置 acl 参数；

-d   设置默认 acl 参数，只对目录有效。

针对特殊用户设置格式如下：

u:用户账号列表 权限

权限为 rwx 的组合形式；如用户账号列表为空，代表为当前文件所有者设置权限。

例：为用户设定 ACL 权限（setfacl -m u:用户名:权限(rwx)文件名）。

```
[root@localhost ~]# ls -ld abc
drwxr-xr-x. 2 root root 6 1月  14 21:55 abc
[root@localhost ~]# setfacl -m u:Bob:rwx abc
[root@localhost ~]# ls -ld abc
drwxrwxr-x+ 2 root root 6 1月  14 21:55 abc
```

2. 管理 ACL 权限

管理 ACL 权限使用 getfacl 命令，可以查看文件或目录的 ACL 设置。

语法：getfacl 目标文件或目录

例：查看目录的 ACL 权限。

```
[root@localhost ~]# getfacl abc
# file: abc
# owner: root
# group: root
user::rwx
user:Bob:rwx
group::r-x
mask::rwx
other::r-x
```

例：删除 ACL 权限。

```
[root@localhost ~]# setfacl -x u:Bob abc
[root@localhost ~]# getfacl abc
# file: abc
# owner: root
# group: root
user::rwx
group::r-x
mask::r-x
other::r-x
```

例：子文件或目录继承父目录的权限。

```
[root@localhost ~]# setfacl -m d:u:Bob:rwx abc
[root@localhost ~]# getfacl abc
# file: abc
# owner: root
# group: root
user::rwx
group::r-x
mask::r-x
other::r-x
default:user::rwx
default:user:Bob:rwx
default:group::r-x
default:mask::rwx
default:other::r-x
```

可以看到，多了一些以 default 开头的行，这些 default 权限信息只能在目录上设置，然后被目录中创建的文件和目录继承。

```
[root@localhost abc]# mkdir sub_abc
[root@localhost abc]# getfacl sub_abc
# file: sub_abc
# owner: root
# group: root
user::rwx
user:Bob:rwx
group::r-x
mask::rwx
other::r-x
default:user::rwx
default:user:Bob:rwx
default:group::r-x
default:mask::rwx
default:other::r-x
```

子目录 sub_abc 继承了父目录 abc 的 ACL 权限，这就是 -d 选项的作用。

例：递归删除目录及其子目录的 ACL 权限。

```
[root@localhost ~]# setfacl -R -b abc
```

3.4 作业

1. 当用户对目录无执行权限时，意味着无法执行哪些操作？
2. 当用户对目录无读权限时，意味着无法执行哪些操作？
3. 当用户对目录无写权限时，该目录下的只读文件 file1 是否可以被修改？
4. 创建一个新文件 testfile，设置文件属主、文件属组 Bob 具有读写权限，其他人无权限。
5. umask 的含义。
6. 创建新用户 wen，设置用户组为 gwen 并创建 home 目录。
7. 描述 suid、sgid 的作用。
8. 对特定用户 wen 设置 ACL 权限，使其对文件 testfile 具有读写权限。
9. 粘滞位权限的作用及命令？
10. 改变用户 wen 的密码过期期限为 2019-05-01。

Chapter 4

第 4 章
文件系统与磁盘管理

学习目标

- 了解文件系统的概念。
- 掌握几种常用的文件系统类型。
- 掌握磁盘管理的常用命令。
- 掌握磁盘逻辑卷的管理。
- 掌握磁盘 RAID5 的管理。

4.1 文件系统

4.1.1 文件系统简介

如果不在硬盘上建立文件系统,那么对文件的各种操作将直接面向硬盘的扇区。先看看对于操作文件来说,这意味着有多么麻烦。

先拿一个小本,上面记着文件名、文件所在硬盘扇区以及文件大小。每次读写文件,都要人工查询这个小本,才能知道要操作的文件在哪里。如果文件 A 所在的扇区 M 已经写满了,随后的一个扇区 M+1 被文件 B 占用了,还想接着写文件 A,应该怎么办呢?只能从其他地方找一个空闲扇区 N,然后在小本上把 N 记录到文件 A 占用的扇区项中。

如何才能知道硬盘上还有哪些空间可以用呢?难道每次都从前往后把扇区使用情况计算一遍?可能还需要另外一个小本来记录扇区使用情况,删除文件后把对应的扇区标记为空闲,如果创建文件,则把对应的扇区标记为不能使用。

对于记录文件使用情况的小本而言,要表述一个文件在硬盘上的信息,需要知道它占用了哪些扇区、它的名字、文件大小等信息。那么这些信息应该放在哪里呢?当然可以随机存放,但是存放完了,计算机如何在下次使用的时候找到呢?还是需要一份记录来索引这些信息,把文件信息按照统一格式存放在一起,这就是目录结构的由来。

文件系统指定命名文件的规则,包括文件名的最大字符数,哪种字符可以使用,以及文件名后缀可以有多长。文件系统还包括通过目录结构找到文件的指定路径的格式。

Linux 文件系统中的文件是数据的集合,文件系统不仅包含文件中的数据而且包含文件系统的结构,所有用户和程序看到的文件、目录、软链接及文件保护信息等都存储在其中。

文件系统的功能包括：管理和调度文件的存储空间，提供文件的逻辑结构、物理结构和存储方法；实现文件从标识到实际地址的映射，实现文件的控制操作和存取操作，实现文件信息的共享并提供可靠的文件保密和安全保护措施。

文件的逻辑结构是依照文件内容的逻辑关系组织文件结构，分为流式文件和记录式文件。

- 流式文件：文件中的数据是一串字符流，没有结构。
- 记录式文件：由若干条逻辑记录组成，每条记录又由相同的数据项组成，数据项的长度可以是确定的，也可以是不确定的。

4.1.2 文件系统类型

不同的文件系统采用不同的方法来管理磁盘空间，各有优劣；文件系统具体到分区，所以格式化针对的是分区。分区格式化是指采用指定的文件系统类型对分区空间进行登记、索引并建立相应的管理表格的过程。在 Windows 系统中，硬盘分区通常都是采用 FAT32 或 NTFS 文件系统，而在 Linux 系统中则支持几十种文件系统，常见的有 ext2、ext3、ext4、vfat、xfs 等，目前硬盘分区通常采用 ext3 或 ext4 文件系统。

ext3 是 ext2 文件系统的日志版本，它在 ext2 文件系统中增加了日志的功能。ext3 提供了 3 种日志模式：日志（journal）、顺序（ordered）和回写（writeback）。与 ext2 相比，ext3 提供了更好的安全性以及向上向下的兼容性。因此，在 Linux 系统中可以挂载一个 ext3 文件系统代替 ext2 文件系统。ext3 文件系统被广泛应用于目前的 Linux 系统中。ext3 文件系统的缺点是缺乏现代文件系统所具有的高速数据处理和解压性能。此外，使用 ext3 文件系统还要考虑磁盘限额问题。

ext4 即第四代扩展文件系统（fourth extended filesystem），是 Linux 系统下的日志文件系统，也是 ext3 文件系统的后继版本。ext3 文件系统最多只能支持 32TB 的文件系统和 2TB 的文件，根据具体使用的架构和系统设置，实际容量上限可能比这个数字还要低，即只能容纳 2TB 的文件系统和 16GB 的文件。而 ext4 文件系统容量达到 1EB，文件容量则达到 16TB，这是一个非常大的数字了。对一般的台式机和服务器而言，这可能并不重要，但对于大型磁盘阵列的用户而言，这就非常重要了。

xfs 文件系统是 SGI 开发的高级日志文件系统，其极具伸缩性，非常健壮。所幸的是 SGI 将其移植到了 Linux 系统中。在 Linux 环境下，目前可用的最新 xfs 文件系统版本为 1.2，它可以很好地工作在 2.4 核心下。

vfat 是一种主要用于处理长文件的文件系统，它运行在保护模式下并使用 VCACHE 进行缓存，还具有和 Windows 文件系统和 Linux 文件系统兼容的特性。因此，VFAT 可以作为 Windows 系统和 Linux 系统交换文件的分区。

为了方便对各类文件系统进行统一管理，Linux 引入了虚拟文件系统（Virtual File System，VFS），为各类文件系统提供了一个统一的操作界面和应用编程接口。VFS 的作用就是采用标准的 UNIX 系统调用读写位于不同物理介质上的不同文件系统。

VFS 是一个可以让 open( )、read( )、write( )等系统调用不必关心底层的存储介质和文件系统类型就可以工作的黏合层。在 DOS 操作系统中，访问本地文件系统之外的文件系统需要使用特殊的工具。而在 Linux 下，通过 VFS，一个抽象的通用访问接口屏蔽了底层文件系统和物理介质的差异性。每一种类型的文件系统代码都隐藏了实现的细节。因此，对于 VFS 和内核的其他部分而言，每一种类型的文件系统看起来都是一样的。

4.1.3 文件系统的目录结构

在 Windows 系统中，为每个分区分配了一个盘符，在资源管理器中通过盘符就可以访问相应的分区。每个分区可以使用独立的文件系统，在每一个盘符中都有一个根目录。

在 Linux 系统中，将所有的目录和文件数据组织为一个树形目录结构，整个系统中只存在一个根目录，所有的分区、目录和文件都在根目录下面，如下所示。

```
[root@localhost ~]# cd /
[root@localhost /]# ls
bin   dev   home   lib64   mnt   proc   run   srv   tmp   var
boot  etc   lib    media   opt   root   sbin  sys   usr
```

根目录是整个 Linux 系统最重要的一个目录，不但所有的目录都是由根目录衍生出来的，而且根目录也与开机/还原/系统修复等动作有关。正因为根目录很重要，因此不要将其放在非常大的分区内，根目录所在的分区越小越好，应用程序所安装的软件也最好不要与根目录放在同一个分区内。根目录下常用目录的作用，如表 4-1 所示。

表 4-1 根目录下常用目录的作用

目录名	描述
/	根目录，一般根目录下只存放目录，不存放文件。/etc、/bin、/dev、/lib、/sbin 应该和根目录放置在一个分区中
/bin	存放系统中最常用的二进制可执行文件（二进制文件）。基础系统所需要的那些命令均位于此目录，也是最小系统所需要的命令，例如 ls、cp、mkdir 等命令。功能和/usr/bin 类似，其中的文件都是可执行的，是普通用户都可以使用的命令
/boot	存放 Linux 内核和系统启动文件，包括 Grub、lilo 启动程序
/dev	存放所有设备文件，包括硬盘、分区、键盘、鼠标、USB 等
/etc	存放系统的所有配置文件，例如 passwd 存放用户账户信息，hostname 存放主机名等。/etc/fstab 使开机自动挂载一些分区，在里面写入一些分区信息，就能实现开机挂载分区
/home	用户目录的默认位置
/lib	存放共享的库文件，包含许多被/bin 和/sbin 中程序使用的库文件
opt	作为可选文件和程序的存放目录。有些软件包会安装在这里，也就是自定义软件包；有些用户自己编译的软件包，也可以安装在这个目录中
/lost+found	在 ext2 或者 ext3 文件系统中，系统意外崩溃或者计算机意外关机产生的一些文件碎片会存放在这里。在系统启动的过程中 fsck 工具会检查这里，并修复已经损坏的文件系统。有时系统发生问题，很多文件会被移动到这个目录中，需要以手工的方式来修复或移动到文件的原位置
/media	即插即用型设备的挂载点自动在这个目录下创建。例如 USB 自动挂载后会在这个目录下产生一个目录；CD-ROM/DVD 自动挂载后，也会在这个目录中创建一个目录，用于存放临时读入的文件
/mnt	此目录通常用于作为被挂载的文件系统的挂载点
/root	根用户（超级用户）的主目录
/sbin	大多数涉及系统管理的命令的存放地，也是超级权限用户 root 的可执行命令存放地。普通用户无权执行这个目录下的命令。这个目录和/usr/sbin、/usr/X11R6/sbin 或/usr/local/sbin 目录是相似的。注意，凡是目录 sbin 中包含的都是需要拥有 root 权限才能执行的

4.2 磁盘管理

4.2.1 添加新硬盘

从广义上来说，硬盘、光盘和 U 盘等用来保存数据信息的存储设备都可以称为磁盘，而硬盘更是计算机主机的重要组件。无论是在 Windows 系统还是在 Linux 系统中使用硬盘，规划和管理磁盘都是非常重要的工作。

对于新购置的物理硬盘，不管是用于 Windows 系统还是 Linux 系统，都要进行如下操作。

- 分区，不管是分一个区还是分多个区。
- 分区必须要经过格式化才能创建文件系统。
- 被格式化的硬盘分区必须挂载到操作系统相应的文件目录下。

Windows 系统自动帮用户完成了挂载分区到目录的工作，即自动将磁盘分区挂载到盘符；Linux 除了会自动挂载根分区启动项外，别的分区都需要用户自己配置，所有的磁盘必须挂载到文件系统相应的目录下面。

1. 查看分区信息

"fdisk -l"命令的作用是列出当前系统中所有磁盘设备及其分区的信息，在本机上执行此命令的结果如图 4-1 所示。

```
[root@localhost ~]# fdisk -l
磁盘 /dev/sda：42.9 GB, 42949672960 字节，83886080 个扇区
Units = 扇区 of 1 * 512 = 512 bytes
扇区大小(逻辑/物理)：512 字节 / 512 字节
I/O 大小(最小/最佳)：512 字节 / 512 字节
磁盘标签类型：dos
磁盘标识符：0x000dd830

   设备 Boot      Start         End      Blocks   Id  System
/dev/sda1   *        2048     1050623      524288   83  Linux
/dev/sda2         1050624    61884415    30416896   8e  Linux LVM

磁盘 /dev/mapper/centos-root：10.7 GB, 10737418240 字节，20971520 个扇区
Units = 扇区 of 1 * 512 = 512 bytes
扇区大小(逻辑/物理)：512 字节 / 512 字节
I/O 大小(最小/最佳)：512 字节 / 512 字节

磁盘 /dev/mapper/centos-swap：4294 MB, 4294967296 字节，8388608 个扇区
Units = 扇区 of 1 * 512 = 512 bytes
扇区大小(逻辑/物理)：512 字节 / 512 字节
I/O 大小(最小/最佳)：512 字节 / 512 字节

磁盘 /dev/mapper/centos-home：16.1 GB, 16106127360 字节，31457280 个扇区
Units = 扇区 of 1 * 512 = 512 bytes
扇区大小(逻辑/物理)：512 字节 / 512 字节
I/O 大小(最小/最佳)：512 字节 / 512 字节
```

图4-1 查看分区信息

上述信息包含了在第 1 章安装系统时将硬盘分成根分区、boot 分区、/home 分区和交换分区的整体情况和每个分区的信息，其中分区信息的各字段含义如下。

- 设备：分区的设备文件名称。
- Boot：是否是引导分区。是，则带有"*"标识。
- Start：该分区在硬盘中的起始位置（柱面数）。
- End：该分区在硬盘中的结束位置（柱面数）。

- Blocks：分区的大小。
- Id：分区类型的 ID 标记号，对于 ext4 分区为 83，LVM 分区为 8e。
- System：分区类型。"Linux"代表 ext4 文件系统，"Linux LVM"代表逻辑卷。

2. 在虚拟机中添加硬盘

练习硬盘分区操作，需要先在虚拟机中添加另一块硬盘。由于 SCSI 接口的硬盘支持热拔插，因此可以在虚拟机开机的状态下直接添加硬盘。

打开虚拟机软件，单击菜单栏中的"虚拟机(M)"→"设置"，进入虚拟机设置界面，然后单击下方的"添加"按钮，打开图 4-2 所示的添加硬件向导。

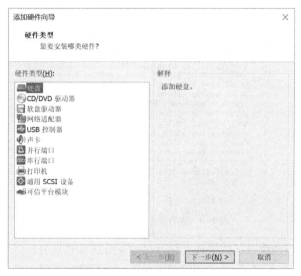

图4-2 添加硬件向导

然后依照图形界面的提示操作，添加一块容量为 20GB 的 SCSI 硬盘，最后需要重新启动系统以识别新增加的硬盘。系统重启之后，再执行"fdisk -l"命令查看硬盘分区信息，如图 4-3 所示，可以看到新增加的硬盘/dev/sdb。系统识别到新的硬盘后，接下来就可以在该硬盘上建立新的分区了。

```
[root@localhost ~]# fdisk -l
磁盘 /dev/sda：42.9 GB, 42949672960 字节，83886080 个扇区
Units = 扇区 of 1 * 512 = 512 bytes
扇区大小(逻辑/物理)：512 字节 / 512 字节
I/O 大小(最小/最佳)：512 字节 / 512 字节
磁盘标签类型：dos
磁盘标识符：0x000dd830

   设备 Boot      Start         End      Blocks   Id  System
/dev/sda1   *      2048     1050623      524288   83  Linux
/dev/sda2        1050624    61884415    30416896   8e  Linux LVM

磁盘 /dev/sdb：21.5 GB, 21474836480 字节，41943040 个扇区
Units = 扇区 of 1 * 512 = 512 bytes
扇区大小(逻辑/物理)：512 字节 / 512 字节
I/O 大小(最小/最佳)：512 字节 / 512 字节
```

图4-3 新增硬盘后的信息

4.2.2 对硬盘分区

继续使用 fdisk 命令对新增加的硬盘/dev/sdb 进行分区操作，在此硬盘创建一个主分区和一个扩展分区，在扩展分区上再创建两个逻辑分区。

执行"fdisk /dev/sdb"命令，进入到交互式的分区管理界面，在操作界面中的"命令（输入 m 获取帮助）："提示符后，用户可以输入特定的分区操作命令来完成各项分区管理任务，例如，输入"m"可以查看帮助信息，如图4-4所示。

```
[root@localhost ~]# fdisk /dev/sdb
欢迎使用 fdisk (util-linux 2.23.2)。

更改将停留在内存中，直到您决定将更改写入磁盘。
使用写入命令前请三思。

Device does not contain a recognized partition table
使用磁盘标识符 0xb5a371ab 创建新的 DOS 磁盘标签。

命令(输入 m 获取帮助): m
命令操作
   a   toggle a bootable flag
   b   edit bsd disklabel
   c   toggle the dos compatibility flag
   d   delete a partition
   g   create a new empty GPT partition table
   G   create an IRIX (SGI) partition table
   l   list known partition types
   m   print this menu
   n   add a new partition
   o   create a new empty DOS partition table
   p   print the partition table
   q   quit without saving changes
   s   create a new empty Sun disklabel
   t   change a partition's system id
   u   change display/entry units
   v   verify the partition table
   w   write table to disk and exit
   x   extra functionality (experts only)

命令(输入 m 获取帮助):
```

图4-4　查看操作指令的帮助信息

输入"n"可以进行创建分区的操作，包括创建主分区和扩展分区。然后根据提示继续输入"p"选择创建主分区，输入"e"选择创建扩展分区。之后依次选择分区序号、起始位置、结束位置或分区大小即可创建新分区。

选择分区号时，主分区和扩展分区的序号只能为1~4。分区的起始位置一般由 fdisk 命令默认识别，结束位置或分区大小可以使用"+size{K,M,G}"的形式，如"+5G"表示将分区的容量设置为5GB。

下面首先创建一个容量为7GB的主分区，主分区创建结束之后，输入"p"查看已创建好的分区/dev/sdb1，操作过程如图4-5所示。

```
命令(输入 m 获取帮助): n
Partition type:
   p   primary (0 primary, 0 extended, 4 free)
   e   extended
Select (default p): p
分区号 (1-4，默认 1): 1
起始 扇区 (2048-41943039，默认为 2048):
将使用默认值 2048
Last 扇区, +扇区 or +size{K,M,G} (2048-41943039，默认为 41943039): +7G
分区 1 已设置为 Linux 类型，大小设为 7 GiB

命令(输入 m 获取帮助): P

磁盘 /dev/sdb: 21.5 GB, 21474836480 字节，41943040 个扇区
Units = 扇区 of 1 * 512 = 512 bytes
扇区大小(逻辑/物理): 512 字节 / 512 字节
I/O 大小(最小/最佳): 512 字节 / 512 字节
磁盘标签类型: dos
磁盘标识符: 0xb5a371ab

   设备 Boot      Start         End      Blocks   Id  System
/dev/sdb1         2048    14682111     7340032   83  Linux
```

图4-5　创建主分区并进行查看

然后再继续创建扩展分区，需要特别注意的是，必须将所有的剩余空间全部分配给扩展分区。扩展分区创建结束之后，输入"p"查看已创建好的主分区/dev/sdb1 和扩展分区/dev/sdb2，操作过程如图 4-6 所示。

```
命令(输入 m 获取帮助): n
Partition type:
   p   primary (1 primary, 0 extended, 3 free)
   e   extended
Select (default p): e
分区号 (2-4, 默认 2): 2
起始 扇区 (14682112-41943039, 默认为 14682112):
将使用默认值 14682112
Last 扇区, +扇区 or +size{K,M,G} (14682112-41943039, 默认为 41943039):
将使用默认值 41943039
分区 2 已设置为 Extended 类型, 大小设为 13 GiB

命令(输入 m 获取帮助): p

磁盘 /dev/sdb: 21.5 GB, 21474836480 字节, 41943040 个扇区
Units = 扇区 of 1 * 512 = 512 bytes
扇区大小(逻辑/物理): 512 字节 / 512 字节
I/O 大小(最小/最佳): 512 字节 / 512 字节
磁盘标签类型: dos
磁盘标识符: 0xb5a371ab

   设备 Boot     Start        End    Blocks  Id System
/dev/sdb1        2048    14682111   7340032  83 Linux
/dev/sdb2    14682112    41943039  13630464   5 Extended
```

图4-6　创建扩展分区并进行查看

最后在扩展分区上再创建两个逻辑分区，在创建逻辑分区的时候就不需要指定分区编号了，系统会自动从 5 开始顺序编号。操作过程如图 4-7 所示。

```
命令(输入 m 获取帮助): n
Partition type:
   p   primary (1 primary, 1 extended, 2 free)
   l   logical (numbered from 5)
Select (default p): l
添加逻辑分区 5
起始 扇区 (14684160-41943039, 默认为 14684160):
将使用默认值 14684160
Last 扇区, +扇区 or +size{K,M,G} (14684160-41943039, 默认为 41943039): +7G
分区 5 已设置为 Linux 类型, 大小设为 7 GiB

命令(输入 m 获取帮助): n
Partition type:
   p   primary (1 primary, 1 extended, 2 free)
   l   logical (numbered from 5)
Select (default p): l
添加逻辑分区 6
起始 扇区 (29366272-41943039, 默认为 29366272):
将使用默认值 29366272
Last 扇区, +扇区 or +size{K,M,G} (29366272-41943039, 默认为 41943039):
将使用默认值 41943039
分区 6 已设置为 Linux 类型, 大小设为 6 GiB
```

图4-7　创建两个逻辑分区

最后再次输入"p"，查看分区情况，如图 4-8 所示。

```
命令(输入 m 获取帮助): p

磁盘 /dev/sdb: 21.5 GB, 21474836480 字节, 41943040 个扇区
Units = 扇区 of 1 * 512 = 512 bytes
扇区大小(逻辑/物理): 512 字节 / 512 字节
I/O 大小(最小/最佳): 512 字节 / 512 字节
磁盘标签类型: dos
磁盘标识符: 0xb5a371ab

   设备 Boot     Start        End    Blocks  Id System
/dev/sdb1        2048    14682111   7340032  83 Linux
/dev/sdb2    14682112    41943039  13630464   5 Extended
/dev/sdb5    14684160    29364223   7340032  83 Linux
/dev/sdb6    29366272    41943039   6288384  83 Linux
```

图4-8　查看硬盘/dev/sdb的分区信息

完成对硬盘的分区以后，输入"w"保存退出或输入"q"不保存退出 fdisk。硬盘分区完成以后，一般需要重启系统以使设置生效，如果不想重启系统，可以使用 partprobe 命令使系统获知新的分区表的情况。在这里可以执行 partprobe 命令重新探测/dev/sdb 硬盘中分区表的变化情况，如下所示。

```
[root@localhost ~]# partprobe /dev/sdb
```

至此，完成硬盘的分区操作。

4.2.3 格式化分区

完成分区创建之后，还不能直接使用，必须经过格式化才能使用，这是因为操作系统必须按照一定的方式来管理硬盘并让系统识别，所以格式化的作用就是在分区中创建文件系统。Linux 专用的文件系统是 ext，包含 ext3、ext4 等诸多版本，在 CentOS 中默认使用的是 ext4。

mkfs 命令的作用就是在硬盘上创建 Linux 文件系统。mkfs 本身并不执行建立文件系统的工作，而是去调用相关的程序来执行。

格式：mkfs（选项）（参数）

常用的选项：

fs   指定建立文件系统时的参数；

-t<文件系统类型>   指定要建立何种文件系统；

-v   显示版本信息与详细的使用方法；

-V   显示简要的使用方法；

-c   在创建文件系统前，检查该分区是否有坏轨；

-q   执行时不显示任何信息。

示例：列出 mkfs 的格式。

```
[root@localhost ~]# mkfs       //输入完命令后按两次 Tab 键
mkfs            mkfs.cramfs    mkfs.ext3     mkfs.fat      mkfs.msdos    mkfs.xfs
mkfs.btrfs      mkfs.ext2      mkfs.ext4     mkfs.minix    mkfs.vfat
```

将前面创建的分区/dev/sdb1 按 ext4 文件系统进行格式化，如图 4-9 所示。

```
[root@localhost ~]# mkfs -t ext4 /dev/sdb1
mke2fs 1.42.9 (28-Dec-2013)
文件系统标签=
OS type: Linux
块大小=4096 (log=2)
分块大小=4096 (log=2)
Stride=0 blocks, Stripe width=0 blocks
458752 inodes, 1835008 blocks
91750 blocks (5.00%) reserved for the super user
第一个数据块=0
Maximum filesystem blocks=1879048192
56 block groups
32768 blocks per group, 32768 fragments per group
8192 inodes per group
Superblock backups stored on blocks:
        32768, 98304, 163840, 229376, 294912, 819200, 884736, 1605632

Allocating group tables: 完成
正在写入inode表: 完成
Creating journal (32768 blocks): 完成
Writing superblocks and filesystem accounting information: 完成
```

图 4-9   格式化/dev/sdb1 分区

用同样的方法对/dev/sdb5 和/dev/sdb6 进行格式化。需要注意的是，格式化时会清除分区上的所有数据，为了安全，留意备份重要资料。

4.2.4 挂载硬盘分区

挂载就是指定系统中的一个目录作为挂载点,用户通过访问这个目录来实现对硬盘分区的数据存取操作,作为挂载点的目录就相当于是一个访问硬盘分区的入口。例如把/dev/sdb5 挂载到/tmp/目录,当用户在/tmp/目录下执行数据存取操作时,Linux 系统就知道要到/dev/sdb5 上执行相关的操作。挂载示意如图 4-10 所示。

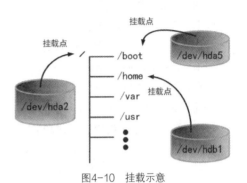

图4-10 挂载示意

安装 Linux 系统的过程中,自动建立或识别的分区通常会由系统自动完成挂载,如根分区、"boot"分区等,对于后来新增的硬盘分区、U 盘等设备,必须由管理员手动挂载。

Linux 系统中提供了两个默认的挂载点目录:/media 和/mnt。

- /media 用作系统自动挂载点。
- /mnt 用作手动挂载点。

从理论上讲,Linux 中的任何一个目录都可以作为挂载点,但从系统的角度出发,以下几个目录是不能作为挂载点使用的:/bin、/sbin、/etc、/lib 和/lib64。

1. 手动挂载

mount 命令的作用就是将一个设备(通常是存储设备)挂载到一个已存在的目录上。访问这个目录就是访问该存储设备。

格式:mount [-t 文件系统类型] 设备文件名 挂载点

常用的选项有:

-t vsftype　指定要挂载的设备上的文件系统类型;

-r　只读挂载;

-w　读写挂载;

-a　自动挂载所有支持自动挂载的设备(定义在/etc/fstab 文件中,且挂载选项中有"自动挂载"功能)。

其中,文件系统类型通常可以省略,由系统自动识别;设备文件名对应分区的设备文件名,如/dev/sdb1;挂载点为用户指定用于挂载的目录。

> **注意**
>
> "挂载点"的目录需要满足以下几个要求。
> - 目录事先存在,可以用 mkdir 命令新建目录。
> - 挂载点目录不可被其他进程使用。
> - 挂载点下原有文件将被隐藏。

将前面格式化过的硬盘分区/dev/sdb1、/dev/sdb5 和/dev/sdb6 分别挂载到/mnt/data1、/mnt/data2 和/mnt/data3 目录下,如图 4-11 所示。

完成挂载后,可以使用 df 命令查看挂载情况。df 命令主要用来查看系统中已经挂载的各个文件系统的磁盘使用情况，利用该命令来获取硬盘被占用了多少空间，目前还剩下多少空间等信息。

格式：df [选项] [文件]

常用的选项：

-a 全部文件系统列表；

-h 方便以阅读方式显示；

-H 等于"-h"，但是计算时，1K=1000，而不是1K=1024；

-I 显示 inode 信息；

-l 只显示本地文件系统；

-T 文件系统类型。

例：查看磁盘挂载情况，如图 4-12 所示。

```
[root@localhost /]# cd /mnt
[root@localhost mnt]# mkdir data1 data2 data3
[root@localhost mnt]# mount /dev/sdb1 /mnt/data1
[root@localhost mnt]# mount /dev/sdb5 /mnt/data2
[root@localhost mnt]# mount /dev/sdb6 /mnt/data3
```

图4-11 将设备文件挂载到指定目录

```
[root@localhost mnt]# df -hT
文件系统                类型       容量   已用   可用   已用%  挂载点
/dev/mapper/centos-root xfs        10G   4.9G   5.2G   49%    /
devtmpfs                devtmpfs   471M  0      471M   0%     /dev
tmpfs                   tmpfs      488M  0      488M   0%     /dev/shm
tmpfs                   tmpfs      488M  8.6M   479M   2%     /run
tmpfs                   tmpfs      488M  0      488M   0%     /sys/fs/cgroup
/dev/mapper/centos-home xfs        15G   37M    15G    1%     /home
/dev/sda1               xfs        509M  163M   346M   33%    /boot
tmpfs                   tmpfs      98M   36K    98M    1%     /run/user/0
/dev/sdb1               ext4       6.8G  32M    6.4G   1%     /mnt/data1
/dev/sdb5               ext4       6.8G  32M    6.4G   1%     /mnt/data2
/dev/sdb6               ext4       5.8G  24M    5.5G   1%     /mnt/data3
```

图4-12 查看磁盘挂载情况

通过上面的 df 命令输出看到有 tmpfs 文件系统。那么 tmpfs 是什么呢？其实是一个临时文件系统，驻留在内存中，所以/dev/shm/目录不在硬盘上，而在内存里，所以读写速度非常快，可以提供较高的访问速率。但因为数据是在内存里，所以断电后文件会丢失。内存中的数据不像硬盘中的数据那样可以被永久保存。了解了 tmpfs 这个特性可以提高服务器性能，把一些对读写性能要求较高，但是又可以丢失的数据保存在/dev/shm 中，以提高访问速率。

2. 自动挂载

通过 mount 命令挂载的文件系统在 Linux 系统关机或重启时都会自动被卸载，所以一般手动挂载磁盘之后都必须把挂载信息写入/etc/fstab 文件中，在系统开机时会自动读取/etc/fstab 文件中的内容，根据文件里面的配置挂载磁盘，这样就不需要每次开机启动之后手动进行挂载了。

/etc/fstab 文件称为文件系统数据表（File System Table），其中的内容显示系统中已存在的挂载信息，如图 4-13 所示。

```
[root@localhost ~]# cat /etc/fstab
#
# /etc/fstab
# Created by anaconda on Tue Dec  4 15:27:41 2018
#
# Accessible filesystems, by reference, are maintained under '/dev/disk'
# See man pages fstab(5), findfs(8), mount(8) and/or blkid(8) for more info
#
/dev/mapper/centos-root /                       xfs     defaults        0 0
UUID=643eb5e7-636b-409a-9bc9-f10fe425af2a /boot xfs     defaults        0 0
/dev/mapper/centos-home /home                   xfs     defaults        0 0
/dev/mapper/centos-swap swap                    swap    defaults        0 0
```

图4-13 /etc/fstab文件内容

文件中的每一行对应一个自动挂载设备，每行包括 6 列，每列的字段含义如下。

- 第 1 列：需要挂载的设备文件名。
- 第 2 列：挂载点，必须是一个目录名而且必须使用绝对路径。
- 第 3 列：文件系统类型，可以写成 auto，由系统自动检测。
- 第 4 列：挂载参数，一般都采用 defaults，还可以设置 rw、suid、dev、exec、auto、nouser、async 等默认参数。
- 第 5 列：能否被 dump 备份，dump 是一个用来作备份的命令，通常这个字段的取值为 0 或者 1（0 表示忽略，1 表示需要）。
- 第 6 列：是否检验扇区，在开机的过程中，系统默认以 fsck 检验系统是否完整（clean）。

下面利用 vim 编辑器修改/etc/fstab 文件来实现硬盘分区的自动挂载，如图 4-14 所示。

```
#
# /etc/fstab
# Created by anaconda on Tue Dec  4 15:27:41 2018
#
# Accessible filesystems, by reference, are maintained under '/dev/disk'
# See man pages fstab(5), findfs(8), mount(8) and/or blkid(8) for more info
#
/dev/mapper/centos-root /                       xfs     defaults        0 0
UUID=643eb5e7-636b-409a-9bc9-f10fe425af2a /boot                   xfs     defaults        0 0
/dev/mapper/centos-home /home                   xfs     defaults        0 0
/dev/mapper/centos-swap swap                    swap    defaults        0 0
/dev/sdb1       /mnt/data1      auto    defaults 0 0
/dev/sdb5       /mnt/data2      auto    defaults 0 0
/dev/sdb6       /mnt/data3      auto    defaults 0 0
```

图 4-14　修改/etc/fstab 实现自动挂载

修改完/etc/fstab 文件之后，可以执行"mount –a"命令，自动挂载系统中的所有文件系统。

3. 卸载文件系统

umont 命令用于卸载一个已挂载的文件系统（分区），相当于 Windows 系统里的弹出设备。

格式：umount 设备文件名称|挂载目录

常用的选项：

-h　打印简要帮助信息；

-v　打印详细帮助信息；

-n　卸载的时候不会更新/etc/mtab 文件；

-r　如果卸载失败，重新挂载文件系统为只读模式；

-a　将/etc/mtab 中记录的文件系统全部卸载；

-t　指定文件系统类型，如 ext3、fat32、iso9600 等；

-f　强制卸载。

在使用 umount 命令卸载文件系统时，必须保证此时的文件系统不能处于 busy 状态。使文件系统处于 busy 状态的情况有：文件系统中有打开的文件，某个进程的工作目录在此文件系统中，文件系统的缓存文件正在被使用等。

下面使用 umount 命令卸载/dev/sdb1，如图 4-15 所示。

```
[root@localhost ~]# cd /mnt/data1
[root@localhost data1]# umount /dev/sdb1
umount: /mnt/data1：目标忙。
        (有些情况下通过 lsof(8) 或 fuser(1) 可以
         找到有关使用该设备的进程的有用信息)
[root@localhost data1]# cd ..
[root@localhost mnt]# umount /dev/sdb1
```

图 4-15　卸载/dev/sdb1 设备

4.3 逻辑卷管理

4.3.1 逻辑卷概念

早期，硬盘驱动器（Device Driver）呈现给操作系统的是一组连续的物理块。整个硬盘驱动器都分配给文件系统或是其他数据体，由操作系统或应用程序使用。这样做的缺点是缺乏灵活性：当一个硬盘驱动器的空间使用完时，想要扩展文件系统的大小就很难；而当硬盘驱动器存储容量增加时，把整个硬盘驱动器分配给文件系统又会导致不能充分利用存储空间。

用户在安装 Linux 操作系统时遇到的一个常见问题就是如何正确评估各分区的大小，以分配合适的硬盘空间。普通的磁盘分区管理方式在逻辑分区划分好之后就无法再改变其大小，当一个逻辑分区存放不下某个文件时，这个文件受上层文件系统的限制，不能跨越多个分区存放，所以也不能同时放到其他磁盘上。当出现某个分区空间耗尽时，解决的方法通常是使用符号链接，或者使用调整分区大小的工具，但这并没有从根本上解决问题。随着逻辑卷管理功能的出现，上述问题都被迎刃而解，用户在无须停机的情况下可以方便地调整各个分区的大小。

逻辑卷管理（Logical Volume Manager，LVM）的设计目的就是实现对磁盘的动态管理。LVM 是建立在磁盘分区和文件系统之间的一个逻辑层，管理员利用 LVM 不用重新分区磁盘就可以动态调整文件系统的大小，并且利用 LVM 管理的文件系统可以跨越磁盘，当服务器添加了新的磁盘后，管理员不必将已有的磁盘文件移动到新的磁盘上，通过 LVM 就可以直接扩展文件系统跨越磁盘。可以说，LVM 提供了一种非常高效灵活的磁盘管理方式。

LVM 是在磁盘分区和文件系统之间添加的一个逻辑层，为文件系统屏蔽下层磁盘分区，通过它可以将若干个磁盘分区连接为一个整块的抽象卷组，在卷组中可以任意创建逻辑卷并在逻辑卷上建立文件系统，最终在系统中挂载使用的就是逻辑卷。逻辑卷的使用方法与管理方式与普通的磁盘分区是完全一样的。

在 LVM 中主要涉及以下几个概念。

- 物理存储介质（Physical Storage Media）

指系统的物理存储设备：磁盘，如/dev/hda、/dev/sda 等，是存储系统最底层的存储单元。

- 物理卷（Physical Volume，PV）

指磁盘分区或逻辑上与磁盘分区具有同样功能的设备，是 LVM 的基本存储逻辑块，但和基本的物理存储介质（如分区、磁盘等）比较，包含有与 LVM 相关的管理参数。

- 卷组（Volume Group，VG）

类似于非 LVM 系统中的物理磁盘，由一个或多个物理卷组成，可以在卷组上创建一个或多个逻辑卷。

- 逻辑卷（Logical Volume，LV）

类似于非 LVM 系统中的磁盘分区，逻辑卷建立在卷组之上，而在逻辑卷之上可以建立文件系统（比如/home 或者/usr 等）。

- 物理块（Physical Extent，PE）

每一个物理卷被划分成称为物理块的基本单元，具有唯一编号的物理块是可以被 LVM 寻址的最小单元。物理块的大小是可以配置的，默认为 4MB。物理卷由大小相同的基本单元物理块组成。

PV、VG 和 LV 三者之间的关系如图 4-16 所示。

和非 LVM 系统将包含分区信息的元数据保存在位于分区起始位置的分区表中一样，与逻辑卷和卷组相关的元数据也是保存在位于物理卷起始处的 VGDA（卷组描述符区域）中。VGDA 包括以下内容：PV 描述符、VG 描述符、LV 描述符和一些 PE 描述符。

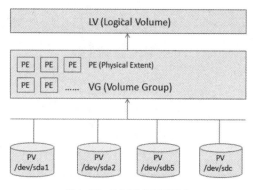

图4-16　LVM磁盘组织结构

系统启动 LVM 时激活 VG，并将 VGDA 加载至内存，识别 LV 的实际物理存储位置。当系统进行 I/O 操作时，就会根据 VGDA 建立的映射机制来访问实际的物理位置。

在 CentOS 7.6 系统中，LVM 得到了重视。在安装系统的过程中，如果设置由系统自动进行分区，则系统除了创建一个 "/boot" 引导分区之外，会将剩余的磁盘空间全部采用 LVM 进行管理，并在其中创建两个逻辑卷，分别挂载到根分区和交换分区。

4.3.2　创建逻辑卷

1. 创建磁盘分区

磁盘分区是实现 LVM 的前提和基础，在使用 LVM 时，首先需要划分磁盘分区，并且将磁盘分区的类型设置为 8e，之后才能将分区初始化为物理卷。

这里使用前面安装的第二块硬盘的主分区/dev/sdb1 和逻辑分区/dev/sdb5 来演示，特别注意，要把分区/dev/sdb1 和/dev/sdb5 卸载以便进行演示。/dev/sdb 硬盘分区情况如图 4-17 所示。

```
[root@localhost ~]# fdisk -l /dev/sdb

磁盘 /dev/sdb：21.5 GB, 21474836480 字节，41943040 个扇区
Units = 扇区 of 1 * 512 = 512 bytes
扇区大小(逻辑/物理)：512 字节 / 512 字节
I/O 大小(最小/最佳)：512 字节 / 512 字节
磁盘标签类型：dos
磁盘标识符：0xb5a371ab

   设备 Boot      Start         End      Blocks   Id  System
/dev/sdb1            2048    14682111     7340032   83  Linux
/dev/sdb2        14682112    41943039    13630464    5  Extended
/dev/sdb5        14684160    29364223     7340032   83  Linux
/dev/sdb6        29366272    41943039     6288384   83  Linux
```

图4-17　/dev/sdb分区情况

在 fdisk 命令中，使用 t 指令可以更改分区的类型，如果不知道分区类型对应的 ID 号，可以输入 l 指令查看各分区类型对应的 ID 号。

下面要将/dev/sdb1 和/dev/sdb5 的分区类型改为 "linux LVM"，也就是要将分区的 ID 修改为 "8e"。修改分区类型如图 4-18 所示。

分区创建成功后要保存分区表，重启系统或执行 "partprobe /dev/sdb" 命令即可。这里执行 "partprobe /dev/sdb" 命令，如下所示：

```
[root@localhost ~]# partprobe /dev/sdb
```

```
[root@localhost ~]# fdisk /dev/sdb
欢迎使用 fdisk (util-linux 2.23.2)。

更改将停留在内存中,直到您决定将更改写入磁盘。
使用写入命令前请三思。

命令(输入 m 获取帮助):t
分区号 (1,2,5,6,默认 6):1
Hex 代码(输入 L 列出所有代码):8e
已将分区"Linux"的类型更改为"Linux LVM"

命令(输入 m 获取帮助):t
分区号 (1,2,5,6,默认 6):5
Hex 代码(输入 L 列出所有代码):8e
已将分区"Linux"的类型更改为"Linux LVM"

命令(输入 m 获取帮助):p

磁盘 /dev/sdb:21.5 GB, 21474836480 字节,41943040 个扇区
Units = 扇区 of 1 * 512 = 512 bytes
扇区大小(逻辑/物理):512 字节 / 512 字节
I/O 大小(最小/最佳):512 字节 / 512 字节
磁盘标签类型:dos
磁盘标识符:0xb5a371ab

   设备 Boot      Start         End      Blocks   Id  System
/dev/sdb1            2048    14682111     7340032   8e  Linux LVM
/dev/sdb2        14682112    41943039    13630464    5  Extended
/dev/sdb5        14684160    29364223     7340032   8e  Linux LVM
/dev/sdb6        29366272    41943039     6288384   83  Linux

命令(输入 m 获取帮助):w
The partition table has been altered!

Calling ioctl() to re-read partition table.

WARNING: Re-reading the partition table failed with error 16: 设备或资源忙.
The kernel still uses the old table. The new table will be used at
the next reboot or after you run partprobe(8) or kpartx(8)
正在同步磁盘。
```

图4-18 更改分区的类型

2. 创建物理卷(PV)

pvcreate 命令用于将物理硬盘分区初始化为物理卷,以便被 LVM 使用。

语法:pvcreate [选项] [参数]

常用的选项:

-f 强制创建物理卷,不需要用户确认;

-u 指定设备的 UUID;

-y 所有的问题都回答"yes";

-Z 是否利用前 4 个扇区。

下面将分区/dev/sdb1 和/dev/sdb5 转化为物理卷,如图 4-19 所示。

```
[root@localhost ~]# pvcreate /dev/sdb1 /dev/sdb5
WARNING: ext4 signature detected on /dev/sdb1 at offset 1080. Wipe it? [y/n]: y
  Wiping ext4 signature on /dev/sdb1.
WARNING: ext4 signature detected on /dev/sdb5 at offset 1080. Wipe it? [y/n]: y
  Wiping ext4 signature on /dev/sdb5.
  Physical volume "/dev/sdb1" successfully created.
  Physical volume "/dev/sdb5" successfully created.
```

图4-19 将分区转化为物理卷

pvscan 命令会扫描系统中连接的所有硬盘,列出找到的物理卷列表。

语法:pvscan [选项]

常用的选项:

-d 调试模式;

-n 仅显示不属于任何卷组的物理卷；

-s 短格式输出；

-u 显示 UUID；

-e 仅显示属于输出卷组的物理卷。

3．创建卷组（VG）

卷组设备文件在创建卷组时自动生成，位于/dev/目录下，与卷组同名。卷组中的所有逻辑设备文件都保存在该目录下。卷组中可以包含一个或多个物理卷。vgcreate 命令用于创建 LVM 卷组。

语法：vgcreate [选项] 卷组名 物理卷名 [物理卷名…]

常用的选项：

-l 卷组中允许创建的最大逻辑卷数；

-p 卷组中允许添加的最大物理卷数；

-s 卷组中的物理卷的大小，默认值为 4MB。

vgdisplay 命令用于显示 LVM 卷组的信息。如果不指定"卷组"参数，则分别显示所有卷组的属性。

语法：vgdisplay [选项] [卷组]。

常用的选项：

-A 仅显示活动卷组的属性；

-s 使用短格式输出信息。

使用物理卷/dev/sdb1 和/dev/sdb5 创建名为 tql-group 的卷组并进行查看，如图 4-20 所示。

```
[root@localhost ~]# vgcreate tql-group /dev/sdb1 /dev/sdb5
  Volume group "tql-group" successfully created
[root@localhost ~]# vgdisplay tql-group
  --- Volume group ---
  VG Name               tql-group
  System ID
  Format                lvm2
  Metadata Areas        2
  Metadata Sequence No  1
  VG Access             read/write
  VG Status             resizable
  MAX LV                0
  Cur LV                0
  Open LV               0
  Max PV                0
  Cur PV                2
  Act PV                2
  VG Size               13.99 GiB
  PE Size               4.00 MiB
  Total PE              3582
  Alloc PE / Size       0 / 0
  Free  PE / Size       3582 / 13.99 GiB
  VG UUID               w1a16E-6d06-vNxW-6zDB-IX9r-wviT-NGaQlv
```

图4-20 创建卷组并查看

4．创建逻辑卷（LV）

lvcreate 命令用于创建 LVM 的逻辑卷，逻辑卷是创建在卷组之上的。逻辑卷对应的设备文件保存在卷组目录下。

语法：lvcreate -L 容量大小 -n 逻辑卷名 卷组名

常用的选项：

-L 指定逻辑卷的大小，单位为"kKmMgGtT"字节；

-l 指定逻辑卷的大小（LE 数）；

-n 后面跟逻辑卷名；

-s 创建快照。

lvdisplay 命令用于显示 LVM 逻辑卷空间大小、读写状态和快照信息等属性。如果省略"逻辑卷"参数，则 lvdisplay 命令显示所有的逻辑卷属性；否则，仅显示指定的逻辑卷属性。

语法：lvdisplay [逻辑卷]

常用的选项：

--columns|-C 以列的形式显示；

-h|--help 显示帮助。

下面先从 tql-group 卷组中创建名为 game 的容量为 13GB 的逻辑卷，再用 lvdisplay 命令查看逻辑卷的详细信息，如图 4-21 所示。

```
[root@localhost ~]# lvcreate -L 13G -n game tql-group
  Logical volume "game" created.
[root@localhost ~]# lvdisplay /dev/tql-group/game
  --- Logical volume ---
  LV Path                /dev/tql-group/game
  LV Name                game
  VG Name                tql-group
  LV UUID                wPmkke-98cz-PwXq-3Lxj-hQzr-bs4h-mxfGgu
  LV Write Access        read/write
  LV Creation host, time localhost.localdomain, 2019-01-12 16:26:29 +0800
  LV Status              available
  # open                 0
  LV Size                13.00 GiB
  Current LE             3328
  Segments               2
  Allocation             inherit
  Read ahead sectors     auto
  - currently set to     8192
  Block device           253:3
```

图4-21 创建逻辑卷并查看

5. 创建并挂载文件系统

逻辑卷相当于一个磁盘分区，使用它还要进行格式化和挂载。

下面首先对逻辑卷/dev/tql-group/game 进行格式化，如图 4-22 所示。

```
[root@localhost ~]# mkfs -t ext4 /dev/tql-group/game
mke2fs 1.42.9 (28-Dec-2013)
文件系统标签=
OS type: Linux
块大小=4096 (log=2)
分块大小=4096 (log=2)
Stride=0 blocks, Stripe width=0 blocks
851968 inodes, 3407872 blocks
170393 blocks (5.00%) reserved for the super user
第一个数据块=0
Maximum filesystem blocks=2151677952
104 block groups
32768 blocks per group, 32768 fragments per group
8192 inodes per group
Superblock backups stored on blocks:
        32768, 98304, 163840, 229376, 294912, 819200, 884736, 1605632, 2654208

Allocating group tables: 完成
正在写入inode表: 完成
Creating journal (32768 blocks): 完成
Writing superblocks and filesystem accounting information: 完成
```

图4-22 格式化逻辑卷

然后创建挂载点目录，将逻辑卷进行手动挂载或者修改/etc/fstab 文件进行自动挂载，就可以使用了，如图 4-23 所示。

```
[root@localhost ~]# cd /mnt
[root@localhost mnt]# mkdir game
[root@localhost mnt]# mount /dev/tql-group/game game
[root@localhost mnt]# df -hT
文件系统                    类型        容量   已用  可用 已用% 挂载点
/dev/mapper/centos-root     xfs        10G   4.9G  5.2G  49% /
devtmpfs                    devtmpfs   471M     0  471M   0% /dev
tmpfs                       tmpfs      488M     0  488M   0% /dev/shm
tmpfs                       tmpfs      488M  8.6M  479M   2% /run
tmpfs                       tmpfs      488M     0  488M   0% /sys/fs/cgroup
/dev/sdb6                   ext4       5.8G   24M  5.5G   1% /mnt/data3
/dev/sda1                   xfs        509M  163M  346M  33% /boot
/dev/mapper/centos-home     xfs        15G    37M   15G   1% /home
tmpfs                       tmpfs      98M    32K   98M   1% /run/user/0
/dev/mapper/tql--group-game ext4       13G    41M   12G   1% /mnt/game
```

图4-23 挂载逻辑卷并使用

4.3.3 逻辑卷管理

建立好逻辑卷以后，还可以根据需要对它进行各种管理操作，比如扩容、缩减和删除等。

1. 增加新的物理卷到卷组

vgextend 命令用于动态扩展 LVM 卷组，它通过向卷组中添加物理卷来增加卷组的容量。LVM 卷组中的物理卷可以在使用 vgcreate 命令创建卷组时添加，也可以使用 vgextend 命令动态地添加。

语法：vgextend [选项] [卷组名] [物理卷路径]

常用的选项：

-h　显示命令的帮助；

-d　调试模式；

-f　强制扩展卷组；

-v　显示详细信息。

2. 从卷组中移除物理卷

vgreduce 命令通过删除 LVM 卷组中的物理卷来减少卷组容量。

语法：vgreduce [选项] [卷组名][物理卷路径]

常用的选项：

-a　如果没有指定要删除的物理卷，那么删除所有空的物理卷；

--removemising　删除卷组中所有丢失的物理卷，使卷组恢复正常状态。

3. 减少逻辑卷空间

减少逻辑卷空间的操作是有风险的，操作之前一定要做好备份，以免数据丢失。减少一个逻辑卷的空间，必须先减少其上的文件系统的大小。

具体操作顺序是：检查文件系统，减少文件系统大小，减少逻辑卷大小。

4. 增加逻辑卷空间

lvextend 命令用于动态在线扩展逻辑卷的空间大小，而不中断应用程序对逻辑卷的访问。

语法：lvextend [选项][逻辑卷路径]

常用的选项：

-h　显示命令的帮助；

-L <+大小>　指定逻辑卷的大小，单位为"kKmMgGtT"字节；

-f|--force　强制扩展；

-l　指定逻辑卷的大小（LE 数）；

-r|--resizefs <大小>　重置文件系统使用的空间大小，单位为"kKmMgGtT"字节。

5．更改卷组的属性

vgchange 命令用于修改卷组的属性，可以设置卷组是处于活动状态或非活动状态。

语法：vgchange [选项][卷组名]

常用的选项：

-a <y|n>　设置卷组中的逻辑卷的可用性；

-u　为指定的卷组随机生成新的 UUID；

-l<最大逻辑卷数>　更改现有不活动卷组的最大逻辑卷数量；

-L<最大物理卷数>　更改现有不活动卷组的最大物理卷数量；

-s <PE 大小>　更改该卷组的物理卷的大小；

-noudevsync　禁用 udev 同步；

-x <y|n>　启用或禁用在此卷组上扩展/减少物理卷。

6．删除逻辑卷

lvremove 命令用于删除指定的 LVM 逻辑卷。

语法：lvremove [选项][逻辑卷路径]

常用的选项：

-f|--force　强制删除；

-noudevsync　禁用 udev 同步。

7．删除卷组

vgremove 命令用于删除指定的卷组。

语法：vgremove [选项][卷组]

常用的选项：

-f|--force　强制删除；

-v　显示详细信息。

8．删除物理卷

pvremove 命令用于删除指定的物理组。

语法：pvremove [选项][物理卷]

常用的选项：

-f|--force　强制删除；

-y　所有问题都回答 yes。

4.4　RAID 管理

4.4.1　RAID 简介

独立冗余磁盘阵列（Redundant Arrays of Independent Drives，RAID）技术通过把多个硬盘设备组合成一个容量更大的、安全性更好的磁盘阵列，把数据切割成许多区段分别放在不同的物理磁盘上，然后利用分散读写技术来提升磁盘阵列整体的性能，同时把多个重要数据的副本同步到不同的物理设备上，从而起到了非常好的数据冗余备份效果；其缺点就是磁盘利用率低。

RAID 的分类至少有几十种，这里简单介绍一下最常见的四种：RAID0、RAID1、RAID0+1 和 RAID5。

1. RAID0

RAID0 是最早出现的 RAID 模式，即数据分条（Data Stripping）技术。RAID0 是组建磁盘阵列的最简单的一种形式，只需要 2 块以上的硬盘，成本低，可以提高整个磁盘的性能和吞吐量。RAID0 没有提供冗余或错误修复能力，其实现成本是最低的。

2. RAID1

RAID1 称为磁盘镜像，原理是把一个磁盘的数据镜像到另一个磁盘上。也就是说，数据在写入一块磁盘的同时，会在另一块闲置的磁盘上生成镜像文件，在不影响性能的情况下最大限度地保证系统的可靠性和可修复性。系统中任何一对镜像盘只要有一块磁盘可以使用，甚至在一半数量的硬盘出现问题时系统都可以正常运行。当一块硬盘失效时，系统会忽略该硬盘，转而使用剩余的镜像盘读写数据，因此具备很好的磁盘冗余能力。虽然这样对数据来讲绝对安全，但是成本也会明显增加，RAID1 的磁盘利用率仅为 50%。

3. RAID0+1

从名称上便可以看出 RAID0+1 是 RAID0 与 RAID1 的结合体。单独使用 RAID1 也会出现类似单独使用 RAID0 那样的问题，即在同一时间内只能向一块磁盘写入数据，不能充分利用所有的资源。为了解决这一问题，可以在磁盘镜像中建立带区集，正因为综合利用了带区集和镜像的优势，所以称为 RAID0+1。RAID0+1 的数据除分布在多个盘上之外，每个盘都有自己的物理镜像盘，提供全冗余能力，允许一个以下磁盘故障，而不影响数据可用性，并具有快速读/写能力。RAID0+1 要在磁盘镜像中建立带区集至少需要 4 个硬盘。RAID0+1 还有一种叫法 RAID10。

4. RAID5

作为分布式奇偶校验的独立磁盘结构，RAID5 的奇偶校验码存在于所有磁盘上。RAID5 的读出效率很高，写入效率一般，块式的集中访问效率不错。因为奇偶校验码分布在不同的磁盘上，所以提高了可靠性。但是 RAID5 对数据传输的并行性解决不好，而且控制器的设计也相当困难。在 RAID5 中有"写损失"，即每一次写操作，将产生四次实际的读/写操作，其中两次读旧的数据及奇偶信息，两次写新的数据及奇偶信息。

RAID0 大幅度提升了设备的读写性能，但不具备容错能力。RAID1 虽然十分注重数据安全，但磁盘利用率太低。RAID5 则是 RAID0 和 RAID1 的一种折中，既提升了磁盘读写能力，又有一定的容错能力，成本也低。RAID10 是 RAID0 和 RAID1 的组合，在大幅度提升读写能力的同时还具有较强的容错能力，但成本较高。一般中小企业采用 RAID5，大企业采用 RAID10。

4.4.2 RAID5 搭建

要求：建立 4 个大小为 1GB 的硬盘，并将其中 3 个创建为 RAID5 阵列硬盘，1 个创建为热备份硬盘。

1. 添加硬盘

按照前面 4.2.1 节介绍的方法，添加 4 块大小为 1GB 的硬盘，如图 4-24 所示。

重新启动系统，使用 "fdisk -l | grep sd" 命令查看，发现 4 块硬盘均被系统检测到，说明硬盘安装成功，如图 4-25 所示。

图4-24 添加4块新硬盘

```
[root@localhost ~]# fdisk -l |grep sd
磁盘 /dev/sda：42.9 GB，42949672960 字节，83886080 个扇区
/dev/sda1   *        2048     1050623      524288   83  Linux
/dev/sda2         1050624    61884415    30416896   8e  Linux LVM
磁盘 /dev/sdb：1073 MB, 1073741824 字节，2097152 个扇区
磁盘 /dev/sdc：1073 MB, 1073741824 字节，2097152 个扇区
磁盘 /dev/sde：1073 MB, 1073741824 字节，2097152 个扇区
磁盘 /dev/sdd：1073 MB, 1073741824 字节，2097152 个扇区
```

图4-25 检测到4块新添加的硬盘

2．对硬盘初始化

由于 RAID5 要用到整块硬盘，因此采用前面讲过的 fdisk 命令创建分区的方法，将整块硬盘创建成一个主分区，然后将分区类型改成 fd 后存盘退出，如图 4-26 所示。

```
命令(输入 m 获取帮助)：n
Partition type:
   p   primary (0 primary, 0 extended, 4 free)
   e   extended
Select (default p): p
分区号 (1-4，默认 1)：
起始 扇区 (2048-2097151，默认为 2048)：
将使用默认值 2048
Last 扇区, +扇区 or +size{K,M,G} (2048-2097151，默认 2097151)：
将使用默认值 2097151
分区 1 已设置为 Linux 类型，大小设为 1023 MiB

命令(输入 m 获取帮助)：t
已选择分区 1
Hex 代码(输入 L 列出所有代码)：fd
已将分区"Linux"的类型更改为"Linux raid autodetect"

命令(输入 m 获取帮助)：w
The partition table has been altered!

Calling ioctl() to re-read partition table.
正在同步磁盘。
[root@localhost ~]# fdisk -l| grep sdb
磁盘 /dev/sdb：1073 MB, 1073741824 字节，2097152 个扇区
/dev/sdb1            2048     2097151     1047552   fd  Linux raid autodetect
```

图4-26 将分区类型改为fd

以此类推，设置另外 3 块硬盘，结果如图 4-27 所示。

```
[root@localhost ~]# fdisk -l |grep sd[b-e]
磁盘 /dev/sdb：1073 MB, 1073741824 字节, 2097152 个扇区
/dev/sdb1            2048     2097151     1047552   fd  Linux raid autodetect
磁盘 /dev/sdc：1073 MB, 1073741824 字节, 2097152 个扇区
/dev/sdc1            2048     2097151     1047552   fd  Linux raid autodetect
磁盘 /dev/sde：1073 MB, 1073741824 字节, 2097152 个扇区
/dev/sde1            2048     2097151     1047552   fd  Linux raid autodetect
磁盘 /dev/sdd：1073 MB, 1073741824 字节, 2097152 个扇区
/dev/sdd1            2048     2097151     1047552   fd  Linux raid autodetect
```

图4-27 4块硬盘初始化设置完成

3. 创建 RAID5 及其热备份

mdadm 是 multiple devices admin 的简称，是 Linux 下的一款标准的软件 RAID 管理工具。在 Linux 系统中，目前以虚拟块设备（Multiple Devices，MD）方式实现软件 RAID：利用多个底层的块设备虚拟出一个新的虚拟设备，并且利用条带化（stripping）技术将数据块均匀分布到多个磁盘上来提高虚拟设备的读写性能，利用不同的数据冗余算法来保护用户数据不会因为某个块设备的故障而完全丢失，而且能在设备被替换后将丢失的数据恢复到新的设备上。

目前，MD 支持 Linear、Multipath、RAID0（stripping）、RAID1（mirror）、RAID4、RAID5、RAID6 和 RAID10 等不同的冗余级别和集成方式，当然也支持由多个 RAID 阵列的层叠组成的阵列。

语法：mdadm [模式] [参数]

常用模式：

-C/--create   创建阵列模式
- -a {yes|no}   自动创建对应的设备，yes 表示会自动在/dev 下创建 RAID 设备；
- -l #   指明要创建的 RAID 的级别（-l 5 表示创建 RAID5）；
- -n #   使用#个块设备来创建 RAID（-n 3 表示用 3 块硬盘来创建 RAID）；
- -x #   当前阵列中热备盘只有#块（-x 1 表示热备盘只有 1 块）。

-D/--detail   查看 RAID 设备的详细信息模式
- -f   使一块 RAID 磁盘发生故障；
- -a   增加一块 RAID 磁盘；
- -r   移除一块故障的 RAID 磁盘；
- -s --scan   扫描配置文件或去/proc/mdstat 搜寻丢失的信息；
- -S   停止 RAID 磁盘阵列。

下面使用"mdadm -C /dev/md0 -a yes -l 5 -n 3 -x 1 /dev/sd[b,c,d,e]"命令直接对 4 块硬盘中的 3 块创建 RAID5，其中 1 块硬盘为热备盘，如图 4-28 所示。

```
[root@localhost ~]# mdadm
Usage: mdadm --help
  for help
[root@localhost ~]# mdadm -C /dev/md0 -ayes -l5 -n3 -x1 /dev/sd[b-e]1
mdadm: Defaulting to version 1.2 metadata
mdadm: array /dev/md0 started.
```

图4-28 创建RAID5阵列

完成创建之后，使用"mdadm -D /dev/md0"命令查看 RAID5 状态，如图 4-29 所示。

```
[root@localhost ~]# mdadm -D /dev/md0
/dev/md0:
           Version : 1.2
     Creation Time : Fri Jan 25 21:55:31 2019
        Raid Level : raid5
        Array Size : 2091008 (2042.00 MiB 2141.19 MB)
     Used Dev Size : 1045504 (1021.00 MiB 1070.60 MB)
      Raid Devices : 3
     Total Devices : 4
       Persistence : Superblock is persistent

       Update Time : Sat Jan 26 21:29:45 2019
             State : clean
    Active Devices : 3
   Working Devices : 4
    Failed Devices : 0
     Spare Devices : 1

            Layout : left-symmetric
        Chunk Size : 512K

Consistency Policy : resync

              Name : localhost.localdomain:0  (local to host localhost.localdomain)
              UUID : a33cc6d0:1f8a53f8:7ab9a3ee:2a1f5f06
            Events : 19

    Number   Major   Minor   RaidDevice State
       0       8       17        0      active sync   /dev/sdb1
       1       8       33        1      active sync   /dev/sdc1
       4       8       49        2      active sync   /dev/sdd1

       3       8       65        -      spare   /dev/sde1
```

图4-29 查看RAID5阵列

3 块硬盘/dev/sdb1、/dev/sdc1 和/dev/sdd1 组成 RAID5，/dev/sde1 作为热备份，显示结果的主要字段含义如下。

- Raid Level　阵列的类型；
- Active Devices　活跃的硬盘数目；
- Working Devices　所有的硬盘数目；
- Failed Devices　出现故障的硬盘数目；
- Spare Devices　热备份的硬盘数目。

4. 修改 RAID5 配置文件

添加 RAID5 到 RAID 配置文件/etc/mdadm.conf 中，默认此文件不存在，如图 4-30 所示。

```
[root@localhost etc]# echo 'DEVICE /dev/sd[b-e]1' >>/etc/mdadm.conf
[root@localhost etc]# mdadm -Ds>>/etc/mdadm.conf
[root@localhost etc]# cat /etc/mdadm.conf
DEVICE /dev/sd[b-e]1
ARRAY /dev/md/0 metadata=1.2 spares=1 name=localhost.localdomain:0 UUID=a33cc6d0:1f8a53
f8:7ab9a3ee:2a1f5f06
```

图4-30 修改配置文件

5. 格式化硬盘阵列

使用"mkfs.xfs /dev/md0"命令对硬盘阵列/dev/md0 进行格式化，如图 4-31 所示。

```
[root@localhost etc]# mkfs.xfs /dev/md0
meta-data=/dev/md0             isize=512    agcount=8, agsize=65408 blks
         =                     sectsz=512   attr=2, projid32bit=1
         =                     crc=1        finobt=0, sparse=0
data     =                     bsize=4096   blocks=522752, imaxpct=25
         =                     sunit=128    swidth=256 blks
naming   =version 2             bsize=4096   ascii-ci=0 ftype=1
log      =internal log          bsize=4096   blocks=2560, version=2
         =                     sectsz=512   sunit=8 blks, lazy-count=1
realtime =none                  extsz=4096   blocks=0, rtextents=0
```

图4-31 格式化硬盘阵列

6. 进行挂载

把硬盘阵列进行挂载后就可以使用了，也可以把挂载项写入到/etc/fstab 文件中，这样下次系统重启后也可以使用了，如图 4-32 所示。

```
[root@localhost ~]# cd /mnt
[root@localhost mnt]# mkdir raid5
[root@localhost mnt]# mount /dev/md0 raid5
[root@localhost mnt]# cd raid5
[root@localhost raid5]#
[root@localhost raid5]# ls
```

图4-32 挂载硬盘阵列

4.4.3 RAID5 测试

测试用热备份硬盘替换阵列中的磁盘并同步数据，移除损坏的磁盘，添加一个新磁盘作为热备份磁盘。

1. 建立测试文件

在 RAID5 阵列上建立两个文件用于测试，如图 4-33 所示。

```
[root@localhost raid5]# cat>tql.txt
aaaa
bbbb
cccc
[root@localhost raid5]# cp tql.txt tang.txt
[root@localhost raid5]# ls
tang.txt  tql.txt
```

图4-33 挂载硬盘阵列

2. 模拟硬盘有坏道

使用"mdadm /dev/md0 –f /dev/sdb1"命令让硬盘/dev/sdb1 产生坏道，然后查看 RAID 阵列信息，发现热备份硬盘/dev/sde1 已经自动替换了损坏的/dev/sdb1，并且文件并没有损失，如图 4-34 所示。

```
[root@localhost raid5]# mdadm /dev/md0 -f /dev/sdb1
mdadm: set /dev/sdb1 faulty in /dev/md0
[root@localhost raid5]# mdadm -D /dev/md0
/dev/md0:
           Version : 1.2
     Creation Time : Fri Jan 25 21:55:31 2019
        Raid Level : raid5
        Array Size : 2091008 (2042.00 MiB 2141.19 MB)
     Used Dev Size : 1045504 (1021.00 MiB 1070.60 MB)
      Raid Devices : 3
     Total Devices : 4
       Persistence : Superblock is persistent

       Update Time : Sat Jan 26 22:46:10 2019
             State : clean
    Active Devices : 3
   Working Devices : 3
    Failed Devices : 1
     Spare Devices : 0

            Layout : left-symmetric
        Chunk Size : 512K

Consistency Policy : resync

              Name : localhost.localdomain:0  (local to host localhost.localdomain)
              UUID : a33cc6d0:1f8a53f8:7ab9a3ee:2a1f5f06
            Events : 38

    Number   Major   Minor   RaidDevice State
       3       8       65        0      active sync   /dev/sde1
       1       8       33        1      active sync   /dev/sdc1
       4       8       49        2      active sync   /dev/sdd1

       0       8       17        -      faulty   /dev/sdb1
[root@localhost raid5]#
[root@localhost raid5]# ls
tang.txt  tql.txt
```

图4-34 模拟硬盘有坏道

3. 移除损坏的硬盘，添加新硬盘作为热备份

先使用"mdadm /dev/md0 –r /dev/sdb1"命令移除损坏的硬盘/dev/sdb1，然后查看发现

损坏的硬盘已经不在了，如图 4-35 所示。

```
[root@localhost raid5]# mdadm /dev/md0 -r /dev/sdb1
mdadm: hot removed /dev/sdb1 from /dev/md0
[root@localhost raid5]# mdadm -D /dev/md0
/dev/md0:
           Version : 1.2
     Creation Time : Fri Jan 25 21:55:31 2019
        Raid Level : raid5
        Array Size : 2091008 (2042.00 MiB 2141.19 MB)
     Used Dev Size : 1045504 (1021.00 MiB 1070.60 MB)
      Raid Devices : 3
     Total Devices : 3
       Persistence : Superblock is persistent

       Update Time : Sun Jan 27 09:28:38 2019
             State : clean
    Active Devices : 3
   Working Devices : 3
    Failed Devices : 0
     Spare Devices : 0

            Layout : left-symmetric
        Chunk Size : 512K

Consistency Policy : resync

              Name : localhost.localdomain:0  (local to host localhost.localdomain)
              UUID : a33cc6d0:1f8a53f8:7ab9a3ee:2a1f5f06
            Events : 39

    Number   Major   Minor   RaidDevice State
       3       8       65        0      active sync   /dev/sde1
       1       8       33        1      active sync   /dev/sdc1
       4       8       49        2      active sync   /dev/sdd1
```

图 4-35 移除损坏的硬盘

再使用"mdadm /dev/md0 -a /dev/sdb1"命令添加一块新的硬盘/dev/sdb1 作为阵列的热备份，这里的/dev/sdb1 不是之前损坏的硬盘，而是另一块准备好的硬盘，添加完之后查看，如图 4-36 所示。

```
[root@localhost raid5]# mdadm /dev/md0 -a /dev/sdb1
mdadm: added /dev/sdb1
[root@localhost raid5]# mdadm -D /dev/md0
/dev/md0:
           Version : 1.2
     Creation Time : Fri Jan 25 21:55:31 2019
        Raid Level : raid5
        Array Size : 2091008 (2042.00 MiB 2141.19 MB)
     Used Dev Size : 1045504 (1021.00 MiB 1070.60 MB)
      Raid Devices : 3
     Total Devices : 4
       Persistence : Superblock is persistent

       Update Time : Sun Jan 27 09:40:33 2019
             State : clean
    Active Devices : 3
   Working Devices : 4
    Failed Devices : 0
     Spare Devices : 1

            Layout : left-symmetric
        Chunk Size : 512K

Consistency Policy : resync

              Name : localhost.localdomain:0  (local to host localhost.localdomain)
              UUID : a33cc6d0:1f8a53f8:7ab9a3ee:2a1f5f06
            Events : 40

    Number   Major   Minor   RaidDevice State
       3       8       65        0      active sync   /dev/sde1
       1       8       33        1      active sync   /dev/sdc1
       4       8       49        2      active sync   /dev/sdd1

       5       8       17        -      spare         /dev/sdb1
```

图 4-36 添加新硬盘作为阵列的热备份

4.5 作业

1. 简述 Linux 中存储设备的命名规则。
2. 在 Linux 系统中新增一块硬盘并完成分区格式化和挂载等操作。
3. 在 Linux 系统下挂载自己的 U 盘进行使用。
4. 将一个新的硬盘分区加入到逻辑卷中。
5. 完成 RAID5 的搭建。

第 5 章 网络管理与系统监控

- 熟悉常用的网络配置文件。
- 掌握常用的网络管理命令。
- 掌握常用的系统监控命令。
- 了解网络配置工具 ip 命令。

5.1 常用网络配置文件

5.1.1 网卡配置文件

Linux 系统中的网卡配置文件为/etc/sysconfig/network-scripts/ifcfg-<iface>，其中，iface 为网卡接口名称，本书中是 ens33，该文件的语法格式如表 5-1 所示。

表 5-1 网卡接口文件语法格式

选项	功能描述	默认值	可选值
TYPE	网络类型	Ethernet（以太网）	Ethernet, Wireless, InfiniBand, Bridge, Bond, Vlan, Team, TeamPort
PROXY_METHOD	代理配置的方法	none	none，auto
BROWSER_ONLY	代理配置是否仅用于浏览器	no	no，yes
BOOTPROTO	启动协议	none	none, dhcp(bootp), static, ibft, autoip, shared
DEFROUTE	是否将此设备设为默认路由，如果有多个网卡，则只能有一个为 yes	yes	no, yes
IPV4_FAILURE_FATAL	如果 IPv4 配置失败是否禁用该设备	no	no, yes
IPV6INIT	是否启用 IPv6 的接口	yes	no, yes
IPV6_AUTOCONF	如果 IPv6 配置失败是否禁用该设备	!IPV6FORWARDING	no, yes

续表

选项	功能描述	默认值	可选值
IPV6_DEFROUTE	如果 IPv6 配置失败是否禁用该设备	yes	no, yes
IPV6_PEERROUTES		yes	no, yes
IPV6_FAILURE_FATAL		no	no, yes
IPV6_ADDR_GEN_MODE	产生 IPv6 地址的方式	eui64	eui64, stable-privacy
NM_CONTROLLED	是否由 Network Manager 服务托管	no	no,yes
NAME	网络连接的名字		
UUID	用来标识网卡的唯一识别码		
DEVICE	设备名称		
ONBOOT	是否在网络服务启动时启动网卡	yes	
HWADDR	硬件地址/MAC 地址		
IPADDR	IP 地址		
PREFIX	子网掩码，Example: IPADDR=10.5.5.23 PREFIX=24 IPADDR1=1.1.1.2 PREFIX1=16		
NETMASK			
GATEWAY	网关（默认路由）		
DNS{1,2}	DNS 服务器，多个服务器用数字标记，如 DNS1、DNS2		

5.1.2 DNS 配置文件

在/etc/resolv.conf 文件中保存了当前主要使用的 DNS 服务器的配置信息，每一行表示一个 DNS 服务器。执行如下命令可以查看其中的内容：

```
[root@localhost ~]# cat /etc/resolv.conf
# Generated by NetworkManager
search localdomain
nameserver 192.168.21.2
```

resolv.conf 文件是 DNS 域名解析的配置文件，它的格式很简单，每行以一个关键字开头，后接配置参数。关键字主要有 4 个。

- nameserver：定义 DNS 服务器的 IP 地址。
- domain：定义本地域名。
- search：#定义域名的搜索列表。
- sortlist：#对返回的域名进行排序。

nameserver：表明 DNS 服务器的 IP 地址。可以有很多行 nameserver，每一行带一个 IP 地址。在查询时将按 nameserver 在本文件中的顺序进行，且只有当第一个 nameserver 没有反应时才查询下面的 nameserver。

domain：声明主机的域名。很多程序都会用到它，如邮件系统；当对没有域名的主机进行 DNS 查询时，也要用到它。如果没有域名，将使用主机名，即删除第一个点（.）前面的所有内容。

search：用多个参数指明域名查询顺序。当查询没有域名的主机时，主机将在由 search 声明的域中分别查找。

domain 和 search 不能共存，如果同时存在，后出现的将会被使用。

sortlist：将得到的域名结果进行特定的排序，其参数为网络/掩码对，允许任意的排列顺序。

5.1.3 主机名配置文件

计算机的主机名信息保存在/etc/sysconfig/network 配置文件中，用户可以通过更改该文件的内容对主机名进行修改。

NETWORKING=yes，表示系统是否使用网络，一般设置为 yes；如果设为 no，则不能使用网络。

HOSTNAME=centos，设置本机的主机名，这里的主机名要和/etc/hosts 中的主机名对应。

GATEWAY=192.168.1.1，设置本机连接的网关的 IP 地址。如下所示：

```
[root@localhost ~]# cat /etc/sysconfig/network
# Created by anaconda
NETWORKING=yes
HOSTNAME=localhost.localdomain
GATEWAY=172.16.127.1
```

5.1.4 hosts 配置文件

在 hosts 文件中可以添加主机名和 IP 地址的映射关系，对于已经添加到该文件中的主机名，无须经过 DNS 服务器即可解析到对应的 IP 地址。文件中的每一行记录定义一对映射关系，如下所示：

```
[root@localhost etc]# cat hosts
127.0.0.1    localhost localhost.localdomain localhost4 localhost4.localdomain4
::1          localhost localhost.localdomain localhost6 localhost6.localdomain6
0.0.0.0 account.jetbrains.com
```

这个文件告诉本主机，哪些域名对应哪些 IP，哪些主机名对应哪些 IP。

在一般情况下，hosts 文件的每一行对应一个主机，由三部分组成，每个部分由空格隔开。其中，以#号开头的行只做说明，不被系统解释。

hosts 文件的格式如下：IP 地址 主机名/域名。

- 第一部分：主机 IP 地址。
- 第二部分：主机名或域名。
- 第三部分：主机名别名。

当然也可以只有两部分，即主机 IP 地址和主机名，比如 192.168.1.100 liunx100。

5.2 常用网络管理命令

5.2.1 管理网络接口命令 ifconfig

ifconfig 是一个可以用来查看、配置、启用或禁用网络接口的工具，是常用的网络工具之一。

ifconfig 可以临时性地配置网卡的 IP 地址、掩码、广播地址、网关等。用 ifconfig 命令配置的网卡信息，在机器重启后就不复存在，需要永久保存的话，可以把它写入一个文件中（如 /etc/rc.d/rc.local），这样在系统引导之后，会读取这个文件，为网卡设置 IP 地址。

语法：

ifconfig [网络设备][down up -allmulti -arp -promisc][add<地址>][del<地址>][<hw<网络设备类型><硬件地址>][io_addr<I/O 地址>][irq<IRQ 地址>][media<网络媒介类型>][mem_start<内存地址>][metric<数目>][mtu<字节数>][netmask<子网掩码>][tunnel<地址>][-broadcast<地址>][-pointopoint<地址>][IP 地址]

常用的选项：

up　　启动指定网络设备/网卡；

down　　关闭指定网络设备/网卡；

-arp　　设置指定网卡是否支持 ARP 协议；

-promisc　　设置是否支持网卡的 promiscuous 模式，如果选择此参数，网卡将接收网络中发给它的所有数据包；

-allmulti　　设置是否支持多播模式，如果选择此参数，网卡将接收网络中所有的多播数据包；

-a　　显示全部接口信息；

-s　　显示摘要信息（类似于 netstat -i）；

add　　给指定网卡配置 IPv6 地址；

del　　删除指定网卡的 IPv6 地址；

netmask<子网掩码>　　设置网卡的子网掩码；

tunnel<地址>　　建立 IPv4 与 IPv6 之间的隧道通信地址；

-broadcast<地址>　　为指定网卡设置广播协议；

-pointtopoint<地址>　　为网卡设置点对点通信协议。

例：查看激活网络的接口信息，如图 5-1 所示。

```
[root@localhost ~]# ifconfig
ens33: flags=4163<UP,BROADCAST,RUNNING,MULTICAST>  mtu 1500
        inet 192.168.21.128  netmask 255.255.255.0  broadcast 192.168.21.255
        inet6 fe80::774:fb36:d3fa:370a  prefixlen 64  scopeid 0x20<link>
        ether 00:0c:29:9b:43:94  txqueuelen 1000  (Ethernet)
        RX packets 1672  bytes 1019794 (995.8 KiB)
        RX errors 0  dropped 0  overruns 0  frame 0
        TX packets 286  bytes 31110 (30.3 KiB)
        TX errors 0  dropped 0 overruns 0  carrier 0  collisions 0

lo: flags=73<UP,LOOPBACK,RUNNING>  mtu 65536
        inet 127.0.0.1  netmask 255.0.0.0
        inet6 ::1  prefixlen 128  scopeid 0x10<host>
        loop  txqueuelen 1000  (Local Loopback)
        RX packets 124  bytes 14052 (13.7 KiB)
        RX errors 0  dropped 0  overruns 0  frame 0
        TX packets 124  bytes 14052 (13.7 KiB)
        TX errors 0  dropped 0 overruns 0  carrier 0  collisions 0

virbr0: flags=4099<UP,BROADCAST,MULTICAST>  mtu 1500
        inet 192.168.122.1  netmask 255.255.255.0  broadcast 192.168.122.255
        ether 52:54:00:c4:79:f3  txqueuelen 1000  (Ethernet)
        RX packets 0  bytes 0 (0.0 B)
        RX errors 0  dropped 0  overruns 0  frame 0
        TX packets 0  bytes 0 (0.0 B)
        TX errors 0  dropped 0 overruns 0  carrier 0  collisions 0
```

图5-1　查看激活网络的接口信息

例：查看所有配置的网络接口，不论其是否激活，如图 5-2 所示。

```
[root@localhost ~]# ifconfig -a
ens33: flags=4163<UP,BROADCAST,RUNNING,MULTICAST>  mtu 1500
       inet 192.168.21.128  netmask 255.255.255.0  broadcast 192.168.21.255
       inet6 fe80::774:fb36:d3fa:370a  prefixlen 64  scopeid 0x20<link>
       ether 00:0c:29:9b:43:94  txqueuelen 1000  (Ethernet)
       RX packets 1716  bytes 1023277 (999.2 KiB)
       RX errors 0  dropped 0  overruns 0  frame 0
       TX packets 304  bytes 34305 (33.5 KiB)
       TX errors 0  dropped 0 overruns 0  carrier 0  collisions 0

lo: flags=73<UP,LOOPBACK,RUNNING>  mtu 65536
       inet 127.0.0.1  netmask 255.0.0.0
       inet6 ::1  prefixlen 128  scopeid 0x10<host>
       loop  txqueuelen 1000  (Local Loopback)
       RX packets 124  bytes 14052 (13.7 KiB)
       RX errors 0  dropped 0  overruns 0  frame 0
       TX packets 124  bytes 14052 (13.7 KiB)
       TX errors 0  dropped 0 overruns 0  carrier 0  collisions 0

virbr0: flags=4099<UP,BROADCAST,MULTICAST>  mtu 1500
       inet 192.168.122.1  netmask 255.255.255.0  broadcast 192.168.122.255
       ether 52:54:00:c4:79:f3  txqueuelen 1000  (Ethernet)
       RX packets 0  bytes 0 (0.0 B)
       RX errors 0  dropped 0  overruns 0  frame 0
       TX packets 0  bytes 0 (0.0 B)
       TX errors 0  dropped 0 overruns 0  carrier 0  collisions 0

virbr0-nic: flags=4098<BROADCAST,MULTICAST>  mtu 1500
       ether 52:54:00:c4:79:f3  txqueuelen 1000  (Ethernet)
       RX packets 0  bytes 0 (0.0 B)
       RX errors 0  dropped 0  overruns 0  frame 0
       TX packets 0  bytes 0 (0.0 B)
       TX errors 0  dropped 0 overruns 0  carrier 0  collisions 0
```

图5-2 查看所有配置的网络接口

例：显示 ens33 的网卡信息，如图 5-3 所示。

```
[root@localhost ~]# ifconfig ens33
ens33: flags=4163<UP,BROADCAST,RUNNING,MULTICAST>  mtu 1500
       inet 192.168.21.128  netmask 255.255.255.0  broadcast 192.168.21.255
       inet6 fe80::774:fb36:d3fa:370a  prefixlen 64  scopeid 0x20<link>
       ether 00:0c:29:9b:43:94  txqueuelen 1000  (Ethernet)
       RX packets 1784  bytes 1028231 (1004.1 KiB)
       RX errors 0  dropped 0  overruns 0  frame 0
       TX packets 327  bytes 38313 (37.4 KiB)
       TX errors 0  dropped 0 overruns 0  carrier 0  collisions 0
```

图5-3 显示ens33的网卡信息

例：激活和关闭网络接口。

```
[root@localhost etc]# ifconfig ens33 down    #关闭 ens33 网卡
[root@localhost etc]# ifconfig ens33 up      #开启 ens33 网卡
```

例：更改网络接口的配置信息

```
[root@localhost etc]# ifconfig ens33 add 33ffe:3240:800:1005::2/ 64
                                             #为网卡添加 IPv6 地址
[root@localhost etc]# ifconfig ens33 del 33ffe:3240:800:1005::2/ 64
                                             #为网卡删除 IPv6 地址
[root@localhost etc]# ifconfig ens33 hw ether 00:AA:BB:CC:DD:EE
                                             #修改 MAC 地址
[root@localhost etc]# ifconfig ens33 192.168.1.56    #给 ens33 网卡配置 IP 地址
[root@localhost etc]# ifconfig ens33 192.168.1.56 netmask 255.255.255.0
             #给 ens33 网卡配置 IP 地址，并加上子网掩码
[root@localhost etc]# ifconfig ens33 192.168.1.56 netmask 255.255.255.0
broadcast 192.168.1.255    #给 ens33 网卡配置 IP 地址，加上子网掩码，加上一个广播地址
[root@localhost etc]# ifconfig ens33 mtu 1500
             #设置能通过的最大数据包大小为 1500 bytes
[root@localhost etc]# ifconfig ens33 arp      #开启 arp 功能
[root@localhost etc]# ifconfig ens33 -arp     #关闭 arp 功能
```

5.2.2 设置主机名命令 hostname

hostname 命令用来显示或者设置当前系统的主机名，主机名被许多网络程序用来标识主机。在使用 hostname 命令设置主机名后，系统并不会永久保存新的主机名，在重新启动机器之后还是使用原来的主机名。如果需要永久修改主机名，需要同时修改 /etc/hosts 和 /etc/sysconfig/network 的相关内容。

语法如下：

hostname(选项)(参数)

常用的选项：

-a 显示主机的别名（如果使用了的话）；

-d 显示 DNS 域名，不要使用命令 domainname 来获得 DNS 域名，因为这会显示 NIS 域名而非 DNS 域名，可使用命令 dnsdomainname 替换它；

-F 从指定文件中读取主机名；

-f 显示 FQDN（完全资格域名）；

-h 打印用法信息并退出；

-i 显示主机的 IP 地址（组）；

-n 显示 DECnet 节点名，如果指定了参数（或者指定了--file name），那么 root 也可以设置一个新的节点名；

-s 显示短格式主机名，即去掉第一个圆点后面部分的主机名；

-V 在标准输出上打印版本信息并以成功的状态退出；

-v 详细信息模式；

-y 显示 NIS 域名，如果指定了参数（或者指定了--file name），那么 root 也可以设置一个新的 NIS 域。

例：显示主机名，如下所示。

```
[root@localhost ~]# hostname
localhost
```

例：显示短主机名。

```
[root@localhost ~]# hostname -s
localhost
```

例：显示主机别名。

```
[root@localhost ~]# hostname -a
localhost.localdomain localhost4 localhost4.localdomain4 localhost.localdomain localhost6 localhost6.localdomain6
```

例：显示主机 IP 地址。

```
[root@localhost ~]# hostname -i
::1 127.0.0.1
```

例：设置主机名称为 linux。

```
[root@localhost ~]# hostname linux
[root@localhost ~]# hostname
linux
```

5.2.3 管理路由命令 route

route 命令用来显示并设置 Linux 内核中的网络路由表，route 命令设置的主要是静态路由。要实现两个不同子网之间的通信，需要一台连接两个网络的路由器或者同时位于两个网络的网关。要注意的是，直接在命令行下执行 route 命令添加的路由，不会永久保存，机器重启之后该路由就失效了；想要永久有效，可以在/etc/rc.local 中添加 route 命令来保存该路由设置。

格式：Route(选项)(参数)

常用的选项：

-v 详细信息模式；

-A 采用指定的地址类型（如'inet'、'inet6'）；

-n 以数字形式代替主机名形式来显示地址；

-net 路由目标为网络；

-host 路由目标为主机；

-F 显示内核的 FIB 选路表，其格式可以用-e 和-ee 选项改变；

-C 显示内核的路由缓存；

del 删除一条路由；

add 添加一条路由；

target 指定目标网络或主机，可以是点分十进制形式的 IP 地址或主机/网络名；

netmask 为添加的路由指定网络掩码；

gw 为发往目标网络/主机的任何分组指定网关。

注意

指定的网关必须是可达的。也就是说，必须预先为该网关指定一条静态路由。如果为本地接口之一指定这个网关地址的话，那么此网关地址将用于决定该接口上的分组如何进行路由。

例：显示当前路由，如图 5-4 所示。

```
[root@localhost ~]# route
Kernel IP routing table
Destination     Gateway         Genmask         Flags Metric Ref    Use Iface
default         localhost       0.0.0.0         UG    100    0        0 ens33
192.168.21.0    0.0.0.0         255.255.255.0   U     100    0        0 ens33
192.168.122.0   0.0.0.0         255.255.255.0   U     0      0        0 virbr0
```

图5-4 显示当前路由

例：增加一条路由，如图 5-5 所示。

```
[root@localhost ~]# route add -net 224.0.0.0 netmask 240.0.0.0 dev ens33
[root@localhost ~]# route
Kernel IP routing table
Destination     Gateway         Genmask         Flags Metric Ref    Use Iface
default         localhost       0.0.0.0         UG    100    0        0 ens33
192.168.21.0    0.0.0.0         255.255.255.0   U     100    0        0 ens33
192.168.122.0   0.0.0.0         255.255.255.0   U     0      0        0 virbr0
224.0.0.0       0.0.0.0         240.0.0.0       U     0      0        0 ens33
```

图5-5 增加一条路由

例：屏蔽一条路由，如图 5-6 所示。

```
[root@localhost ~]# route add -net 224.0.0.0 netmask 240.0.0.0 reject
[root@localhost ~]# route
Kernel IP routing table
Destination     Gateway         Genmask         Flags Metric Ref    Use Iface
default         localhost       0.0.0.0         UG    100    0        0 ens33
192.168.21.0    0.0.0.0         255.255.255.0   U     100    0        0 ens33
192.168.122.0   0.0.0.0         255.255.255.0   U     0      0        0 virbr0
224.0.0.0       -               240.0.0.0       !     0      -        0 -
224.0.0.0       0.0.0.0         240.0.0.0       U     0      0        0 ens33
```

图5-6 屏蔽一条路由

例：删除一条屏蔽的路由，如图 5-7 所示。

```
[root@localhost ~]# route
Kernel IP routing table
Destination     Gateway         Genmask         Flags Metric Ref    Use Iface
default         localhost       0.0.0.0         UG    100    0        0 ens33
192.168.21.0    0.0.0.0         255.255.255.0   U     100    0        0 ens33
192.168.122.0   0.0.0.0         255.255.255.0   U     0      0        0 virbr0
224.0.0.0       -               240.0.0.0       !     0      -        0 -
224.0.0.0       0.0.0.0         240.0.0.0       U     0      0        0 ens33
[root@localhost ~]# route del -net 224.0.0.0 netmask 240.0.0.0 reject
[root@localhost ~]# route
Kernel IP routing table
Destination     Gateway         Genmask         Flags Metric Ref    Use Iface
default         localhost       0.0.0.0         UG    100    0        0 ens33
192.168.21.0    0.0.0.0         255.255.255.0   U     100    0        0 ens33
192.168.122.0   0.0.0.0         255.255.255.0   U     0      0        0 virbr0
224.0.0.0       0.0.0.0         240.0.0.0       U     0      0        0 ens33
```

图5-7 删除一条屏蔽的路由

例：设置网关。

[root@localhost ~]#route add -net 224.0.0.0 netmask 240.0.0.0 dev eth0
#增加一条到达 244.0.0.0 的路由

5.2.4 检测主机命令 ping

ping 命令是 Linux 系统中使用非常频繁的命令，用来测试主机之间网络的连通性。ping 命令使用的是 ICMP 协议，它发送 ICMP 回送请求消息给目的主机。ICMP 协议规定，目的主机必须返回 ICMP 回送应答消息给源主机。如果源主机在一定时间内收到应答，则认为主机可达。

语法：ping [-LRUbdfnqrvR] [-c count] [-i wait] [-l preload] [-p pattern] [-s packetsize]

常用的选项：

-c<完成次数>　设置要求回应的次数；

-d　使用 Socket 的 SO_DEBUG 功能；

-f　极限检测；

-i<间隔秒数>　指定收发信息的间隔时间；

-I<网络界面>　使用指定的网络界面送出数据包；

-l<前置载入>　设置在送出要求的信息之前，先行发出的数据包；

-n　只输出数值；

-p<范本样式>　设置填满数据包的范本样式；

-q　不显示指令执行过程，但开头和结尾的相关信息除外；

-r　忽略普通的路由表，直接将数据包送到远端主机上；

-R　记录路由过程；

-s<数据包大小>　设置数据包的大小；

-t<存活数值>　设置存活数值（TTL）的大小；

-v　显示指令的详细执行过程。

例：在 Linux 系统中使用不带选项的 ping 命令，会一直不断地发送检测包，直到使用组合键 Ctrl+C 终止，如图 5-8 所示。

```
[root@localhost ~]# ping baidu.com
PING baidu.com (220.181.57.216) 56(84) bytes of data.
64 bytes from 220.181.57.216 (220.181.57.216): icmp_seq=1 ttl=128 time=4.23 ms
64 bytes from 220.181.57.216 (220.181.57.216): icmp_seq=2 ttl=128 time=6.19 ms
64 bytes from 220.181.57.216 (220.181.57.216): icmp_seq=3 ttl=128 time=5.05 ms
64 bytes from 220.181.57.216 (220.181.57.216): icmp_seq=4 ttl=128 time=4.32 ms
64 bytes from 220.181.57.216 (220.181.57.216): icmp_seq=5 ttl=128 time=6.00 ms
64 bytes from 220.181.57.216 (220.181.57.216): icmp_seq=6 ttl=128 time=5.42 ms
64 bytes from 220.181.57.216 (220.181.57.216): icmp_seq=7 ttl=128 time=5.54 ms
64 bytes from 220.181.57.216 (220.181.57.216): icmp_seq=8 ttl=128 time=5.90 ms
64 bytes from 220.181.57.216 (220.181.57.216): icmp_seq=9 ttl=128 time=4.82 ms
64 bytes from 220.181.57.216 (220.181.57.216): icmp_seq=10 ttl=128 time=5.14 ms
64 bytes from 220.181.57.216 (220.181.57.216): icmp_seq=11 ttl=128 time=5.87 ms
^C
--- baidu.com ping statistics ---
11 packets transmitted, 11 received, 0% packet loss, time 19035ms
rtt min/avg/max/mdev = 4.234/5.319/6.190/0.641 ms
```

图5-8　使用不带选项的ping命令

例：指定次数和时间，如图 5-9 所示。

```
[root@localhost ~]# ping -c 5 -i 0.5 baidu.com
PING baidu.com (220.181.57.216) 56(84) bytes of data.
64 bytes from 220.181.57.216 (220.181.57.216): icmp_seq=1 ttl=128 time=5.04 ms
64 bytes from 220.181.57.216 (220.181.57.216): icmp_seq=2 ttl=128 time=5.63 ms
64 bytes from 220.181.57.216 (220.181.57.216): icmp_seq=3 ttl=128 time=6.60 ms
64 bytes from 220.181.57.216 (220.181.57.216): icmp_seq=4 ttl=128 time=6.32 ms
64 bytes from 220.181.57.216 (220.181.57.216): icmp_seq=5 ttl=128 time=5.35 ms

--- baidu.com ping statistics ---
5 packets transmitted, 5 received, 0% packet loss, time 11526ms
rtt min/avg/max/mdev = 5.045/5.792/6.600/0.586 ms
```

图5-9　指定次数和时间

例：组合测试。-i 指定发送数据包的时间间隔，-c 指定一共发送多少个数据包，-I 指定源地址，-q 指定直接显示程序的启动和最后结果，如图 5-10 所示。

```
[root@localhost ~]# ping -i 0.2 -c 30 -I 192.168.21.128 192.168.21.1 -q
PING 192.168.21.1 (192.168.21.1) from 192.168.21.128 : 56(84) bytes of data.

--- 192.168.21.1 ping statistics ---
30 packets transmitted, 30 received, 0% packet loss, time 5836ms
rtt min/avg/max/mdev = 0.247/0.533/0.771/0.118 ms
```

图5-10　ping命令的组合测试

5.2.5　查看网络信息命令 netstat

netstat 命令是一个综合的网络状态查看工具，可以从显示的 Linux 网络系统状态信息得知整个 Linux 系统的网络情况，包括网络连接、路由表、接口状态、伪装连接、网络链路和组播成员组等信息。

语法：netstat [-acCeFghilMnNoprstuvVwx][-A<网络类型>][--ip]

常用的选项：

-a 或--all　显示所有连接中的 Socket；

-A<网络类型>或--<网络类型>　列出该网络类型连接中的相关地址；

-c 或--continuous　持续列出网络状态；

-C 或--cache　显示路由器配置的缓存信息；

-e 或--extend　显示网络其他相关信息；

-F 或--fib　显示 FIB；

-g 或--groups　显示组播成员组组员名单；

-h 或 --help   在线帮助；

-i 或 --interfaces   显示网络界面信息表单；

-l 或 --listening   显示监控中的服务器的 Socket；

-M 或 --masquerade   显示伪装的网络连接；

-n 或 --numeric   直接使用 IP 地址，而不通过域名服务器；

-N 或 --netlink 或 --symbolic   显示网络硬件外围设备的符号连接名称；

-o 或 --timers   显示计时器；

-p 或 --programs   显示正在使用 Socket 的程序识别码和程序名称；

-r 或 --route   显示路由表；

-s 或 --statistics   显示网络工作信息统计表；

-t 或 --tcp   显示 TCP 传输协议的连接状况；

-u 或 --udp   显示 UDP 传输协议的连接状况；

-v 或 --verbose   显示指令执行过程；

-V 或 --version   显示版本信息。

例：列出所有端口（包括监听和未监听的），如图 5-11 所示。

```
[root@localhost ~]# netstat -a|more
Active Internet connections (servers and established)
Proto Recv-Q Send-Q Local Address           Foreign Address         State
tcp        0      0 0.0.0.0:sunrpc          0.0.0.0:*               LISTEN
tcp        0      0 localhost:domain        0.0.0.0:*               LISTEN
tcp        0      0 0.0.0.0:ssh             0.0.0.0:*               LISTEN
tcp        0      0 localhost:ipp           0.0.0.0:*               LISTEN
tcp        0      0 localhost:smtp          0.0.0.0:*               LISTEN
tcp        0      0 localhost:ssh           localhost:50246         ESTABLISHED
tcp6       0      0 [::]:sunrpc             [::]:*                  LISTEN
tcp6       0      0 [::]:ssh                [::]:*                  LISTEN
tcp6       0      0 localhost:ipp           [::]:*                  LISTEN
tcp6       0      0 localhost:smtp          [::]:*                  LISTEN
udp        0      0 0.0.0.0:mdns            0.0.0.0:*
udp        0      0 0.0.0.0:rquotad         0.0.0.0:*
udp        0      0 localhost:domain        0.0.0.0:*
udp        0      0 0.0.0.0:bootps          0.0.0.0:*
udp        0      0 0.0.0.0:bootpc          0.0.0.0:*
udp        0      0 0.0.0.0:sunrpc          0.0.0.0:*
udp        0      0 0.0.0.0:42120           0.0.0.0:*
udp6       0      0 [::]:rquotad            [::]:*
udp6       0      0 [::]:sunrpc             [::]:*
raw6       0      0 [::]:ipv6-icmp          [::]:*                  7
Active UNIX domain sockets (servers and established)
Proto RefCnt Flags       Type       State         I-Node   Path
unix  2      [ ACC ]     STREAM     LISTENING     27949    @/tmp/dbus-SLpGHAoX
unix  2      [ ACC ]     STREAM     LISTENING     20488    /run/gssproxy.sock
unix  2      [ ACC ]     STREAM     LISTENING     20486    /var/lib/gssproxy/default.sock
unix  2      [ ACC ]     STREAM     LISTENING     31476    @/tmp/dbus-zpFUpdoOrX
unix  2      [ ACC ]     STREAM     LISTENING     26884    public/pickup
unix  2      [ ACC ]     STREAM     LISTENING     26888    public/cleanup
unix  2      [ ACC ]     STREAM     LISTENING     26891    public/qmgr
unix  2      [ ACC ]     STREAM     LISTENING     26913    public/flush
unix  2      [ ACC ]     STREAM     LISTENING     26928    public/showq
unix  2      [ ACC ]     STREAM     LISTENING     44570    /run/user/0/ksocket-root/kdeinit4__0
unix  2      [ ACC ]     STREAM     LISTENING     32830    @/tmp/.ICE-unix/2080
unix  2      [ ACC ]     STREAM     LISTENING     26203    @/tmp/.X11-unix/X0
unix  2      [ ACC ]     STREAM     LISTENING     31744    @/tmp/dbus-3zDI6TDHCJ
unix  2      [ ACC ]     STREAM     LISTENING     20295    /var/run/mcelog-client
unix  2      [ ACC ]     STREAM     LISTENING     17767    @ISCSID_UIP_ABSTRACT_NAMESPACE
unix  2      [ ACC ]     STREAM     LISTENING     17760    /var/run/libvirt/virtlogd-sock
unix  2      [ ACC ]     STREAM     LISTENING     17764    /var/run/avahi-daemon/socket
unix  2      [ ACC ]     STREAM     LISTENING     26216    /var/run/libvirt/libvirt-sock
unix  2      [ ACC ]     STREAM     LISTENING     17768    /var/run/rpcbind.sock
unix  3      [ ]         DGRAM                    6761     /run/systemd/notify
unix  2      [ ACC ]     STREAM     LISTENING     26218    /var/run/libvirt/libvirt-sock-ro
unix  2      [ ]         DGRAM                    6763     /run/systemd/cgroups-agent
```

图5-11   列出所有端口

例：列出所有 TCP 端口，如图 5-12 所示。

例：列出所有 UDP 端口，如图 5-13 所示。

例：显示核心路由信息，如图 5-14 所示。

例：显示网络接口列表，如图 5-15 所示。

例：显示网络统计信息，如图 5-16 所示。

```
[root@localhost ~]# netstat -at
Active Internet connections (servers and established)
Proto Recv-Q Send-Q Local Address           Foreign Address         State
tcp        0      0 0.0.0.0:sunrpc          0.0.0.0:*               LISTEN
tcp        0      0 localhost:domain        0.0.0.0:*               LISTEN
tcp        0      0 0.0.0.0:ssh             0.0.0.0:*               LISTEN
tcp        0      0 localhost:ipp           0.0.0.0:*               LISTEN
tcp        0      0 localhost:smtp          0.0.0.0:*               LISTEN
tcp        0      0 localhost:ssh           localhost:50246         ESTABLISHED
tcp6       0      0 [::]:sunrpc             [::]:*                  LISTEN
tcp6       0      0 [::]:ssh                [::]:*                  LISTEN
tcp6       0      0 localhost:ipp           [::]:*                  LISTEN
tcp6       0      0 localhost:smtp          [::]:*                  LISTEN
```

图5-12 列出所有TCP端口

```
[root@localhost ~]# netstat -au
Active Internet connections (servers and established)
Proto Recv-Q Send-Q Local Address           Foreign Address         State
udp        0      0 0.0.0.0:mdns            0.0.0.0:*
udp        0      0 0.0.0.0:rquotad         0.0.0.0:*
udp        0      0 localhost:domain        0.0.0.0:*
udp        0      0 0.0.0.0:bootps          0.0.0.0:*
udp        0      0 0.0.0.0:bootpc          0.0.0.0:*
udp        0      0 0.0.0.0:sunrpc          0.0.0.0:*
udp        0      0 0.0.0.0:42120           0.0.0.0:*
udp6       0      0 [::]:rquotad            [::]:*
udp6       0      0 [::]:sunrpc             [::]:*
```

图5-13 列出所有UDP端口

```
[root@localhost ~]# netstat -r
Kernel IP routing table
Destination     Gateway         Genmask         Flags   MSS Window  irtt Iface
default         localhost       0.0.0.0         UG        0 0          0 ens33
192.168.21.0    0.0.0.0         255.255.255.0   U         0 0          0 ens33
192.168.122.0   0.0.0.0         255.255.255.0   U         0 0          0 virbr0
```

图5-14 显示核心路由信息

```
[root@localhost ~]# netstat -i
Kernel Interface table
Iface      MTU    RX-OK RX-ERR RX-DRP RX-OVR    TX-OK TX-ERR TX-DRP TX-OVR Flg
ens33      1500    2343      0      0 0           686      0      0      0 BMRU
lo        65536     132      0      0 0           132      0      0      0 LRU
virbr0     1500       0      0      0 0             0      0      0      0 BMU
```

图5-15 显示网络接口列表

```
[root@localhost ~]# netstat -s
Ip:
    830 total packets received
    0 forwarded
    0 incoming packets discarded
    754 incoming packets delivered
    743 requests sent out
    65 dropped because of missing route
Icmp:
    121 ICMP messages received
    0 input ICMP message failed.
    ICMP input histogram:
        destination unreachable: 33
        echo requests: 1
        echo replies: 87
    121 ICMP messages sent
    0 ICMP messages failed
    ICMP output histogram:
        destination unreachable: 33
        echo request: 87
        echo replies: 1
IcmpMsg:
        InType0: 87
        InType3: 33
        InType8: 1
        OutType0: 1
        OutType3: 33
        OutType8: 87
Tcp:
    6 active connections openings
    1 passive connection openings
    0 failed connection attempts
    2 connection resets received
    1 connections established
    552 segments received
    474 segments send out
    0 segments retransmited
    0 bad segments received.
    5 resets sent
Udp:
    48 packets received
    33 packets to unknown port received.
    0 packet receive errors
    152 packets sent
    0 receive buffer errors
    0 send buffer errors
UdpLite:
```

图5-16 显示网络统计信息

例：找出运行 ssh 程序的端口，如图 5-17 所示。

```
[root@localhost ~]# netstat -ap | grep ssh
tcp        0      0 0.0.0.0:ssh             0.0.0.0:*               LISTEN      1175/sshd
tcp        0     52 localhost:ssh           localhost:50246         ESTABLISHED 3060/sshd: root@pts
tcp6       0      0 [::]:ssh                [::]:*                  LISTEN      1175/sshd
unix  2      [ ACC ]     STREAM     LISTENING     32910    2073/gnome-keyring-  /run/user/0/keyring/ssh
unix  2      [ ACC ]     STREAM     LISTENING     31683    2258/ssh-agent       /tmp/ssh-kJoobKOHBX3v/agent.2080
unix  3      [ ]         STREAM     CONNECTED     23819    1175/sshd
unix  2      [ ]         DGRAM                    37284    3060/sshd: root@pts
```

图5-17　运行ssh程序的端口

5.2.6　DNS 解析命令 nslookup

nslookup 命令是常用域名查询工具，用于查询 DNS 信息。其有两种工作模式，即"交互模式"和"非交互模式"。在"交互模式"下，用户可以向域名服务器查询各类主机、域名的信息，或者输出域名中的主机列表；在"非交互模式"下，用户可以针对一个主机或域名仅仅获取特定的名称或所需信息。

语法：nslookup 参数

参数：

域名　指定要查询的域名。

例：查看百度网站的 DNS 信息。

```
[root@localhost ~]# nslookup www.baidu.com
Server:         192.168.21.2
Address:        192.168.21.2#53
Non-authoritative answer:
www.baidu.com    canonical name = www.a.shifen.com.
Name:   www.a.shifen.com
Address: 61.135.169.121
Name:   www.a.shifen.com
Address: 61.135.169.125
```

例：直接输入 nslookup 命令则进入交互模式，如图 5-18 所示。

```
[root@bogon ~]# nslookup
> baidu.com
Server:         192.168.21.2
Address:        192.168.21.2#53

Non-authoritative answer:
Name:   baidu.com
Address: 123.125.115.110
Name:   baidu.com
Address: 220.181.57.216
> linux.org
Server:         192.168.21.2
Address:        192.168.21.2#53

Non-authoritative answer:
Name:   linux.org
Address: 104.27.166.219
Name:   linux.org
Address: 104.27.167.219
>
```

图5-18　进入交互模式

5.2.7　跟踪路由命令 traceroute

traceroute 命令用于追踪网络数据包的路由途径，通过 traceroute 命令可以知道信息源计算机到达互联网另一端的主机是走的什么路径。每次数据包由某一同样的出发点（source）到达某一同样的目的地（destination）走的路径可能会不一样，但基本上走的路径是相同的。

语法：traceroute –选项 –参数

选项：

-d　使用 Socket 层级的排错功能；

-f<存活数值>　设置第一个检测数据包的存活数值（TTL）的大小；

-g<网关>　设置来源路由网关，最多可设置 8 个；

-i<网络界面>　使用指定的网络界面送出数据包；

-I　使用 ICMP 回应取代 UDP 资料信息；

-m<存活数值>　设置检测数据包的最大存活数值（TTL）的大小；

-n　直接使用 IP 地址而非主机名称；

-p<通信端口>　设置 UDP 传输协议的通信端口；

-r　忽略普通的路由表，直接将数据包送到远端主机上；

-s<来源地址>　设置本地主机送出数据包的 IP 地址；

-t<服务类型>　设置检测数据包的 TOS 数值。

-v　显示指令的详细执行过程。

例：查看本地到 baidu.com 的路由情况，如图 5-19 所示。

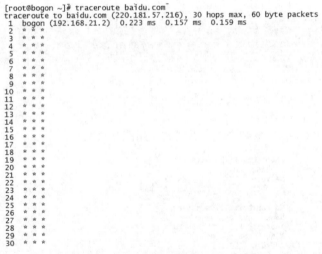

图5-19　查看本地到baidu.com的路由情况

说明：记录按序列号从 1 开始，每个记录就是一跳，一跳表示一个网关，可以看到每行有三个时间，单位都是 ms，其实就是探测数据包向每个网关发送三个数据包后，网关响应后返回的时间 "traceroute -q 4 baidu.com" 表示向每个网关发送 4 个数据包。

有时会看到一些行是以*号表示的，出现这样的情况，可能是因为防火墙封掉了 ICMP 的返回信息，所以得不到什么相关的数据包返回数据。

例：把跳数设置为 10 次，如图 5-20 所示。

例：显示 IP 地址，不查主机名，如图 5-21 所示。

```
[root@bogon ~]# traceroute -m 10 baidu.com
traceroute to baidu.com (123.125.115.110), 10 hops max, 60 byte packets
 1  bogon (192.168.21.2)  1.398 ms  1.282 ms  1.211 ms
 2  * * *
 3  * * *
 4  * * *
 5  * * *
 6  * * *
 7  * * *
 8  * * *
 9  * * *
10  * * *
```

图5-20　把跳数设置为10次

```
[root@bogon ~]# traceroute -n baidu.com
traceroute to baidu.com (220.181.57.216), 30 hops max, 60 byte packets
 1  192.168.21.2  0.307 ms  0.283 ms  1.725 ms
 2  * * *
 3  * * *
 4  * * *
 5  * * *
 6  * * *
 7  * * *
 8  * * *
 9  * * *
10  * * *
11  * * *
12  * * *
13  * * *
```

图5-21　显示IP地址，不查主机名

5.2.8　网络配置工具 ip

ip 是 iproute2 软件包里一个强大的网络配置工具，用来显示或操作路由、网络设备、策略路由和隧道，它能够替代一些传统的网络管理工具，如 ifconfig、route 等。

语法：ip [OPTIONS] OBJECT [COMMAND [ARGUMENTS]]

- OPTIONS 是一些修改 ip 行为或者改变其输出的选项，所有的选项都以 "-" 字符开头，分为长、短两种形式。目前，ip 支持如下选项。

-V,-Version　打印 IP 的版本并退出。

-s,-stats,-statistics　输出更为详尽的信息。如果这个选项出现两次或者多次，输出的信息将更为详尽。

-f,-family　后面接协议种类，包括 inet、inet6 或者 link，用于强调使用的协议种类。如果没有足够的信息告诉 ip 使用的协议种类，ip 就会使用默认值 inet 或者 any。link 比较特殊，它表示不涉及任何网络协议。

-4　-family inet 的简写。

-6　-family inet6 的简写。

-0　-family link 的简写。

-o,-oneline　对每行记录都使用单行输出，换行用字符代替。如果需要使用 wc、grep 等工具处理 ip 的输出，会用到这个选项。

-r,-resolve　查询域名解析系统，用获得的主机名代替主机 IP 地址。

- OBJECT 要管理或者获取信息的对象。目前 ip 可识别以下对象。

link　网络设备。

address　一个设备的协议（IP 或者 IPv6）地址。

neighbour　ARP 或者 NDISC 缓冲区条目。

route　路由表条目。

rule　路由策略数据库中的规则。

maddress　多播地址。

mroute　多播路由缓冲区条目。

tunnel　IP 上的通道。

iproute2 是 Linux 下管理控制 TCP/IP 网络和流量的新一代工具包，旨在替代工具链 net-tools，即大家比较熟悉的 ifconfig、arp、route、netstat 等命令。net-tools 和 iproute2 命令的对比如表 5-2 所示。

表 5-2　net-tools 和 iproute2 命令对比

net-tools 命令	iproute2 命令
arp -na	ip neigh
ifconfig	ip link
ifconfig -a	ip addr show
ifconfig --help	ip help
ifconfig -s	ip -s link
ifconfig eth0 up	ip link set eth0 up
ipmaddr	ip maddr
iptunnel	ip tunnel
netstat	ss
netstat -i	ip -s link
netstat -g	ip maddr
netstat -l	ss -l
netstat -r	ip route
route add	ip route add
route del	ip route del
route -n	ip route show
vconfig	ip link

例：显示 IP 地址，如图 5-22 所示。

```
[root@bogon ~]# ip address show
1: lo: <LOOPBACK,UP,LOWER_UP> mtu 65536 qdisc noqueue state UNKNOWN group default qlen 1000
    link/loopback 00:00:00:00:00:00 brd 00:00:00:00:00:00
    inet 127.0.0.1/8 scope host lo
       valid_lft forever preferred_lft forever
    inet6 ::1/128 scope host
       valid_lft forever preferred_lft forever
2: ens33: <BROADCAST,MULTICAST,UP,LOWER_UP> mtu 1500 qdisc pfifo_fast state UP group default qlen 1000
    link/ether 00:0c:29:9b:43:94 brd ff:ff:ff:ff:ff:ff
    inet 192.168.21.128/24 brd 192.168.21.255 scope global noprefixroute dynamic ens33
       valid_lft 1094sec preferred_lft 1094sec
    inet6 fe80::774:fb36:d3fa:370a/64 scope link noprefixroute
       valid_lft forever preferred_lft forever
3: virbr0: <NO-CARRIER,BROADCAST,MULTICAST,UP> mtu 1500 qdisc noqueue state DOWN group default qlen 1000
    link/ether 52:54:00:c4:79:f3 brd ff:ff:ff:ff:ff:ff
    inet 192.168.122.1/24 brd 192.168.122.255 scope global virbr0
       valid_lft forever preferred_lft forever
4: virbr0-nic: <BROADCAST,MULTICAST> mtu 1500 qdisc pfifo_fast master virbr0 state DOWN group default qlen 1000
    link/ether 52:54:00:c4:79:f3 brd ff:ff:ff:ff:ff:ff
```

图5-22　显示IP地址

例：显示接口统计。

```
[root@localhost ~]# ip -s link ls ens33
2: ens33: <BROADCAST,MULTICAST,UP,LOWER_UP> mtu 1500 qdisc pfifo_fast state UP mode DEFAULT group default qlen 1000
    link/ether 00:0c:29:9b:43:94 brd ff:ff:ff:ff:ff:ff
    RX: bytes    packets   errors   dropped   overrun   mcast
    294975039    207472    0        0         0         0
    TX: bytes    packets   errors   dropped   carrier   collsns
    2226905      34876     0        0         0         0
```

例：显示链路。

```
[root@localhost ~]# ip link show ens33
2: ens33: <BROADCAST,MULTICAST,UP,LOWER_UP> mtu 1500 qdisc pfifo_fast state UP mode DEFAULT group default qlen 1000
    link/ether 00:0c:29:9b:43:94 brd ff:ff:ff:ff:ff:ff
```

例：显示路由表。

```
[root@localhost ~]# ip route
default via 192.168.21.2 dev ens33 proto dhcp metric 100
192.168.21.0/24 dev ens33 proto kernel scope link src 192.168.21.128 metric 100
192.168.122.0/24 dev virbr0 proto kernel scope link src 192.168.122.1
```

例：查看 ARP 表。

```
[root@localhost ~]# ip neigh show
192.168.21.254 dev ens33 lladdr 00:50:56:f8:5c:5a STALE
192.168.21.1 dev ens33 lladdr 00:50:56:c0:00:08 REACHABLE
192.168.21.2 dev ens33 lladdr 00:50:56:fe:a3:cc STALE
```

5.3 系统监控

系统监控是系统管理员日常的主要工作之一，Linux 系统提供了各种日志及性能监控工具以帮助完成系统监控工作。本节将对这些工具进行介绍。

5.3.1 内存监控

vmstat 是 Virtual Memory Statistics（虚拟内存统计）的缩写，可实时动态监视操作系统的虚拟内存、进程、CPU 的活动。默认情况下，vmstat 命令在 Linux 系统下不可用，需要安装一个包含 vmstat 程序的 sysstat 软件包。

语法：

vmstat [-V] [-n] [delay [count]]

常用的选项：

-a　显示活跃和非活跃内存；

-f　显示从系统启动至今的 fork 数量；

-m　显示 slabinfo；

-n   只在开始时显示一次各字段名称；
-s   显示内存相关统计信息及各种系统活动数量；
delay   刷新时间间隔，如果不指定，只显示一条结果。
count   刷新次数，如果不指定刷新次数，但指定刷新时间间隔，刷新次数将为无穷；
-d   显示磁盘相关统计信息；
-p   显示指定磁盘分区统计信息；
-S   使用指定单位显示，参数有 k、K、m、M，分别代表 1000、1024、1000000、1048576 字节（byte），默认单位为 K（1024 字节）
-V   显示 vmstat 版本信息。
例：每 5 秒显示一次系统内存的统计信息，总共 10 次，如图 5-23 所示。

```
[root@localhost etc]# vmstat 5 10
procs -----------memory---------- ---swap-- -----io---- -system-- ------cpu-----
 r  b   swpd   free   buff  cache   si   so    bi    bo   in   cs us sy id wa st
 0  0      0 142260    172 923448    0    0   245     3   81    1  1 1 98  0  0
 0  0      0 142144    172 923448    0    0     0     0   76   68  0 0 100 0  0
 0  0      0 142144    172 923448    0    0     0     0   72   65  0 0 100 0  0
 1  0      0 142144    172 923448    0    0     0     0   69   62  0 0 100 0  0
 0  0      0 142160    172 923448    0    0     0     0   72   66  0 0 100 0  0
 0  0      0 142160    172 923448    0    0     0     0   71   64  0 0 100 0  0
 0  0      0 142160    172 923448    0    0     0     0  141   86  0 2 98  0  0
 0  0      0 142160    172 923448    0    0     0     0   73   66  0 0 100 0  0
 0  0      0 142160    172 923448    0    0     0     0   69   63  0 0 100 0  0
 0  0      0 142160    172 923448    0    0     0     0   73   66  0 0 100 0  0
```

图5-23   每5秒显示一次系统内存的统计信息

其中各输出选项的含义如下。
- procs（进程）

r：运行队列中的进程数量。

b：等待 IO 的进程数量。

- memory（内存）

swpd：使用虚拟内存大小。

free：可用内存大小。

buff：用作缓冲的内存大小。

cache：用作缓存的内存大小。

- swap

si：每秒从交换区写到内存的大小。

so：每秒写入交换区的内存大小。

- io：（现在的 Linux 版本块的大小为 1024 字节）

bi:每秒读取的块数。

bo：每秒写入的块数。

- system

in：每秒中断数，包括时钟中断。

cs：每秒上下文切换数。

- cpu（以百分比表示）

us：用户进程执行时间（user time）。

sy：系统进程执行时间（system time）。

id：空闲时间（包括 IO 等待时间）。

wa：等待 IO 时间。

5.3.2 CPU 监控

在 Linux 系统中监控 CPU 的性能主要关注 3 个指标：运行队列、CPU 使用率和上下文切换。

运行队列：每个 CPU 都维护着一个线程的运行队列。理论上调度器应该不断地运行和执行线程，线程不是在 sleep 状态中（阻塞中和等待 IO 中）就是在可运行状态中。如果 CPU 子系统处于高负荷下，那就意味着内核调度将无法及时响应系统请求。导致的结果是可运行状态进程拥塞在运行队列里。当运行队列越来越巨大，进程线程将花费更多的时间获取被执行的机会。

CPU 使用率：即 CPU 使用的百分比，是评估系统性能最重要的一个度量指标。多数系统性能监控工具关于 CPU 使用率的分类大概有以下几种。

User Time（用户进程时间）——用户空间中被执行进程在 CPU 开销时间百分比。

System Time（内核线程以及中断时间）——内核空间中线程和中断在 CPU 开销时间百分比。

Wait IO（IO 请求等待时间）——所有进程线程被阻塞，等待完成一次 IO 请求所占 CPU 开销时间百分比。

Idle（空闲）——一个完整空闲状态的进程在 CPU 开销时间百分比。

上下文切换：现代处理器大都能够运行一个进程（单一线程）或者线程，多路超线程处理器则有能力运行多个线程。Linux 内核还是把每个处理器核心的双核心芯片当作独立的处理器。比如以 Linux 为内核的系统在一个双核心处理器上，将显示为两个独立的处理器。

一个标准的 Linux 内核可以运行 50～50,000 个处理线程。在只有一个 CPU 时，内核将调度并均衡每个进程线程。一个线程要么获得时间额度要么抢先获得较高优先级（比如硬件中断），其中较高优先级的线程将重新放回处理器的队列中。这种线程的转换关系就是我们提到的上下文切换。

vmstat 命令只能显示 CPU 总的性能情况，对于有多个 CPU 的计算机，如果要查看每个 CPU 的性能情况，可以使用 mpstat 命令。mpstat 是 Multiprocessor Statistics 的缩写，是实时系统监控工具，其报告与 CPU 相关的一些统计信息，这些信息存放在/proc/stat 文件中。

语法：

mpstat [-P {|ALL}] [interval [count]]

常用的选项：

-P {|ALL}　表示监控哪个 CPU，CPU 在[0,CPU 个数-1]中取值；

interval　相邻两次采样的间隔时间；

count　采样的次数，count 只能和 delay 一起使用。

没有参数时，mpstat 显示系统启动以后所有信息的平均值。有参数 interval 时，第一行信息显示自系统启动以来的平均信息，从第二行开始，显示前一个 interval 时间段的平均信息。

例：查看多核 CPU 核心的当前运行状况信息，每 2 秒更新一次，如图 5-24 所示。

其中各输出选项的含义如下。

- %user：在 interval 时间段里，用户态的 CPU 时间(%)=(usr/total)*100，不包含 nice 值为负进程。
- %nice：在 interval 时间段里，nice 值为负进程的 CPU 时间(%)=(nice/total)*100。
- %sys：在 interval 时间段里，内核时间(%)=(system/total)*100。

- %iowait：在 interval 时间段里，硬盘 IO 等待时间(%)=(iowait/total)*100。
- %irq：在 interval 时间段里，硬中断时间(%)=(irq/total)*100。
- %soft：在 interval 时间段里，软中断时间(%)=(softirq/total)*100。
- %idle：在 interval 时间段里，CPU 除等待磁盘 IO 操作以外其他原因而导致空闲的时间，闲置时间(%)=(idle/total)*100。

```
[root@localhost etc]# mpstat -P ALL 2
Linux 3.10.0-862.el7.x86_64 (localhost)      2018年12月30日  _x86_64_    (2 CPU)

17时09分34秒  CPU    %usr   %nice    %sys %iowait    %irq   %soft  %steal  %guest  %gnice   %idle
17时09分36秒  all    0.00    0.00    0.25    0.00    0.00    0.00    0.00    0.00    0.00   99.75
17时09分36秒    0    0.00    0.00    0.00    0.00    0.00    0.00    0.00    0.00    0.00  100.00
17时09分36秒    1    0.00    0.00    0.00    0.00    0.00    0.00    0.00    0.00    0.00  100.00

17时09分36秒  CPU    %usr   %nice    %sys %iowait    %irq   %soft  %steal  %guest  %gnice   %idle
17时09分38秒  all    0.00    0.00    0.00    0.00    0.00    0.00    0.00    0.00    0.00  100.00
17时09分38秒    0    0.00    0.00    0.50    0.00    0.00    0.00    0.00    0.00    0.00   99.50
17时09分38秒    1    0.00    0.00    0.00    0.00    0.00    0.00    0.00    0.00    0.00  100.00

17时09分38秒  CPU    %usr   %nice    %sys %iowait    %irq   %soft  %steal  %guest  %gnice   %idle
17时09分40秒  all    0.25    0.00    4.51    0.00    0.00    0.00    0.00    0.00    0.00   95.24
17时09分40秒    0    0.00    0.00    2.50    0.00    0.00    0.00    0.00    0.00    0.00   97.00
17时09分40秒    1    0.50    0.00    6.50    0.00    0.00    0.00    0.00    0.00    0.00   93.00
^C
平均时间:    CPU    %usr   %nice    %sys %iowait    %irq   %soft  %steal  %guest  %gnice   %idle
平均时间:    all    0.08    0.00    1.59    0.00    0.00    0.00    0.00    0.00    0.00   98.33
平均时间:      0    0.17    0.00    1.00    0.00    0.00    0.00    0.00    0.00    0.00   98.83
平均时间:      1    0.17    0.00    2.17    0.00    0.00    0.00    0.00    0.00    0.00   97.66
```

图5-24　查看多核CPU核心的当前运行状况信息

5.3.3　磁盘监控

iostat 命令可以查看 CPU 利用率和磁盘性能等相关数据，有时候系统响应慢，传数据也慢，这个慢可能是由多方面原因导致的，如 CPU 利用率高、网络差、系统平均负载高，甚至是磁盘已经损坏了。因此，在系统性能出现问题时，磁盘 I/O 是一个值得分析的重要指标。

语法：

iostat -参数

常用的选项：

-c　只显示 CPU 利用率；

-d　只显示磁盘利用率；

-p　可以报告每块磁盘的每个分区的使用情况；

-k　以字节/秒为单位显示磁盘利用率报告；

-x　显示扩张统计；

-n　显示 NFS（network file system）报告。

例：显示磁盘整体状况信息，如图 5-25 所示。

```
[root@localhost etc]# iostat -d -x
Linux 3.10.0-862.el7.x86_64 (localhost)      2018年12月30日  _x86_64_    (2 CPU)

Device:         rrqm/s   wrqm/s     r/s     w/s    rkB/s    wkB/s avgrq-sz avgqu-sz   await r_await w_await  svctm  %util
sda               0.00     0.02    2.07    0.25   142.06     2.73   124.85     0.02    7.77    8.53    1.60   4.25   0.99
dm-0              0.00     0.00    1.92    0.18   139.19     2.35   135.10     0.02    8.58    9.13    2.55   4.68   0.98
dm-1              0.00     0.00    0.01    0.00     0.21     0.00    47.40     0.00    0.67    0.67    0.00   0.59   0.00
dm-2              0.00     0.00    0.04    0.02     0.50     0.17    30.70     0.00    1.35    1.02   22.00   0.99   0.00
```

图5-25　显示磁盘整体状况信息

各输出选项的含义如下。

- Tps：每秒 I/O 数（即 IOPS，磁盘连续读和连续写之和）。
- Blk_read/s：每秒从设备读取的数据大小，单位 block/s（块每秒）。

- Blk_wrtn/s：每秒写入设备的数据大小，单位 block/s。
- Blk_read：从磁盘读出的块的总数。
- Blk_wrtn：写入磁盘的块的总数。
- kB_read/s：每秒从磁盘读取的数据大小，单位 KB/s。
- kB_wrtn/s：每秒写入磁盘的数据大小，单位 KB/s。
- kB_read：从磁盘读出的数据总数，单位 KB。
- kB_wrtn：写入磁盘的数据总数，单位 KB。
- rrqm/s：每秒合并到设备的读请求数。
- wrqm/s：每秒合并到设备的写请求数。
- r/s：每秒向磁盘发起的读操作数。
- w/s：每秒向磁盘发起的写操作数。
- rsec/s：每秒从设备读取的扇区数量。
- wsec/s：每秒向设备写入的扇区数量。
- avgrq-sz：I/O 请求的平均大小，以扇区为单位。
- avgqu-sz：向设备发起 I/O 请求队列的平均队列长度。
- await：I/O 请求的平均等待时间，单位为毫秒。这个时间包括请求队列（这个概念很重要）消耗的时间和为每个请求服务的时间。
- svctm：I/O 请求的平均服务时间，单位为毫秒。
- %util：处理 I/O 请求所占用时间的百分比，即设备利用率。当这个值接近 100% 时，表示磁盘 I/O 已经饱和。

5.3.4 综合监控工具

top 命令是 Linux 下常用的性能分析工具，能够实时显示系统中各个进程的资源占用状况，类似于 Windows 的任务管理器。top 是一个动态显示过程，即可以通过用户按键来不断地刷新当前状态。

语法：
top -选项
常用的选项：
-b   以批处理模式操作；
-c   显示完整的命令行；
-d   屏幕刷新间隔时间；
-I   忽略失效过程；
-s   保密模式；
-S   累积模式；
-i<时间>   设置间隔时间；
-u<用户名>   指定用户名；
-p<进程号>   指定进程；
-n<次数>   循环显示的次数。
例：查看系统当前信息，如图 5-26 所示。

```
top - 17:38:02 up  3:15,  3 users,  load average: 0.06, 0.03, 0.05
Tasks: 219 total,   2 running, 217 sleeping,   0 stopped,   0 zombie
%Cpu(s):  0.5 us,  0.5 sy,  0.0 ni, 98.8 id,  0.2 wa,  0.0 hi,  0.0 si,  0.0 st
KiB Mem :  1865308 total,   119116 free,   848796 used,   897396 buff/cache
KiB Swap:  4194300 total,  4194300 free,        0 used.   773380 avail Mem

  PID USER      PR  NI    VIRT    RES    SHR S  %CPU %MEM     TIME+ COMMAND
 2315 root      20   0 3256760 193896  56936 S   0.7 10.4   0:16.88 gnome-shell
 5429 root      20   0  161988   2384   1584 R   0.7  0.1   0:00.30 top
  724 root      20   0  320252   6680   5200 S   0.3  0.4   0:25.49 vmtoolsd
 1190 root      20   0  126284   1700   1064 S   0.3  0.1   0:01.14 crond
    1 root      20   0  128152   6788   4108 S   0.0  0.4   0:08.31 systemd
    2 root      20   0       0      0      0 S   0.0  0.0   0:00.05 kthreadd
    3 root      20   0       0      0      0 S   0.0  0.0   0:00.38 ksoftirqd/0
    5 root       0 -20       0      0      0 S   0.0  0.0   0:00.00 kworker/0:0H
    7 root      rt   0       0      0      0 S   0.0  0.0   0:00.17 migration/0
    8 root      20   0       0      0      0 S   0.0  0.0   0:00.00 rcu_bh
    9 root      20   0       0      0      0 R   0.0  0.0   0:03.21 rcu_sched
   10 root       0 -20       0      0      0 S   0.0  0.0   0:00.00 lru-add-drain
   11 root      rt   0       0      0      0 S   0.0  0.0   0:00.13 watchdog/0
   12 root      rt   0       0      0      0 S   0.0  0.0   0:00.14 watchdog/1
   13 root      rt   0       0      0      0 S   0.0  0.0   0:00.35 migration/1
   14 root      20   0       0      0      0 S   0.0  0.0   0:00.35 ksoftirqd/1
   16 root       0 -20       0      0      0 S   0.0  0.0   0:00.00 kworker/1:0H
   18 root       0 -20       0      0      0 S   0.0  0.0   0:00.01 kdevtmpfs
   19 root       0 -20       0      0      0 S   0.0  0.0   0:00.00 netns
   20 root      20   0       0      0      0 S   0.0  0.0   0:00.01 khungtaskd
   21 root       0 -20       0      0      0 S   0.0  0.0   0:00.00 writeback
   22 root       0 -20       0      0      0 S   0.0  0.0   0:00.00 kintegrityd
   23 root       0 -20       0      0      0 S   0.0  0.0   0:00.00 bioset
   24 root       0 -20       0      0      0 S   0.0  0.0   0:00.00 kblockd
   25 root       0 -20       0      0      0 S   0.0  0.0   0:00.00 md
   26 root       0 -20       0      0      0 S   0.0  0.0   0:00.00 edac-poller
   27 root      20   0       0      0      0 S   0.0  0.0   0:14.38 kworker/0:1
   32 root      20   0       0      0      0 S   0.0  0.0   0:00.25 kswapd0
   33 root      25   5       0      0      0 S   0.0  0.0   0:00.00 ksmd
   34 root      39  19       0      0      0 S   0.0  0.0   0:00.52 khugepaged
   35 root       0 -20       0      0      0 S   0.0  0.0   0:00.00 crypto
   43 root       0 -20       0      0      0 S   0.0  0.0   0:00.00 kthrotld
   44 root      20   0       0      0      0 S   0.0  0.0   0:00.97 kworker/u256:1
   45 root       0 -20       0      0      0 S   0.0  0.0   0:00.00 kmpath_rdacd
   46 root       0 -20       0      0      0 S   0.0  0.0   0:00.00 kaluad
   48 root       0 -20       0      0      0 S   0.0  0.0   0:00.00 kpsmoused
   50 root       0 -20       0      0      0 S   0.0  0.0   0:00.00 ipv6_addrconf
   63 root       0 -20       0      0      0 S   0.0  0.0   0:00.00 deferwq
   96 root      20   0       0      0      0 S   0.0  0.0   0:00.02 kauditd
  271 root       0 -20       0      0      0 S   0.0  0.0   0:00.00 mpt_poll_0
```

图5-26　查看系统当前信息

其中各输出选项的含义如下。

- 第一行

17:38:02：系统当前时间。

3:15：系统开机到现在经过了多少时间。

3 users：当前 3 个用户在线。

load average：0.06, 0.03, 0.05：系统 1 分钟、5 分钟、15 分钟的 CPU 负载信息。

- 第二行

Tasks：任务。

219 total：当前有 219 个任务，也就是有 219 个进程。

2 running：2 个进程正在运行。

217 sleeping：217 个进程睡眠。

0 stopped：停止的进程数。

0 zombie：僵死的进程数。

- 第三行

%Cpu(s)：显示 CPU 总体信息，单位是百分比。

0.5us：用户态进程占用 CPU 时间百分比，不包含 renice 值为负的任务占用的 CPU 时间。

0.5sy：内核占用 CPU 时间百分比。

0.0ni：改变过优先级的进程占用 CPU 时间百分比。

98.8id：空闲 CPU 时间百分比。

0.2wa：等待 I/O 的 CPU 时间百分比。

0.0hi：CPU 硬中断时间百分比。

0.0si：CPU 软中断时间百分比。

注：这里显示的数据是所有 CPU 的平均值，如果想看每一个 CPU 的处理情况，按 1 即可；折叠，再次按 1。

- 第四行

Mem：内存。

1865308 total：物理内存总量。

848796 used：使用的物理内存量。

119116 free：空闲的物理内存量。

897396 buffers：用作内核缓存的物理内存量。

- 第五行

Swap：交换空间。

4194300 total：交换区总量。

0 used：使用的交换区量。

4194300 free：空闲的交换区量。

773380 avail Mem：可用内存空间。

再下面就是进程信息。

PID：进程的 ID。

USER：进程所有者。

PR：进程的优先级，值越小，越优先被执行。

NI：值。

VIRT：进程占用的虚拟内存。

RES：进程占用的物理内存。

SHR：进程使用的共享内存。

S：进程的状态。S 表示休眠，R 表示正在运行，Z 表示僵死，N 表示进程优先级为负数。

%CPU：进程的 CPU 使用率。

%MEM：进程使用的物理内存占总内存的百分比。

TIME+：进程启动后占用的总 CPU 时间，即占用 CPU 时间的累加值。

COMMAND：进程启动命令名称。

5.4 作业

1. 尝试通过配置 host 将网上的域名访问指向本地。
2. 通过命令和修改配置文件两种方式来修改主机名。
3. 找出本机各种软件的运行端口。
4. 监控 taobao.com 到本机的路由情况。
5. 使用 ip 命令来查看本地 IP、网卡、路由等信息。
6. 监控本机的 CPU 使用情况，并找出最消耗资源的程序。

Chapter 6

第 6 章
软件包管理

- 学会使用源码方式安装 Linux 程序。
- 使用 RPM 和 YUM 安装、卸载、升级和删除包。
- 获取版本、状态、依赖关系、完整性和签名等 RPM 包相关信息。
- 判断一个包提供哪些文件，查明某个文件来自哪个包。

6.1 RPM 包安装

6.1.1 RPM 包简介

RPM 是 Redhat Package Manager 的缩写，由 Red Hat 公司开发。RPM 是以数据库记录的方式来将需要的软件安装到 Linux 系统中的一套管理机制。其最大的特点就是将要安装的软件先编译，并且打包成 RPM 机制的安装包，通过软件默认的数据库记录这个软件安装时必须具备的依赖属性软件，在安装时 RPM 会先检查是否满足安装的依赖属性软件，满足则安装，反之则拒绝。

1. 优点
- 已经编译且打包，安装方便。
- 软件信息记录在 rpm 数据库中，方便查询、验证与卸载。

2. 缺点
- 当前系统环境必须与原 rpm 包的编译环境一致。
- 需满足依赖属性要求。
- 卸载时注意，最底层的软件不可先移除，否则可能会造成整个系统的问题！

6.1.2 rpm 命令

rpm 是一个功能十分强大的软件包管理系统，使用它在 Linux 下安装、升级和删除软件包非常容易，它还具有查询、验证软件包的功能。

1. RPM 安装

命令格式：

```
rpm -i ( or --install) options file1.rpm ... fileN.rpm
```

参数：

file1.rpm ... fileN.rpm 将要安装的 RPM 包的文件名。

常用的选项：

-h/--hash 安装时以"#"号显示安装进度；

-v 显示附加信息；

-vv 显示更加详细的信息；

--test 只对安装进行测试，并不实际安装；

--percent 以百分比的形式输出安装的进度；

--excludedocs 不安装软件包中的文档文件；

--includedocs 安装文档；

--replacepkgs 强制重新安装已经安装的软件包；

--replacefiles 替换属于其他软件包的文件；

--force 忽略软件包及文件的冲突；

--noscripts 不运行预安装和后安装脚本；

--prefix 将软件包安装到由参数指定的路径下；

--ignorearch 不校验软件包的结构；

--ignoreos 不检查软件包运行的操作系统；

--nodeps 不检查依赖性关系。

例：用 rpm 安装软件 unrar。

安装的参数有很多，一般来说使用"rpm -ivh name"就可以了，尽量不要使用暴力安装（使用--force 安装）。下面使用 rpm 命令来安装软件 unrar，如图 6-1 所示。

```
[root@localhost qiang]# rpm -qa|grep unrar
[root@localhost qiang]# rpm -ivh unrar-5.0.3-1.el7.rf.x86_64.rpm
警告：unrar-5.0.3-1.el7.rf.x86_64.rpm: 头V3 DSA/SHA1 Signature, 密钥 ID 6b8d79e6: NOKEY
准备中...                          ################################# [100%]
正在升级/安装...
   1:unrar-5.0.3-1.el7.rf          ################################# [100%]
[root@localhost qiang]# rpm -qa|grep unrar
unrar-5.0.3-1.el7.rf.x86_64
```

图6-1 用rpm安装unrar

在安装前可以先使用命令查询系统中是否已经安装了此软件：rpm -qa|grep unrar，若没有，则把安装文件下载到本地，执行命令"rpm -ivh unrar-5.0.3-1.el7.rf.x86_64.rpm"即可。注意若在安装过程中提示有依赖找不到，应该先如法炮制完成依赖的安装，再安装需要的软件。

2. RPM 删除

删除即卸载软件。需要注意的是，卸载软件的过程一定要由最上层往下卸载，否则会发生结构上的问题。

命令格式：

-e (or --erase) options pkg1 ... pkgN

参数：

pkg1 ... pkgN：要删除的软件包

常用的选项：

--test 只执行删除的测试；

--noscripts 不运行预安装和后安装脚本程序；

--nodeps 不检查依赖性；

-vv 显示调试信息。

例：删除刚安装的 unrar 软件，执行命令"rpm – e unrar"即可，再次查询发现已经查询不到软件信息了，如下所示。

```
[root@localhost ~]# rpm -qa|grep unrar
unrar-5.0.3-1.el7.rf.x86_64          //查询到软件信息
[root@localhost ~]# rpm -e unrar    //卸载软件
[root@localhost ~]# rpm -qa|grep unrar
//再次查询的时候已经无法查询到软件信息了
```

3. RPM 升级与更新

RPM 升级十分方便，使用-Uvh 即可，可以使用的参数和 install 是一样的。

命令格式：

```
rpm -U ( or --upgrade) options file1.rpm ... fileN.rpm
```

参数：

file1.rpm ... fileN.rpm 软件包的名字

常用的选项：

-h/--hash 安装时以"#"号显示安装进度；

-v 显示附加信息；

-vv 显示调试信息；

--oldpackage 允许"升级"到一个老版本；

--test 只进行升级测试；

--excludedocs 不安装软件包中的文档文件；

--includedocs 安装文档；

--replacepkgs 强制重新安装已经安装的软件包；

--replacefiles 替换属于其他软件包的文件；

--force 忽略软件包及文件的冲突；

--percent 以百分比的形式输出安装的进度；

--noscripts 不运行预安装和后安装脚本；

--prefix 将软件包安装到由参数指定的路径下；

--ignorearch 不校验软件包的结构；

--ignoreos 不检查软件包运行的操作系统；

--nodeps 不检查依赖性关系。

4. RPM 查询

在查询的时候 RPM 其实查询的是/var/lib/rpm/目录下的数据库文件，另外也可以查询未安装的 RPM 文件内的信息。

命令格式：

```
rpm -q ( or --query) options
```

参数：

pkg1 ... pkgN 查询已安装的软件包

常用的选项：

-p　查询软件包的文件，找出某个 RPM 文件内的信息，而非已安装的软件信息；

-f　查询属于哪个软件包；

-a　查询所有安装的软件包；

-i　显示软件包的概要信息；

-l　显示软件包中的文件列表；

-c　显示配置文件列表；

-d　显示文档文件列表；

-s　显示软件包中文件列表并显示每个文件的状态；

--scripts　显示安装、卸载、校验脚本；

--queryformat/--qf　以用户指定的方式显示查询信息；

--dump　显示每个文件的所有已校验信息；

--provides　显示软件包提供的功能；

--requires/-R　显示软件包所需的功能；

-v　显示附加信息；

-vv　显示调试信息。

例：查询系统是否安装 logrotate 软件。

```
[root@localhost ~]# rpm -q logrotate
logrotate-3.8.6-15.el7.x86_64 //说明已经安装了此软件
```

例：找出 logrotate 软件提供的所有目录和文件。

```
[root@localhost ~]# rpm -ql logrotate
/etc/cron.daily/logrotate
/etc/logrotate.conf
/etc/logrotate.d
/etc/rwtab.d/logrotate
/usr/sbin/logrotate
/usr/share/doc/logrotate-3.8.6
/usr/share/doc/logrotate-3.8.6/CHANGES
/usr/share/doc/logrotate-3.8.6/COPYING
/usr/share/man/man5/logrotate.conf.5.gz
/usr/share/man/man8/logrotate.8.gz
/var/lib/logrotate
/var/lib/logrotate/logrotate.status
```

例：找出 logrotate 软件的相关说明数据，如图 6-2 所示。

例：找出 logrotate 软件的设置文件。

```
[root@localhost ~]# rpm -qc logrotate
/etc/cron.daily/logrotate
/etc/logrotate.conf
/etc/rwtab.d/logrotate
```

5. 校验已安装的软件包

语法：

```
rpm -V / --verify / -y options pkg1 ... pkgN
```

```
[root@localhost qiang]# rpm -qi logrotate
Name        : logrotate
Version     : 3.8.6
Release     : 15.el7
Architecture: x86_64
Install Date: 2018年12月04日 星期二 15时31分43秒
Group       : System Environment/Base
Size        : 106988
License     : GPL+
Signature   : RSA/SHA256, 2018年04月25日 星期三 19时25分49秒, Key ID 24c6a8a7f4a80eb5
Source RPM  : logrotate-3.8.6-15.el7.src.rpm
Build Date  : 2018年04月11日 星期三 08时51分42秒
Build Host  : x86-01.bsys.centos.org
Relocations : (not relocatable)
Packager    : CentOS BuildSystem <http://bugs.centos.org>
Vendor      : CentOS
URL         : https://github.com/logrotate/logrotate
Summary     : Rotates, compresses, removes and mails system log files
Description :
The logrotate utility is designed to simplify the administration of
log files on a system which generates a lot of log files. Logrotate
allows for the automatic rotation compression, removal and mailing of
log files. Logrotate can be set to handle a log file daily, weekly,
monthly or when the log file gets to a certain size. Normally,
logrotate runs as a daily cron job.

Install the logrotate package if you need a utility to deal with the
log files on your system.
```

图6-2　logrotate软件的相关说明数据

参数：

pkg1 ... pkgN　将要校验的软件包名。

常用的选项：

-p　后面接的是文件名，列出该软件内可能被改动过的文件；

-f　软件包里的某个文件是否被修改过；

-a　列出所有的软件包里可能被改动过的文件；

-g　校验所有属于组的软件包；

-v　显示附加信息；

-vv　显示调试信息；

--noscripts　不运行校验脚本；

--nodeps　不校验依赖性；

--nofiles　不校验文件属性。

例：验证软件 logrotate 是否被改动过，没有任何信息出现则说明没有被修改过。

```
[root@localhost ~]# rpm -V logrotate        //没有信息则说明没有改动过
```

例：验证文件/et/logrotate.conf 是否有被修改过，如果有修改过则会显示详细信息，如下所示。

```
[root@localhost etc]# rpm -Vf logrotate.conf
S.5....T.  c /etc/logrotate.conf            //显示修改过后的信息
```

在文件名前有个 S，还有其他符号和文字，其中，c 代表设置文件，还会出现一些其他符号，具体含义如下。

- S：文件的容量大小是否被改变。
- M：文件的类型或文件的属性（rwx）是否被改变，如是否可执行等参数已被改变。
- 5：MD5 指纹码的内容已经不同。
- D：设备的主/次代码已经改变。
- L：Link 路径已被改变。
- U：文件的属主已被改变。

- G：文件的属组已被改变。
- T：文件的创建时间已被改变。

后面的 c 代表的是设置文件，表示文件类型的参数含义如下所示。
- c：设置文件。
- d：文档。
- g："鬼"文件，通常是该文件不被某个软件包含，较少发生。
- l：授权文件。
- r：自诉文件。

6. 校验软件包中的文件

语法：

```
rpm -K/ --checksig options file1.rpm ... fileN.rpm
```

参数：

file1.rpm ... fileN.rpm 软件包的文件名

常用的选项：

-v 显示附加信息；

-vv 显示调试信息。

例：验证软件包 java-1.7.0-openjdk 的 md5、pgp 等信息是否有被修改过，若无修改则显示图 6-3 所示信息。

```
[root@bogon qiang]# rpm -K java-1.7.0-openjdk-1.7.0.171-2.6.13.2.el7.x86_64.rpm
java-1.7.0-openjdk-1.7.0.171-2.6.13.2.el7.x86_64.rpm: rsa sha1 (md5) pgp md5 确定
```

图6-3 验证软件包java-1.7.0-openjdk

7. 其他 RPM 选项

--rebuilddb 重建 RPM 资料库；

--initdb 创建一个新的 RPM 资料库；

--quiet 尽可能地减少输出；

--help 显示帮助文件；

--version 显示 RPM 的当前版本。

6.2 YUM

YUM 全称为 Yellow dog Updater Modified，是一个在 Fedora、Red Hat 和 SUSE 中的 Shell 前端软件包管理器。YUM 客户端基于 RPM 包进行管理，可以通过 HTTP 服务器下载、FTP 服务器下载、本地软件池等方式获得软件包，可以从指定的服务器自动下载 RPM 包并且安装，可以自动处理依赖性关系，并且一次安装所有依赖的软件包，无须烦琐地一次次下载、安装。使用 YUM 进行 RPM 包的管理，非常简单方便，接下来就详细介绍这个工具。

6.2.1 yum 查询

命令格式：

yum 选项 查询工作项目 相关参数

选项：

-y 自动应答 yes。

"查询工作项目"和"相关参数"的参数如下。

search：搜索某个软件名称或者描述的关键字。

list：列出 yum 管理的所有软件名称和版本，类似于"rpm -qa"。

info：列出 yum 管理的所有软件名称和版本，类似于"rpm -qai"。

provides：从文件去搜索软件，类似于"rpm –qf"。

例：搜索 raid 相关的软件，如图 6-4 所示。

```
[root@bogon ~]# yum search raid
已加载插件: fastestmirror, langpacks
Loading mirror speeds from cached hostfile
 * base: mirrors.tuna.tsinghua.edu.cn
 * extras: mirrors.tuna.tsinghua.edu.cn
 * updates: mirrors.njupt.edu.cn
=========================== N/S matched: raid ===========================
dmraid.i686 : dmraid (Device-mapper RAID tool and library)
dmraid.x86_64 : dmraid (Device-mapper RAID tool and library)
dmraid-devel.x86_64 : Development libraries and headers for dmraid.
dmraid-events-logwatch.x86_64 : dmraid logwatch-based email reporting
libblockdev-mdraid.x86_64 : The MD RAID plugin for the libblockdev library
libblockdev-mdraid.i686 : The MD RAID plugin for the libblockdev library
libblockdev-mdraid-devel.i686 : Development files for the libblockdev-mdraid plugin/library
libblockdev-mdraid-devel.x86_64 : Development files for the libblockdev-mdraid plugin/library
libstoragemgmt-megaraid-plugin.noarch : Files for LSI MegaRAID support for libstoragemgmt
libdevent-events.x86_64 : dmevent_tool (Device-mapper event tool) and DSO
iprutils.x86_64 : Utilities for the IBM Power Linux RAID adapters
mdadm.x86_64 : The mdadm program controls Linux md devices (software RAID arrays)

  名称和简介匹配 only, 使用"search all"试试。
```

图6-4　搜索raid相关的软件

例：列出 yum 服务器上提供的所有软件：yum list，如图 6-5 所示。

```
已加载插件: fastestmirror, langpacks
Loading mirror speeds from cached hostfile
 * base: mirrors.tuna.tsinghua.edu.cn
 * extras: mirrors.tuna.tsinghua.edu.cn
 * updates: mirrors.njupt.edu.cn
已安装的软件包
GConf2.x86_64                              3.2.6-8.el7              @anaconda
GeoIP.x86_64                               1.5.0-11.el7             @anaconda
ModemManager.x86_64                        1.6.10-1.el7             @anaconda
ModemManager-glib.x86_64                   1.6.10-1.el7             @anaconda
NetworkManager.x86_64                      1:1.10.2-13.el7          @anaconda
NetworkManager-adsl.x86_64                 1:1.10.2-13.el7          @anaconda
NetworkManager-glib.x86_64                 1:1.10.2-13.el7          @anaconda
NetworkManager-libnm.x86_64                1:1.10.2-13.el7          @anaconda
NetworkManager-libreswan.x86_64            1.2.4-2.el7              @anaconda
NetworkManager-libreswan-gnome.x86_64      1.2.4-2.el7              @anaconda
NetworkManager-ppp.x86_64                  1:1.10.2-13.el7          @anaconda
NetworkManager-team.x86_64                 1:1.10.2-13.el7          @anaconda
NetworkManager-tui.x86_64                  1:1.10.2-13.el7          @anaconda
NetworkManager-wifi.x86_64                 1:1.10.2-13.el7          @anaconda
OpenEXR-libs.x86_64                        1.7.1-7.el7              @anaconda
PackageKit.x86_64                          1.1.5-1.el7.centos       @anaconda
PackageKit-command-not-found.x86_64        1.1.5-1.el7.centos       @anaconda
PackageKit-glib.x86_64                     1.1.5-1.el7.centos       @anaconda
PackageKit-gstreamer-plugin.x86_64         1.1.5-1.el7.centos       @anaconda
PackageKit-gtk3-module.x86_64              1.1.5-1.el7.centos       @anaconda
PackageKit-yum.x86_64                      1.1.5-1.el7.centos       @anaconda
PyQt4.x86_64                               4.10.1-13.el7            @anaconda
PyYAML.x86_64                              3.10-11.el7              @anaconda
abattis-cantarell-fonts.noarch             0.0.25-1.el7             @anaconda
abrt.x86_64                                2.1.11-50.el7.centos     @anaconda
abrt-addon-ccpp.x86_64                     2.1.11-50.el7.centos     @anaconda
abrt-addon-kerneloops.x86_64               2.1.11-50.el7.centos     @anaconda
abrt-addon-pstoreoops.x86_64               2.1.11-50.el7.centos     @anaconda
abrt-addon-python.x86_64                   2.1.11-50.el7.centos     @anaconda
abrt-addon-vmcore.x86_64                   2.1.11-50.el7.centos     @anaconda
abrt-addon-xorg.x86_64                     2.1.11-50.el7.centos     @anaconda
```

图6-5　列出yum服务器上提供的所有软件

例：列出目前服务器上所有可升级的软件：yum list updates，如图 6-6 所示。

例：列出提供 passwd 文件的软件有哪些，如图 6-7 所示。

```
已加载插件: fastestmirror, langpacks
Loading mirror speeds from cached hostfile
 * base: mirrors.tuna.tsinghua.edu.cn
 * extras: mirrors.tuna.tsinghua.edu.cn
 * updates: mirrors.njupt.edu.cn
更新的软件包
GeoIP.x86_64                              1.5.0-13.el7              base
NetworkManager.x86_64                     1:1.12.0-8.el7_6          updates
NetworkManager-adsl.x86_64                1:1.12.0-8.el7_6          updates
NetworkManager-glib.x86_64                1:1.12.0-8.el7_6          updates
NetworkManager-libnm.x86_64               1:1.12.0-8.el7_6          updates
NetworkManager-ppp.x86_64                 1:1.12.0-8.el7_6          updates
NetworkManager-team.x86_64                1:1.12.0-8.el7_6          updates
NetworkManager-tui.x86_64                 1:1.12.0-8.el7_6          updates
NetworkManager-wifi.x86_64                1:1.12.0-8.el7_6          updates
PackageKit.x86_64                         1.1.10-1.el7.centos       base
PackageKit-command-not-found.x86_64       1.1.10-1.el7.centos       base
PackageKit-glib.x86_64                    1.1.10-1.el7.centos       base
PackageKit-gstreamer-plugin.x86_64        1.1.10-1.el7.centos       base
PackageKit-gtk3-module.x86_64             1.1.10-1.el7.centos       base
PackageKit-yum.x86_64                     1.1.10-1.el7.centos       base
abrt.x86_64                               2.1.11-52.el7.centos      base
abrt-addon-ccpp.x86_64                    2.1.11-52.el7.centos      base
abrt-addon-kerneloops.x86_64              2.1.11-52.el7.centos      base
abrt-addon-pstoreoops.x86_64              2.1.11-52.el7.centos      base
abrt-addon-python.x86_64                  2.1.11-52.el7.centos      base
abrt-addon-vmcore.x86_64                  2.1.11-52.el7.centos      base
abrt-addon-xorg.x86_64                    2.1.11-52.el7.centos      base
abrt-cli.x86_64                           2.1.11-52.el7.centos      base
abrt-console-notification.x86_64          2.1.11-52.el7.centos      base
abrt-dbus.x86_64                          2.1.11-52.el7.centos      base
abrt-desktop.x86_64                       2.1.11-52.el7.centos      base
abrt-gui.x86_64                           2.1.11-52.el7.centos      base
abrt-gui-libs.x86_64                      2.1.11-52.el7.centos      base
abrt-libs.x86_64                          2.1.11-52.el7.centos      base
abrt-python.x86_64                        2.1.11-52.el7.centos      base
abrt-retrace-client.x86_64                2.1.11-52.el7.centos      base
:
```

图6-6 列出目前服务器上所有可升级的软件

```
[root@bogon ~]# yum provides passwd
已加载插件: fastestmirror, langpacks
Loading mirror speeds from cached hostfile
 * base: mirrors.tuna.tsinghua.edu.cn
 * extras: mirrors.tuna.tsinghua.edu.cn
 * updates: mirrors.njupt.edu.cn
passwd-0.79-4.el7.x86_64 : An utility for setting or changing passwords using PAM
源       : base

passwd-0.79-4.el7.x86_64 : An utility for setting or changing passwords using PAM
源       : @anaconda
```

图6-7 列出提供passwd文件的软件

6.2.2 yum 安装/升级

命令格式：

```
yum install/update 参数
```

常用的参数：

install　后面接要安装的软件；

update　后面接要升级的软件，不带软件名字则升级整个系统的软件。

例：安装软件 abrt-addon-ccpp，yum 会自动处理依赖问题、安装好依赖并且显示出来，如果不加-y 参数，则会提示确认，如图 6-8 所示。

```
[root@bogon ~]# yum install abrt-addon-ccpp
已加载插件: fastestmirror, langpacks
Loading mirror speeds from cached hostfile
 * base: mirrors.tuna.tsinghua.edu.cn
 * extras: mirrors.tuna.tsinghua.edu.cn
 * updates: mirrors.njupt.edu.cn
正在解决依赖关系
--> 正在检查事务
---> 软件包 abrt-addon-ccpp.x86_64.0.2.1.11-50.el7.centos 将被 升级
---> 软件包 abrt-addon-ccpp.x86_64.0.2.1.11-52.el7.centos 将被 更新
--> 正在处理依赖关系 abrt-libs = 2.1.11-52.el7.centos, 它被软件包 abrt-addon-ccpp-2.1.11-52.el7.centos.x86_64 需要
--> 正在处理依赖关系 abrt = 2.1.11-52.el7.centos, 它被软件包 abrt-addon-ccpp-2.1.11-52.el7.centos.x86_64 需要
--> 正在检查事务
---> 软件包 abrt.x86_64.0.2.1.11-50.el7.centos 将被 升级
--> 正在处理依赖关系 abrt = 2.1.11-50.el7.centos, 它被软件包 abrt-addon-pstoreoops-2.1.11-50.el7.centos.x86_64 需要
--> 正在处理依赖关系 abrt = 2.1.11-50.el7.centos, 它被软件包 abrt-cli-2.1.11-50.el7.centos.x86_64 需要
--> 正在处理依赖关系 abrt = 2.1.11-50.el7.centos, 它被软件包 abrt-dbus-2.1.11-50.el7.centos.x86_64 需要
--> 正在处理依赖关系 abrt = 2.1.11-50.el7.centos, 它被软件包 abrt-addon-python-2.1.11-50.el7.centos.x86_64 需要
--> 正在处理依赖关系 abrt = 2.1.11-50.el7.centos, 它被软件包 abrt-desktop-2.1.11-50.el7.centos.x86_64 需要
--> 正在处理依赖关系 abrt = 2.1.11-50.el7.centos, 它被软件包 abrt-retrace-client-2.1.11-50.el7.centos.x86_64 需要
--> 正在处理依赖关系 abrt = 2.1.11-50.el7.centos, 它被软件包 abrt-addon-kerneloops-2.1.11-50.el7.centos.x86_64 需要
--> 正在处理依赖关系 abrt = 2.1.11-50.el7.centos, 它被软件包 abrt-python-2.1.11-50.el7.centos.x86_64 需要
```

图6-8 安装软件abrt-addon-ccpp

```
--> 正在处理依赖关系 abrt = 2.1.11-50.el7.centos, 它被软件包 abrt-console-notification-2.1.11-50.el7.centos.x86_64 需要
--> 正在处理依赖关系 abrt = 2.1.11-50.el7.centos, 它被软件包 abrt-addon-vmcore-2.1.11-50.el7.centos.x86_64 需要
--> 正在处理依赖关系 abrt = 2.1.11-50.el7.centos, 它被软件包 abrt-gui-2.1.11-50.el7.centos.x86_64 需要
--> 正在处理依赖关系 abrt = 2.1.11-50.el7.centos, 它被软件包 abrt-tui-2.1.11-50.el7.centos.x86_64 需要
--> 正在处理依赖关系 abrt = 2.1.11-50.el7.centos, 它被软件包 abrt-addon-xorg-2.1.11-50.el7.centos.x86_64 需要
---> 软件包 abrt.x86_64.0.2.1.11-52.el7.centos 将被 更新
--> 正在处理依赖关系 sos >= 3.6, 它被软件包 abrt-2.1.11-52.el7.centos.x86_64 需要
--> 正在处理依赖关系 libreport-plugin-ureport >= 2.1.11-42, 它被软件包 abrt-2.1.11-52.el7.centos.x86_64 需要
--> 正在处理依赖关系 libreport >= 2.1.11-42, 它被软件包 abrt-2.1.11-52.el7.centos.x86_64 需要
---> 软件包 abrt-libs.x86_64.0.2.1.11-50.el7.centos 将被 升级
---> 软件包 abrt-libs.x86_64.0.2.1.11-50.el7.centos 将被 更新
--> 正在检查事务
---> 软件包 abrt-addon-kerneloops.x86_64.0.2.1.11-50.el7.centos 将被 升级
---> 软件包 abrt-addon-kerneloops.x86_64.0.2.1.11-52.el7.centos 将被 更新
---> 软件包 abrt-addon-pstoreoops.x86_64.0.2.1.11-50.el7.centos 将被 升级

abrt-addon-xorg                  x86_64    2.1.11-52.el7.centos    base       97 k
abrt-cli                         x86_64    2.1.11-52.el7.centos    base       87 k
abrt-console-notification        x86_64    2.1.11-52.el7.centos    base       89 k
abrt-dbus                        x86_64    2.1.11-52.el7.centos    base      121 k
abrt-desktop                     x86_64    2.1.11-52.el7.centos    base       87 k
abrt-gui                         x86_64    2.1.11-52.el7.centos    base      190 k
abrt-gui-libs                    x86_64    2.1.11-52.el7.centos    base       95 k
abrt-libs                        x86_64    2.1.11-52.el7.centos    base      109 k
abrt-python                      x86_64    2.1.11-52.el7.centos    base      109 k
abrt-retrace-client              x86_64    2.1.11-52.el7.centos    base      122 k
abrt-tui                         x86_64    2.1.11-52.el7.centos    base      100 k
libreport                        x86_64    2.1.11-42.el7.centos    base      455 k
libreport-anaconda               x86_64    2.1.11-42.el7.centos    base       49 k
libreport-centos                 x86_64    2.1.11-42.el7.centos    base       50 k
libreport-cli                    x86_64    2.1.11-42.el7.centos    base       52 k
libreport-filesystem             x86_64    2.1.11-42.el7.centos    base       39 k
libreport-gtk                    x86_64    2.1.11-42.el7.centos    base      100 k
libreport-plugin-bugzilla        x86_64    2.1.11-42.el7.centos    base       88 k
libreport-plugin-mailx           x86_64    2.1.11-42.el7.centos    base       66 k
libreport-plugin-mantisbt        x86_64    2.1.11-42.el7.centos    base       71 k
libreport-plugin-reportuploader  x86_64    2.1.11-42.el7.centos    base       64 k
libreport-plugin-rhtsupport      x86_64    2.1.11-42.el7.centos    base       78 k
libreport-plugin-ureport         x86_64    2.1.11-42.el7.centos    base       57 k
libreport-python                 x86_64    2.1.11-42.el7.centos    base       69 k
libreport-rhel-anaconda-bugzilla x86_64    2.1.11-42.el7.centos    base       41 k
libreport-web                    x86_64    2.1.11-42.el7.centos    base       56 k
sos                              noarch    3.6-11.el7.centos       updates   465 k

事务概要
===========================================================================================
安装    ( 1 依赖软件包)
升级    1 软件包 (+32 依赖软件包)

总计: 4.1 M
Is this ok [y/d/N]:

作为依赖被安装:
  python2-futures.noarch 0:3.1.1-5.el7

更新完毕:
  abrt-addon-ccpp.x86_64 0:2.1.11-52.el7.centos

作为依赖被升级:
  abrt.x86_64 0:2.1.11-52.el7.centos                 abrt-addon-kerneloops.x86_64 0:2.1.11-52.el7.centos
  abrt-addon-pstoreoops.x86_64 0:2.1.11-52.el7.centos abrt-addon-python.x86_64 0:2.1.11-52.el7.centos
  abrt-addon-vmcore.x86_64 0:2.1.11-52.el7.centos    abrt-addon-xorg.x86_64 0:2.1.11-52.el7.centos
  abrt-cli.x86_64 0:2.1.11-52.el7.centos             abrt-console-notification.x86_64 0:2.1.11-52.el7.centos
  abrt-dbus.x86_64 0:2.1.11-52.el7.centos            abrt-desktop.x86_64 0:2.1.11-52.el7.centos
  abrt-gui.x86_64 0:2.1.11-52.el7.centos             abrt-gui-libs.x86_64 0:2.1.11-52.el7.centos
  abrt-libs.x86_64 0:2.1.11-52.el7.centos            abrt-python.x86_64 0:2.1.11-52.el7.centos
  abrt-retrace-client.x86_64 0:2.1.11-52.el7.centos  abrt-tui.x86_64 0:2.1.11-52.el7.centos
  libreport.x86_64 0:2.1.11-42.el7.centos            libreport-anaconda.x86_64 0:2.1.11-42.el7.centos
  libreport-centos.x86_64 0:2.1.11-42.el7.centos     libreport-cli.x86_64 0:2.1.11-42.el7.centos
  libreport-filesystem.x86_64 0:2.1.11-42.el7.centos libreport-gtk.x86_64 0:2.1.11-42.el7.centos
  libreport-plugin-bugzilla.x86_64 0:2.1.11-42.el7.centos libreport-plugin-mailx.x86_64 0:2.1.11-42.el7.centos
  libreport-plugin-mantisbt.x86_64 0:2.1.11-42.el7.centos libreport-plugin-reportuploader.x86_64 0:2.1.11-42.el7.centos
  libreport-plugin-rhtsupport.x86_64 0:2.1.11-42.el7.centos libreport-plugin-ureport.x86_64 0:2.1.11-42.el7.centos
  libreport-python.x86_64 0:2.1.11-42.el7.centos     libreport-rhel-anaconda-bugzilla.x86_64 0:2.1.11-42.el7.centos
  libreport-web.x86_64 0:2.1.11-42.el7.centos        sos.noarch 0:3.6-11.el7.centos

完毕!
```

图6-8 安装软件abrt-addon-ccpp（续）

6.2.3 yum 删除

命令格式：

yum remove 参数

例：删除软件 abrt-addon-ccpp，如图 6-9 所示。

```
[root@bogon ~]# yum remove abrt-addon-ccpp
已加载插件: fastestmirror, langpacks
正在解决依赖关系
--> 正在检查事务
---> 软件包 abrt-addon-ccpp.x86_64.0.2.1.11-52.el7.centos 将被 删除
--> 正在处理依赖关系 abrt-addon-ccpp, 它被软件包 abrt-cli-2.1.11-52.el7.centos.x86_64 需要
--> 正在处理依赖关系 abrt-addon-ccpp, 它被软件包 abrt-desktop-2.1.11-52.el7.centos.x86_64 需要
--> 正在检查事务
---> 软件包 abrt-cli.x86_64.0.2.1.11-52.el7.centos 将被 删除
--> 正在处理依赖关系 abrt-cli = 2.1.11-52.el7.centos, 它被软件包 abrt-console-notification-2.1.11-52.el7.centos.x86_64 需要
---> 软件包 abrt-desktop.x86_64.0.2.1.11-52.el7.centos 将被 删除
--> 正在检查事务
---> 软件包 abrt-console-notification.x86_64.0.2.1.11-52.el7.centos 将被 删除
--> 解决依赖关系完成
依赖关系解决
```

图6-9 删除软件abrt-addon-ccpp

```
===============================================================================================================
 Package                          架构            版本                        源               大小
===============================================================================================================
正在删除:
 abrt-addon-ccpp                  x86_64         2.1.11-52.el7.centos        @base           344 k
为依赖而移除:
 abrt-cli                         x86_64         2.1.11-52.el7.centos        @base           0.0
 abrt-console-notification        x86_64         2.1.11-52.el7.centos        @base           1.3 k
 abrt-desktop                     x86_64         2.1.11-52.el7.centos        @base           0.0

事务概要
===============================================================================================================
移除  1 软件包 (+3 依赖软件包)

安装大小: 346 k
是否继续? [y/N]:
```

图6-9　删除软件abrt-addon-ccpp（续）

6.2.4　yum 清除缓存

命令格式：

yum clean　选项　参数

常用的选项：

packages　清除缓存目录下的软件包；

headers　清除缓存目录下的 headers；

oldheaders　清除缓存目录下旧的 headers。

6.2.5　yum 配置文件

虽然主机能够链接联网就可以使用 yum，但是下载路径会不稳定，下载速度也可能不尽理想，这时候可以通过更改、配置镜像地址来建立稳定的下载和更新，具体通过修改/etc/yum.repos.d/CentOS-Base.repo 配置文件实现，如图 6-10 所示。

```
[root@localhost ~]# vi /etc/yum.repos.d/CentOS-Base.repo
```

```
# CentOS-Base.repo
#
# The mirror system uses the connecting IP address of the client and the
# update status of each mirror to pick mirrors that are updated to and
# geographically close to the client.  You should use this for CentOS updates
# unless you are manually picking other mirrors.
#
# If the mirrorlist= does not work for you, as a fall back you can try the
# remarked out baseurl= line instead.
#
#

[base]
name=CentOS-$releasever - Base
mirrorlist=http://mirrorlist.centos.org/?release=$releasever&arch=$basearch&repo=os&infra=$infra
#baseurl=http://mirror.centos.org/centos/$releasever/os/$basearch/
gpgcheck=1
gpgkey=file:///etc/pki/rpm-gpg/RPM-GPG-KEY-CentOS-7

#released updates
[updates]
name=CentOS-$releasever - Updates
mirrorlist=http://mirrorlist.centos.org/?release=$releasever&arch=$basearch&repo=updates&infra=$infra
#baseurl=http://mirror.centos.org/centos/$releasever/updates/$basearch/
gpgcheck=1
gpgkey=file:///etc/pki/rpm-gpg/RPM-GPG-KEY-CentOS-7

#additional packages that may be useful
[extras]
name=CentOS-$releasever - Extras
mirrorlist=http://mirrorlist.centos.org/?release=$releasever&arch=$basearch&repo=extras&infra=$infra
#baseurl=http://mirror.centos.org/centos/$releasever/extras/$basearch/
gpgcheck=1
gpgkey=file:///etc/pki/rpm-gpg/RPM-GPG-KEY-CentOS-7

#additional packages that extend functionality of existing packages
[centosplus]
"CentOS-Base.repo" 44L, 1664C
```

图6-10　修改/etc/yum.repos.d/CentOS-Base.repo配置文件

文件中的关键信息含义如下。

- [base]：代表容器的名字！中括号一定要有，里面的名称可以随意，但是不能有两个相同的容器名称，否则 yum 会不知道该去哪里寻找容器相关软件清单文件。

- name：说明一下容器的意义。
- mirrorlist=：列出容器可以使用的映射站台，如果不想使用，可以注释掉这行。
- baseurl=：这个最重要，因为后面接的是容器的实际网址。mirrorlist 是由 yum 程序自行捕捉映射站台，baseurl 则是指定一个固定的容器网址。
- enable=1：让容器启动；如果不想启动，可以使用 enable=0。
- gpgcheck=1：指定是否需要查阅 RPM 文件内的数字签章。
- gpgkey=：数字签章的公钥文件所在位置！使用默认值即可。

网易的镜像是国内优秀的开源镜像之一，下面以此为例来配置。

```
[root@localhost ~]#vi /etc/yum.repos.d/CentOS-Base.repo
```

修改 baseurl 和 gpgkey 即可，如下所示：

```
baseurl=http://mirrors.163.com/centos/$releasever/os/$basearch/
gpgkey=http://mirrors.163.com/centos/RPM-GPG-KEY-CentOS-7
```

修改后之前的缓存就没有用了，可以用命令“yum clean all”来清除缓存，以免造成后面的软件更新发生异常。命令“yum repolist all”可以查看当前使用的所有容器，只有启用了的容器才生效，如图 6-11 所示。

```
[root@bogon yum.repos.d]# yum repolist all
已加载插件：fastestmirror, langpacks
Loading mirror speeds from cached hostfile
 * base: mirrors.tuna.tsinghua.edu.cn
 * extras: mirrors.tuna.tsinghua.edu.cn
 * updates: mirrors.njupt.edu.cn
源标识                              源名称                            状态
C7.0.1406-base/x86_64               CentOS-7.0.1406 - Base            禁用
C7.0.1406-centosplus/x86_64         CentOS-7.0.1406 - CentOSPlus      禁用
C7.0.1406-extras/x86_64             CentOS-7.0.1406 - Extras          禁用
C7.0.1406-fasttrack/x86_64          CentOS-7.0.1406 - CentOSPlus      禁用
C7.0.1406-updates/x86_64            CentOS-7.0.1406 - Updates         禁用
C7.1.1503-base/x86_64               CentOS-7.1.1503 - Base            禁用
C7.1.1503-centosplus/x86_64         CentOS-7.1.1503 - CentOSPlus      禁用
C7.1.1503-extras/x86_64             CentOS-7.1.1503 - Extras          禁用
C7.1.1503-fasttrack/x86_64          CentOS-7.1.1503 - CentOSPlus      禁用
C7.1.1503-updates/x86_64            CentOS-7.1.1503 - Updates         禁用
C7.2.1511-base/x86_64               CentOS-7.2.1511 - Base            禁用
C7.2.1511-centosplus/x86_64         CentOS-7.2.1511 - CentOSPlus      禁用
C7.2.1511-extras/x86_64             CentOS-7.2.1511 - Extras          禁用
C7.2.1511-fasttrack/x86_64          CentOS-7.2.1511 - CentOSPlus      禁用
C7.2.1511-updates/x86_64            CentOS-7.2.1511 - Updates         禁用
C7.3.1611-base/x86_64               CentOS-7.3.1611 - Base            禁用
C7.3.1611-centosplus/x86_64         CentOS-7.3.1611 - CentOSPlus      禁用
C7.3.1611-extras/x86_64             CentOS-7.3.1611 - Extras          禁用
C7.3.1611-fasttrack/x86_64          CentOS-7.3.1611 - CentOSPlus      禁用
C7.3.1611-updates/x86_64            CentOS-7.3.1611 - Updates         禁用
C7.4.1708-base/x86_64               CentOS-7.4.1708 - Base            禁用
C7.4.1708-centosplus/x86_64         CentOS-7.4.1708 - CentOSPlus      禁用
C7.4.1708-extras/x86_64             CentOS-7.4.1708 - Extras          禁用
C7.4.1708-fasttrack/x86_64          CentOS-7.4.1708 - CentOSPlus      禁用
C7.4.1708-updates/x86_64            CentOS-7.4.1708 - Updates         禁用
base/7/x86_64                       CentOS-7 - Base                   启用:
base-debuginfo/x86_64               CentOS-7 - Debuginfo              禁用
base-source/7                       CentOS-7 - Base Sources           禁用
c7-media                            CentOS-7 - Media                  禁用
```

图6-11　查看当前使用的所有容器

yum 安装的优点：安装方便快捷，不用考虑包依赖。

yum 安装的缺点：安装过程人为无法干预，不能按需安装；yum 源里面有什么就安装什么，安装的版本也比较低。

6.3 源码安装

源码安装是使用源码包安装软件，即使用程序软件的源代码（一般也叫 Tarball，是软件的源码以 tar 打包后再压缩的资源包安装）。现在大多数版本的 Linux 操作系统都支持各种各样的软件管理工具（如 RPM），可以大大简化软件安装过程。虽然用源代码进行软件安装的过程会相对复杂得多,但是懂得如何在 Linux 下直接使用源代码安装软件还是非常重要的,其至今仍然是进行软件安装的重要手段,亦是运行 Linux 系统的优势所在。

使用源代码安装软件的优点如下。

- 可以获得最新的软件版本,及时修复 bug。
- 可以根据用户需要,灵活定制软件功能。

源码安装的基本过程如下。

(1)解包——tar:解包、释放出源代码文件。

(2)配置——./configure:针对当前系统、软件环境,配置好安装参数。

(3)编译——make:将源代码文件变为二进制的可执行程序。

(4)安装——make install:将编译好的程序文件复制到系统中。

源代码需要经过 gcc(GNU C Compiler)编译器的编译后才能连接成可执行文件,所以需要先检查系统是否已经正确安装并配置了 gcc。

例:检查系统是否安装 gcc 软件包的命令如下,在没有安装软件包的时候会如下提示。

```
[root@localhost ~]# rpm -q gcc
未安装软件包 gcc
```

例:如果系统没有安装 gcc,可以执行如下命令安装,安装过程如图 6-12 所示。

```
[root@localhost ~]#yum -y install gcc gcc-c++ kernel-devel
                                     //安装gcc、c++编译器以及内核文件
```

```
[root@localhost ~]# yum -y install gcc gcc-c++ kernel-devel
已加载插件: fastestmirror, langpacks
Loading mirror speeds from cached hostfile
 * base: mirrors.tuna.tsinghua.edu.cn
 * extras: mirrors.tuna.tsinghua.edu.cn
 * updates: mirrors.tuna.tsinghua.edu.cn
正在解决依赖关系
--> 正在检查事务
---> 软件包 gcc.x86_64.0.4.8.5-36.el7 将被 安装
--> 正在处理依赖关系 libgomp = 4.8.5-36.el7,它被软件包 gcc-4.8.5-36.el7.x86_64 需要
--> 正在处理依赖关系 cpp = 4.8.5-36.el7,它被软件包 gcc-4.8.5-36.el7.x86_64 需要
--> 正在处理依赖关系 libgcc >= 4.8.5-36.el7,它被软件包 gcc-4.8.5-36.el7.x86_64 需要
--> 正在处理依赖关系 glibc-devel >= 2.2.90-12,它被软件包 gcc-4.8.5-36.el7.x86_64 需要
---> 软件包 gcc-c++.x86_64.0.4.8.5-36.el7 将被 安装
--> 正在处理依赖关系 libstdc++-devel = 4.8.5-36.el7,它被软件包 gcc-c++-4.8.5-36.el7.x86_64 需要
--> 正在处理依赖关系 libstdc++ = 4.8.5-36.el7,它被软件包 gcc-c++-4.8.5-36.el7.x86_64 需要
---> 软件包 kernel-devel.x86_64.0.3.10.0-957.1.3.el7 将被 安装
--> 正在检查事务
---> 软件包 cpp.x86_64.0.4.8.5-28.el7 将被 升级
---> 软件包 cpp.x86_64.0.4.8.5-36.el7 将被 更新
---> 软件包 glibc-devel.x86_64.0.2.17-260.el7 将被 安装
--> 正在处理依赖关系 glibc-headers = 2.17-260.el7,它被软件包 glibc-devel-2.17-260.el7.x86_64 需要
--> 正在处理依赖关系 glibc = 2.17-260.el7,它被软件包 glibc-devel-2.17-260.el7.x86_64 需要
--> 正在处理依赖关系 glibc-headers,它被软件包 glibc-devel-2.17-260.el7.x86_64 需要
---> 软件包 libgcc.x86_64.0.4.8.5-28.el7 将被 升级
---> 软件包 libgcc.x86_64.0.4.8.5-36.el7 将被 更新
---> 软件包 libgomp.x86_64.0.4.8.5-28.el7 将被 升级
---> 软件包 libgomp.x86_64.0.4.8.5-36.el7 将被 更新
---> 软件包 libstdc++.x86_64.0.4.8.5-28.el7 将被 升级
---> 软件包 libstdc++.x86_64.0.4.8.5-36.el7 将被 更新
---> 软件包 libstdc++-devel.x86_64.0.4.8.5-36.el7 将被 安装
--> 正在检查事务
---> 软件包 glibc.x86_64.0.2.17-222.el7 将被 升级
--> 正在处理依赖关系 glibc = 2.17-222.el7,它被软件包 glibc-common-2.17-222.el7.x86_64 需要
---> 软件包 glibc.x86_64.0.2.17-260.el7 将被 更新
---> 软件包 glibc-headers.x86_64.0.2.17-260.el7 将被 安装
--> 正在处理依赖关系 kernel-headers >= 2.2.1,它被软件包 glibc-headers-2.17-260.el7.x86_64 需要
---> 软件包 glibc-headers.x86_64.0.2.17.1/-260.el7 将被 安装
--> 正在处理依赖关系 kernel-headers >= 2.2.1,它被软件包 glibc-headers-2.17-260.el7.x86_64 需要
---> 软件包 glibc-headers.x86_64.0.2.17-260.el7,它被软件包 glibc-headers-2.17-260.el7.x86_64 需要
--> 正在检查事务
---> 软件包 glibc-common.x86_64.0.2.17-222.el7 将被 升级
---> 软件包 glibc-common.x86_64.0.2.17-260.el7 将被 更新
---> 软件包 kernel-headers.x86_64.0.3.10.0-957.1.3.el7 将被 安装
--> 解决依赖关系完成

依赖关系解决

================================================================================
 Package           架构       版本                   源         大小
================================================================================
正在安装:
 gcc               x86_64     4.8.5-36.el7           base       16 M
 gcc-c++           x86_64     4.8.5-36.el7           base       7.2 M
 kernel-devel      x86_64     3.10.0-957.1.3.el7     updates    17 M
为依赖而安装:
 glibc-devel       x86_64     2.17-260.el7           base       1.1 M
 glibc-headers     x86_64     2.17-260.el7           base       683 k
```

图6-12 安装gcc软件包

```
kernel-headers                    x86_64      3.10.0-957.1.3.el7           updates      8.0 M
    libstdc++-devel               x86_64      4.8.5-36.el7                 base         1.5 M
为依赖而更新:
    cpp                           x86_64      4.8.5-36.el7                 base         5.9 M
    glibc                         x86_64      2.17-260.el7                 base         3.6 M
    glibc-common                  x86_64      2.17-260.el7                 base          11 M
    libgcc                        x86_64      4.8.5-36.el7                 base         102 k
    libgomp                       x86_64      4.8.5-36.el7                 base         157 k
    libstdc++                     x86_64      4.8.5-36.el7                 base         304 k

事务概要
================================================================================
安装   3 软件包 (+4 依赖软件包)
升级            ( 6 依赖软件包)

总计: 73 M
总下载量: 51 M
警告: /var/cache/yum/x86_64/7/base/packages/glibc-devel-2.17-260.el7.x86_64.rpm: 头V3 RSA/SHA256 Signature, 密钥 ID f4a80eb5: NOKEYTA
glibc-devel-2.17-260.el7.x86_64.rpm 的公钥尚未安装
(1/7): glibc-devel-2.17-260.el7.x86_64.rpm                          | 1.1 MB  00:00:00
(2/7): glibc-headers-2.17-260.el7.x86_64.rpm                        | 683 kB  00:00:00
(3/7): gcc-c++-4.8.5-36.el7.x86_64.rpm                              | 7.2 MB  00:00:01
kernel-headers-3.10.0-957.1.3.el7.x86_64.rpm 的公钥尚未安装==========] 18 MB/s | 15 MB  00:00:02 ETA
(4/7): kernel-headers-3.10.0-957.1.3.el7.x86_64.rpm                 | 8.0 MB  00:00:00
(5/7): libstdc++-devel-4.8.5-36.el7.x86_64.rpm                      | 1.5 MB  00:00:00
(6/7): kernel-devel-3.10.0-957.1.3.el7.x86_64.rpm                   |  17 MB  00:00:07
(7/7): gcc-4.8.5-36.el7.x86_64.rpm                                  |  16 MB  00:00:10
--------------------------------------------------------------------------------
总计                                                        5.0 MB/s |  51 MB  00:00:10
从 file:///etc/pki/rpm-gpg/RPM-GPG-KEY-CentOS-7 检索密钥
导入 GPG key 0xF4A80EB5:
 用户ID    : "CentOS-7 Key (CentOS 7 Official Signing Key) <security@centos.org>"
 指纹      : 6341 ab27 53d7 8a78 a7c2 7bb1 24c6 a8a7 f4a8 0eb5
 软件包    : centos-release-7-5.1804.el7.centos.x86_64 (@anaconda)
 来自      : /etc/pki/rpm-gpg/RPM-GPG-KEY-CentOS-7
Running transaction check
Running transaction test
Transaction test succeeded
Running transaction
  正在更新   : libgcc-4.8.5-36.el7.x86_64                                          1/19
  正在更新   : glibc-2.17-260.el7.x86_64                                           2/19
  正在更新   : glibc-common-2.17-260.el7.x86_64                                    3/19
  正在更新   : libstdc++-4.8.5-36.el7.x86_64                                       4/19
  正在安装   : libstdc++-devel-4.8.5-36.el7.x86_64                                 5/19
  正在更新   : cpp-4.8.5-36.el7.x86_64                                             6/19
  正在更新   : libgomp-4.8.5-36.el7.x86_64                                         7/19
  正在安装   : kernel-headers-3.10.0-957.1.3.el7.x86_64                            8/19
  正在安装   : glibc-headers-2.17-260.el7.x86_64                                   9/19
  正在安装   : glibc-devel-2.17-260.el7.x86_64                                    10/19
  正在更新   : gcc-4.8.5-36.el7.x86_64                                            11/19
  正在安装   : gcc-c++-4.8.5-36.el7.x86_64                                        12/19
  正在安装   : kernel-devel-3.10.0-957.1.3.el7.x86_64                             13/19
  清理       : libstdc++-4.8.5-28.el7.x86_64                                      14/19
  清理       : libgomp-4.8.5-28.el7.x86_64                                        15/19
  清理       : cpp-4.8.5-28.el7.x86_64                                            16/19
  清理       : cpp-4.8.5-28.el7.x86_64                                            16/19
  清理       : glibc-2.17-222.el7.x86_64                                          17/19
  清理       : glibc-common-2.17-222.el7.x86_64                                   18/19
  清理       : libgcc-4.8.5-28.el7.x86_64                                         19/19
  验证中     : glibc-common-2.17-260.el7.x86_64                                    1/19
  验证中     : kernel-devel-3.10.0-957.1.3.el7.x86_64                              2/19
  验证中     : cpp-4.8.5-36.el7.x86_64                                             3/19
  验证中     : libgomp-4.8.5-36.el7.x86_64                                         4/19
  验证中     : gcc-4.8.5-36.el7.x86_64                                             5/19
  验证中     : kernel-headers-3.10.0-957.1.3.el7.x86_64                            6/19
  验证中     : libgcc-4.8.5-36.el7.x86_64                                          7/19
  验证中     : glibc-devel-2.17-260.el7.x86_64                                     8/19
  验证中     : gcc-c++-4.8.5-36.el7.x86_64                                         9/19
  验证中     : glibc-2.17-260.el7.x86_64                                          10/19
  验证中     : glibc-headers-2.17-260.el7.x86_64                                  11/19
  验证中     : libstdc++-4.8.5-36.el7.x86_64                                      12/19
  验证中     : libstdc++-devel-4.8.5-36.el7.x86_64                                13/19
  验证中     : cpp-4.8.5-28.el7.x86_64                                            14/19
  验证中     : libgcc-4.8.5-28.el7.x86_64                                         15/19
  验证中     : libstdc++-4.8.5-28.el7.x86_64                                      16/19
  验证中     : glibc-common-2.17-222.el7.x86_64                                   17/19
  验证中     : glibc-2.17-222.el7.x86_64                                          18/19
  验证中     : libgomp-4.8.5-28.el7.x86_64                                        19/19

已安装:
  gcc.x86_64 0:4.8.5-36.el7      gcc-c++.x86_64 0:4.8.5-36.el7      kernel-devel.x86_64 0:3.10.0-957.1.3.el7

作为依赖被安装:
  glibc-devel.x86_64 0:2.17-260.el7     glibc-headers.x86_64 0:2.17-260.el7     kernel-headers.x86_64 0:3.10.0-957.1.3.el7
  libstdc++-devel.x86_64 0:4.8.5-36.el7

作为依赖被升级:
  cpp.x86_64 0:4.8.5-36.el7     glibc.x86_64 0:2.17-260.el7     glibc-common.x86_64 0:2.17-260.el7     libgcc.x86_64 0:4.8.5-36.el7
  libgomp.x86_64 0:4.8.5-36.el7     libstdc++.x86_64 0:4.8.5-36.el7

完毕!
```

图6-12　安装gcc软件包（续）

安装成功后再执行检查 gcc 的命令，则能看到如下信息：

```
[root@localhost etc]# rpm -q gcc
gcc-4.8.5-36.el7.x86_64              //显示 gcc 信息
```

Git 是一个优秀的分布式版本控制系统，越来越多的公司采用 Git 来管理项目代码，Linux 源码便是使用 Git 来管理版本的，Linux 源码也是第一个使用 Git 进行版本管理的源码，下面就来学习源码安装。

1. 先检查是否已经安装 Git

使用 "git --version" 命令查看 git 的版本信息，以此来检查是否安装了 Git，如下所示。

```
[root@localhost etc]# git --version
bash: git:未找到命令...    //还未安装git
```

2. 下载 Git 源文件

新建一个文件夹 git，在 git 文件夹里使用 wget 命令在相应的网站进行下载，如图 6-13 所示。

```
[root@localhost git]# wget http://www.codemonkey.org.uk/projects/git-snapshots/git/git-latest.tar.xz
--2018-12-31 22:35:14--  http://www.codemonkey.org.uk/projects/git-snapshots/git/git-latest.tar.xz
正在解析主机 www.codemonkey.org.uk (www.codemonkey.org.uk)... 104.28.7.83, 104.28.6.83, 2606:4700:30::681c:653, ...
正在连接 www.codemonkey.org.uk (www.codemonkey.org.uk)|104.28.7.83|:80... 已连接。
已发出 HTTP 请求，正在等待回应... 301 Moved Permanently
位置：http://codemonkey.org.uk/projects/git-snapshots/git/git-latest.tar.xz [跟随至新的 URL]
--2018-12-31 22:35:15--  http://codemonkey.org.uk/projects/git-snapshots/git/git-latest.tar.xz
正在解析主机 codemonkey.org.uk (codemonkey.org.uk)... 104.28.6.83, 104.28.7.83, 2606:4700:30::681c:753, ...
再次使用存在的到 www.codemonkey.org.uk:80 的连接。
已发出 HTTP 请求，正在等待回应... 200 OK
长度：5327428 (5.1M) [application/octet-stream]
正在保存至："git-latest.tar.xz"

100%[======================================>] 5,327,428   109KB/s  用时 55s

2018-12-31 22:36:11 (95.3 KB/s) - 已保存 "git-latest.tar.xz" [5327428/5327428])
```

图6-13　下载Git源文件

下载完成后用命令 ls 查看，发现文件夹下多了一个 git-latest.tar.xz 文件包，如下所示。

```
[root@localhost git]# ls
git-latest.tar.xz        //git源文件
```

3. 解压文件包

先解压 xz 文件再解压 tar 文件，如下所示。

```
[root@localhost git]# xz -d git-latest.tar.xz        //解压 xz 文件
[root@localhost git]# tar -xvf git-latest.tar         //解压 tar 文件
[root@localhost git]# ls
git-2018-12-31  git-latest.tar                        //解压后的文件和文件夹
```

4. 生成 makefile 文件

执行 autoconf 命令，提示 "未找到命令"，如图 6-14 所示。

```
[root@localhost git-2018-12-31]# autoconf
bash: autoconf: 未找到命令...
```

图6-14　生成makefile文件

此时需要先执行命令 "yum install autoconf" 来安装 autoconf 工具，如图 6-15 所示。

```
[root@localhost git-2018-12-31]# yum install autoconf
已加载插件：fastestmirror, langpacks
Loading mirror speeds from cached hostfile
 * base: mirrors.tuna.tsinghua.edu.cn
 * extras: mirrors.tuna.tsinghua.edu.cn
 * updates: mirrors.tuna.tsinghua.edu.cn
正在解决依赖关系
--> 正在检查事务
---> 软件包 autoconf.noarch.0.2.69-11.el7 将被 安装
--> 正在处理依赖关系 m4 >= 1.4.14，它被软件包 autoconf-2.69-11.el7.noarch 需要
--> 正在检查事务
---> 软件包 m4.x86_64.0.1.4.16-10.el7 将被 安装
--> 解决依赖关系完成

依赖关系解决

================================================================================
 Package              架构          版本               源           大小
================================================================================
正在安装:
 autoconf             noarch        2.69-11.el7        base         701 k
为依赖而安装:
 m4                   x86_64        1.4.16-10.el7      base         256 k

事务概要
================================================================================
安装  1 软件包 (+1 依赖软件包)

总下载量：957 k
安装大小：2.7 M
Is this ok [y/d/N]: y
Downloading packages:
(1/2): m4-1.4.16-10.el7.x86_64.rpm                        | 256 kB  00:00:00
(2/2): autoconf-2.69-11.el7.noarch.rpm                    | 701 kB  00:00:00
--------------------------------------------------------------------------------
总计                                             1.8 MB/s | 957 kB  00:00:00
Running transaction check
Running transaction test
```

图6-15　安装autoconf工具

```
Transaction test succeeded
Running transaction
  正在安装    : m4-1.4.16-10.el7.x86_64                      1/2
  正在安装    : autoconf-2.69-11.el7.noarch                  2/2
  验证中      : m4-1.4.16-10.el7.x86_64                      1/2
  验证中      : autoconf-2.69-11.el7.noarch                  2/2

已安装:
  autoconf.noarch 0:2.69-11.el7

作为依赖被安装:
  m4.x86_64 0:1.4.16-10.el7

完毕!
[root@localhost git-2018-12-31]#
```

图6-15　安装autoconf工具（续）

安装完成后，可以用"rpm -qa|grep autoconf"命令来查看是否安装成功，若能输出相关信息，则再次执行命令 autoconf，便可顺利执行了，如图 6-16 所示。

```
[root@localhost git-2018-12-31]# rpm -qa|grep autoconf
autoconf-2.69-11.el7.noarch
```

图6-16　查看autoconf是否安装成功

使用源码目录中的 configure 脚本将程序安装到指定目录，执行如下命令：

```
./configure --prefix=/usr/local/git
```

若不指定--prefix，则安装至默认目录，安装过程如图 6-17 所示。

```
[root@localhost git-2018-12-31]# ./configure --prefix=/usr/local/git
configure: Setting lib to 'lib' (the default)
configure: Will try -pthread then -lpthread to enable POSIX Threads.
configure: CHECKS for site configuration
checking for gcc... gcc
checking whether the C compiler works... yes
checking for C compiler default output file name... a.out
checking for suffix of executables...
checking whether we are cross compiling... no
checking for suffix of object files... o
checking whether we are using the GNU C compiler... yes
checking whether gcc accepts -g... yes
checking for gcc option to accept ISO C89... none needed
checking how to run the C preprocessor... gcc -E
checking for grep that handles long lines and -e... /usr/bin/grep
checking for egrep... /usr/bin/grep -E
checking for ANSI C header files... yes
checking for sys/types.h... yes
checking for sys/stat.h... yes
checking for stdlib.h... yes
checking for string.h... yes
checking for memory.h... yes
checking for strings.h... yes
checking for inttypes.h... yes
checking for stdint.h... yes
checking for unistd.h... yes
checking for size_t... yes
checking for working alloca.h... yes
checking for alloca... yes
configure: CHECKS for programs
checking whether we are using the GNU C compiler... (cached) yes
checking whether gcc accepts -g... (cached) yes
checking for gcc option to accept ISO C89... (cached) none needed
checking for inline... inline
checking if linker supports -R... no
checking if linker supports -Wl,-rpath,... yes
checking for gar... no
checking for ar... ar
```

图6-17　将程序安装到指定目录

编译、执行命令 make，执行命令后会报图 6-18 所示的错误。

根据错误提示信息得知缺少 zlib 依赖，因此还要先安装 zlib 及其相关依赖，执行命令"yum -y install zlib-devel"，如图 6-19 所示。

依赖安装成功后再执行 make 命令。

5. 安装

执行命令"make install"，如图 6-20 所示。

```
checking for library containing setitimer... none required
checking for strcasestr... yes
checking for library containing strcasestr... none required
checking for memmem... yes
checking for library containing memmem... none required
checking for strlcpy... no
checking for uintmax_t... yes
checking for strtoumax... yes
checking for library containing strtoumax... none required
checking for setenv... yes
checking for library containing setenv... none required
checking for unsetenv... yes
checking for library containing unsetenv... none required
checking for mkdtemp... yes
checking for library containing mkdtemp... none required
checking for initgroups... yes
checking for library containing initgroups... none required
checking for getdelim... yes
checking for library containing getdelim... none required
checking for BSD sysctl... no
checking for POSIX Threads with ''... no
checking for POSIX Threads with '-mt'... no
checking for POSIX Threads with '-pthread'... yes
configure: creating ./config.status
config.status: creating config.mak.autogen
config.status: executing config.mak.autogen commands
[root@localhost git-2018-12-31]# make
GIT_VERSION = 2.20.GIT
    * new build flags
    CC fuzz-pack-headers.o
In file included from packfile.h:4:0,
                 from fuzz-pack-headers.c:1:
cache.h:20:18: 致命错误：zlib.h: 没有那个文件或目录
 #include <zlib.h>
                  ^
编译中断。
make: *** [fuzz-pack-headers.o] 错误 1
```

图6-18　安装过程中提示的错误

```
[root@localhost git-2018-12-31]# rpm -qa|grep zlib
zlib-1.2.7-17.el7.x86_64
[root@localhost git-2018-12-31]# yum -y install zlib-devel
已加载插件：fastestmirror, langpacks
Loading mirror speeds from cached hostfile
 * base: mirrors.tuna.tsinghua.edu.cn
 * extras: mirrors.tuna.tsinghua.edu.cn
 * updates: mirrors.tuna.tsinghua.edu.cn
正在解决依赖关系
--> 正在检查事务
---> 软件包 zlib-devel.x86_64.0.1.2.7-18.el7 将被 安装
--> 正在处理依赖关系 zlib = 1.2.7-18.el7，它被软件包 zlib-devel-1.2.7-18.el7.x86_64 需要
--> 正在检查事务
---> 软件包 zlib.x86_64.0.1.2.7-17.el7 将被 升级
---> 软件包 zlib.x86_64.0.1.2.7-18.el7 将被 更新
--> 解决依赖关系完成

依赖关系解决

================================================================================
 Package          架构           版本               源          大小
================================================================================
正在安装:
 zlib-devel       x86_64         1.2.7-18.el7       base        50 k
为依赖而更新:
 zlib             x86_64         1.2.7-18.el7       base        90 k

事务概要
================================================================================
安装  1 软件包
升级         ( 1 依赖软件包)

总计：140 k
总下载量：50 k
Downloading packages:
zlib-devel-1.2.7-18.el7.x86_64.rpm                     |  50 kB  00:00:00
Running transaction check
```

图6-19　安装zlib-devel

```
        cp "$bindir/git" "$bindir/$p" || exit; } \
done && \
for p in  git-add git-am git-annotate git-apply git-archive git-bisect--helper git-blame git-branch git-bundle git-cat-file git-check-attr git-check-ignore git-check-mailmap git-check-ref-format git-checkout-index git-checkout git-clean git-clone git-column git-commit-tree git-commit git-commit-graph git-config git-count-objects git-credential git-describe git-diff-files git-diff-index git-diff-tree git-diff git-difftool git-fast-export git-fetch-pack git-fetch git-fmt-merge-msg git-for-each-ref git-fsck git-gc git-get-tar-commit-id git-grep git-hash-object git-help git-index-pack git-init-db git-interpret-trailers git-log git-ls-files git-ls-remote git-ls-tree git-mailinfo git-mailsplit git-merge-base git-merge-file git-merge-index git-merge-ours git-merge-recursive git-merge-tree git-mktag git-mktree git-multi-pack-index git-mv git-name-rev git-notes git-pack-objects git-pack-redundant git-pack-refs git-patch-id git-prune-packed git-prune git-pull git-push git-range-diff git-rebase git-rebase--interactive git-receive-pack git-reflog git-remote git-remote-ext git-remote-fd git-repack git-replace git-rerere git-reset git-rev-list git-rev-parse git-revert git-rm git-send-pack git-serve git-shortlog git-show-branch git-show-index git-show-ref git-stripspace git-submodule--helper git-symbolic-ref git-tag git-unpack-file git-unpack-objects git-update-index git-update-ref git-update-server-info git-upload-archive git-upload-pack git-var git-verify-commit git-verify-pack git-verify-tag git-worktree git-write-tree git-cherry git-cherry-pick git-format-patch git-fsck-objects git-init git-merge-subtree git-show git-stage git-status git-whatchanged; do \
    rm -f "$execdir/$p" && \
    test -n "" && \
    ln -s "$destdir_from_execdir_SQ/bin/git" "$execdir/$p" || \
    { test -z "" && \
      ln -s "$execdir/git" "$execdir/$p" 2>/dev/null || \
      ln -s "git" "$execdir/$p" 2>/dev/null || \
      cp "$execdir/git" "$execdir/$p" || exit; } \
done && \
remote_curl_aliases="" && \
for p in $remote_curl_aliases; do \
    rm -f "$execdir/$p" && \
    test -n "" && \
    ln -s "git-remote-http" "$execdir/$p" || \
    { test -z "" && \
      ln -s "$execdir/git-remote-http" "$execdir/$p" 2>/dev/null || \
      ln -s "git-remote-http" "$execdir/$p" 2>/dev/null || \
      cp "$execdir/git-remote-http" "$execdir/$p" || exit; } \
done && \
./check_bindir "z$bindir" "z$execdir" "$bindir/git-add"
```

图6-20　安装

6. 配置系统环境

```
vi /etc/profile
export GIT_HOME=/usr/local/git
export PATH=${GIT_HOME}/bin:${PATH}
source /etc/profile
```

至此 Git 就安装完成了，可以用命令"git –version"查看效果，如图 6-21 所示。

```
[root@localhost git-2018-12-31]# source  /etc/profile
[root@localhost git-2018-12-31]# git --version
git version 2.20.GIT
```
图6-21　查看Git

源码安装的优点：编译安装过程可以设定参数，按照需求进行安装，并且安装的版本可以自己选择，灵活性比较大。

源码安装的缺点：由于安装包过新或者其他问题，导致没有依赖包或者依赖包版本过低，这个时候就要解决包的依赖问题。

6.4 作业

1. 用源码安装的形式安装 GMP 软件。
2. 用 rpm 找出系统中被修改过的软件。
3. 尝试用 rpm 在不同的目录安装软件。
4. 用 yum 功能找出以 pam 开头的软件名称有哪些?
5. 尝试配置阿里的 yum 镜像。
6. 尝试用 rpm 和 yum 来升级系统中的软件。

第 7 章 进程与基础服务

- 了解进程的概念及进程的管理。
- 掌握计划任务。
- 掌握系统日志服务。
- 掌握 ssh 服务的配置及基于密钥的 ssh 登录。

7.1 进程管理

7.1.1 进程概念

进程由程序、数据和进程控制块组成,是正在执行的程序,也是资源调度的基本单位。

进程与程序的区别:进程是动态的,程序是静态的;进程是运行中的程序,而程序还是保存在硬盘上的可执行代码。

进程与线程的区别:进程是一个应用程序的可执行实例,在进程内部又划分了许多线程。线程是在进程内部、比进程更小并且能独立运行的基本单元。进程在执行过程中拥有独立的内存单元,而同属一个进程的多个线程共享进程拥有的全部资源。

1. Linux 进程

Linux 系统中的进程也使用数字进行标记,每个进程的标记号称为 PID。系统启动后的第一个进程是 systemd,其 PID 是 1。systemd 是唯一一个由系统内核直接运行的进程。新进程可以用系统调用 fork 来产生,也可以从已经存在的进程中派生出来,新进程是产生它的进程的子进程。

在系统启动以后,systemd 进程会创建 login 进程等待用户登录系统,login 进程是 systemd 进程的子进程。在用户登录系统后,login 进程就会启动 shell 进程,shell 进程是 login 进程的子进程,而此后用户运行的进程都是由 shell 衍生出来的。

2. 进程的三种状态

执行(Running):当进程已获得处理机,其程序正在处理机上执行,此时的进程状态称为执行状态。

就绪:当进程已分配到除 CPU 以外的所有必要的资源,只要获得处理机便可立即执行,这时的进程状态称为就绪状态。

阻塞：正在执行的进程由于等待某个事件发生而无法执行时，便放弃处理机而处于阻塞状态。引起进程阻塞的事件可以有多种，例如等待 I/O 完成、申请缓冲区不能满足、等待信件（信号）等。

3．进程间的基本转换

执行→阻塞：执行的进程发生等待事件而无法执行变为阻塞状态。例如 IO 请求、申请资源得不到满足。

阻塞→就绪：处于阻塞状态的进程，若其等待的事件已经发生，于是进程由阻塞状态转变为就绪状态。

执行→就绪：处于执行状态的进程在其执行过程中，因分配给它的一个时间片已用完而不得不让出处理机，于是进程从执行状态转变成就绪状态。

就绪→执行：处于就绪状态的进程，当进程调度程序为其分配了处理机后，该进程便由就绪状态转变成执行状态。

进程的三种状态及基本转换如图 7-1 所示。

4．三种进程类型

交互进程：是由 shell 启动的进程。交互进程既可以在前台运行，也可以在后台运行。例如控制台命令 shell、文本编辑器、图形应用程序。

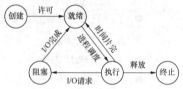

图7-1　进程的三种状态及基本转换

批处理进程：和终端没有联系，是一个进程序列。

监控进程（也称系统守护进程）：是 Linux 系统启动时运行的进程并常驻后台。例如，httpd 就是著名的 Apache 服务器的监控进程。

7.1.2　查看进程状态

了解系统中进程的状态是对进程进行管理的前提，使用不同的命令工具可以从不同的角度查看进程状态。通过命令可以查看进程状态，获取有关进程的相关信息。例如：显示哪些进程正在执行和执行的状态；进程是否结束，进程有没有僵死；哪些进程占用了过多资源等。

1．ps 命令——查看静态的进程统计信息

要对进程进行监测和控制，首先必须了解当前进程的状态，而 ps 命令就是最基本也是非常强大的进程查看命令。使用 ps 命令可以确定有哪些进程正在运行和运行的状态、进程是否结束、进程有没有僵死、哪些进程占用了过多的资源等，总之大部分信息都可以通过执行该命令得到。

格式：　ps　[选项]

常用的选项：

a　显示当前终端下的所有进程信息；

e　在命令后显示环境变量；

u　显示用户名和启动信息等；

x　显示当前用户在所有终端下的进程信息；

-e　显示所有进程；

-f　完全显示，增加用户名、PPID、进程起始时间。

例：查看所有进程，如图 7-2 所示。

```
[root@localhost ~]# ps -ax
   PID TTY      STAT   TIME COMMAND
     1 ?        Ss     0:40 /usr/lib/systemd/systemd --switched-root --system --deseria
     2 ?        S      0:00 [kthreadd]
     3 ?        S      0:00 [ksoftirqd/0]
     5 ?        S<     0:00 [kworker/0:0H]
     7 ?        S      0:00 [migration/0]
     8 ?        S      0:00 [rcu_bh]
     9 ?        S      0:04 [rcu_sched]
    10 ?        S<     0:00 [lru-add-drain]
    11 ?        S      0:00 [watchdog/0]
```

图7-2 查看所有进程

例：查看进程相关的详细信息，如图 7-3 所示。

```
[root@localhost ~]# ps -aux
USER        PID %CPU %MEM    VSZ   RSS TTY      STAT START   TIME COMMAND
root          1  0.0  0.3 193684  6244 ?        Ss   2月20   0:40 /usr/lib/systemd/sys
root          2  0.0  0.0      0     0 ?        S    2月20   0:00 [kthreadd]
root          3  0.0  0.0      0     0 ?        S    2月20   0:00 [ksoftirqd/0]
root          5  0.0  0.0      0     0 ?        S<   2月20   0:00 [kworker/0:0H]
root          7  0.0  0.0      0     0 ?        S    2月20   0:00 [migration/0]
root          8  0.0  0.0      0     0 ?        S    2月20   0:00 [rcu_bh]
root          9  0.0  0.0      0     0 ?        R    2月20   0:04 [rcu_sched]
root         10  0.0  0.0      0     0 ?        S<   2月20   0:00 [lru-add-drain]
root         11  0.0  0.0      0     0 ?        S    2月20   0:00 [watchdog/0]
root         12  0.0  0.0      0     0 ?        S    2月20   0:00 [watchdog/1]
root         13  0.0  0.0      0     0 ?        S    2月20   0:00 [migration/1]
root         14  0.0  0.0      0     0 ?        S    2月20   0:00 [ksoftirqd/1]
```

图7-3 查看进程详细信息

其中，各项的含义如下所示。

- USER：当前进程的属主（用户名）。
- PID：进程的唯一标识。
- %CPU：占用 CPU 时间与总时间的百分比。
- %MEM：占用内存与总内存的百分比。
- VSZ：占用虚拟内存的空间（单位 kb）。
- RSS：占用的内存空间（单位 kb）。
- TTY：代表终端，?表示未知或不需要终端。
- STAT：代表进程状态。
  - ▶ R：正在运行；
  - ▶ S：睡眠状态；
  - ▶ T：已停止运行或者侦测；
  - ▶ Z：已停止运行但仍在使用系统资源，即成为僵尸进程。

例：查看 root 用户的所有进程，如图 7-4 所示。

2. top 命令——查看进程动态信息

top 命令允许用户监控进程和系统资源的使用情况，可以查看 CPU、内存等系统资源占用情况，默认情况下每 10 秒刷新一次，其作用类似于 Windows 系统中的"任务管理器"。top 命令的执行结果如图 7-5 所示。

```
[root@localhost ~]# ps -u root
  PID TTY          TIME CMD
    1 ?        00:00:42 systemd
    2 ?        00:00:00 kthreadd
    3 ?        00:00:00 ksoftirqd/0
    5 ?        00:00:00 kworker/0:0H
    7 ?        00:00:00 migration/0
    8 ?        00:00:00 rcu_bh
    9 ?        00:00:04 rcu_sched
   10 ?        00:00:00 lru-add-drain
   11 ?        00:00:00 watchdog/0
```

图7-4 查看root用户进程

其中，各项的含义如下所示。

- PID：进程 id。
- USER：属主。

- PR：进程的调度优先级。
- NI：进程 nice 值（优先级），值越小，优先级越高。
- VIRT：进程使用的虚拟内存量。
- RES：进程占用的物理内存量。
- SHR：共享内存大小。
- S：进程状态。
- %CPU：占用 CPU 的百分比。
- %MEM：占用内存的百分比。
- TIME+：运行时间。
- COMMAND：启动命令。

```
[root@localhost ~]# top

top - 17:43:44 up 2 days, 12:23,  2 users,  load average: 0.05, 0.03, 0.22
Tasks: 221 total,   1 running, 220 sleeping,   0 stopped,   0 zombie
%Cpu(s):  5.9 us,  8.3 sy,  0.0 ni, 85.4 id,  0.0 wa,  0.0 hi,  0.3 si,  0.0 st
KiB Mem :  1865308 total,   110376 free,   934036 used,   820896 buff/cache
KiB Swap:  4194300 total,  4167296 free,    27004 used.   621224 avail Mem

  PID USER      PR  NI    VIRT    RES    SHR S  %CPU %MEM     TIME+ COMMAND
  697 polkitd   20   0  546432  16132   4784 S   9.3  0.9 207:22.83 polkitd
  710 dbus      20   0   70112   3792   1800 S   2.0  0.2  37:46.47 dbus-daemon
  731 root      20   0  396500   3676   3184 S   1.7  0.2  24:24.98 accounts-daemon
 1358 root      20   0  329792  25512   5796 S   1.7  1.4   1:00.08 X
 1999 tang      20   0 3590640 253148  32944 S   1.0 13.6   5:26.32 gnome-shell
 2181 tang      20   0  611672   4764   3116 S   1.0  0.3  10:25.23 gsd-account
    9 root      20   0       0      0      0 S   0.7  0.0   3:28.99 rcu_sched
 2407 tang      20   0  403032  10264   6000 S   0.7  0.6   4:47.48 vmtoolsd
  403 root      20   0       0      0      0 S   0.3  0.0   1:43.85 xfsaild/dm-0
 2690 tang      20   0  453180   5152   3112 S   0.3  0.3   0:13.70 ibus-daemon
84911 root      20   0  161972   2344   1580 R   0.3  0.1   0:00.62 top
    1 root      20   0  193856   5020   3076 S   0.0  0.3   2:18.77 systemd
    2 root      20   0       0      0      0 S   0.0  0.0   0:00.21 kthreadd
    3 root      20   0       0      0      0 S   0.0  0.0   0:24.06 ksoftirqd/0
    5 root       0 -20       0      0      0 S   0.0  0.0   0:00.00 kworker/0:0H
```

图7-5　top命令执行结果

在 top 命令的执行状态下，可以通过快捷键按照不同的方式对显示结果进行排序，常用操作如下。

- h/?：帮助。
- P：按 CPU 占用排序。
- M：按内存占用排序。
- N：按启动时间排序。
- k：结束进程，9 表示强制结束。
- r：修改优先级（NI）。
- q：退出。
- space：刷新。

7.1.3　进程的控制

1. 启动进程

在 Linux 系统中启动进程有两个途径：调度启动和手工启动。调度启动是事先设置好在某个时间要运行的程序，当到了预设的时间后，由系统自动启动。手工启动是由用户在 shell 命令行下输入要执行的程序来启动一个进程，其启动方式又分为前台启动和后台启动。

前台启动是默认的进程启动方式，如用户输入"ls –l"命令就会启动一个前台进程，当计算机在处理此命令的时候，用户不能再进行其他操作。后台启动是在要执行的命令后面加上一个"&"符号，此时程序将转到后台运行，其执行结果不在屏幕上显示，但在命令的执行过程中，用户仍可以继续执行其他操作。

例：后台执行命令。

```
[root@localhost ~]# command &
```

2. 改变进程的运行方式

当命令在前台执行时（运行尚未结束），按 Ctrl+Z 组合键可以将当前进程挂起（调入后台并停止执行），这在需要暂停当前进程进行其他操作时特别有用。

使用 jobs 命令可以查看在后台运行的进程任务，结合"-l"选项可以同时显示进程对应的PID 号。一行记录对应一个后台进程的状态信息，行首的数字表示进程在后台的任务编号。

fg 命令将挂起的进程放回前台执行。

bg 命令将挂起的进程放回后台继续执行。

例：挂起执行的进程一段时间后再重新调入前台执行，如图 7-6 所示。

3. 终止进程

通常终止一个前台进程可以使用 Ctrl+C 组合键，而对于在其他终端或是后台运行的进程，就需要使用 kill 命令来终止。

进程信号是在软件层次上对中断机制的一种模拟，从原理上看，一个进程收到一个信号与处理器收到一个中断请求是一样的。软中断信号（signal，简称为信号）用来通知进程发生了异步事件，进程之间可以通过系统调用 kill 互相发送软中断信号，内核也可以因为内部事件而给进程发送信号，通知进程发生了某个事件。注意，信号只是用来通知某进程发生了什么事件，并不给进程传递任何数据。

例：查看可用进程信号，如图 7-7 所示。

```
[root@localhost ~]# cat a.sh
for i in {1..10}
do
sleep 2
echo "hello wrold"
done
[root@localhost ~]# ./a.sh
hello wrold
hello wrold
^Z
[1]+  已停止              ./a.sh
[root@localhost ~]# jobs -l
[1]+  9365 停止              ./a.sh
[root@localhost ~]# fg 1
./a.sh
hello wrold
hello wrold
hello wrold
```

```
[root@localhost ~]# kill -l
 1) SIGHUP       2) SIGINT       3) SIGQUIT      4) SIGILL       5) SIGTRAP
 6) SIGABRT     7) SIGBUS        8) SIGFPE       9) SIGKILL     10) SIGUSR1
11) SIGSEGV    12) SIGUSR2      13) SIGPIPE     14) SIGALRM     15) SIGTERM
16) SIGSTKFLT  17) SIGCHLD      18) SIGCONT     19) SIGSTOP     20) SIGTSTP
21) SIGTTIN    22) SIGTTOU      23) SIGURG      24) SIGXCPU     25) SIGXFSZ
26) SIGVTALRM  27) SIGPROF      28) SIGWINCH    29) SIGIO       30) SIGPWR
31) SIGSYS     34) SIGRTMIN     35) SIGRTMIN+1  36) SIGRTMIN+2  37) SIGRTMIN+3
38) SIGRTMIN+4 39) SIGRTMIN+5   40) SIGRTMIN+6  41) SIGRTMIN+7  42) SIGRTMIN+8
43) SIGRTMIN+9 44) SIGRTMIN+10  45) SIGRTMIN+11 46) SIGRTMIN+12 47) SIGRTMIN+13
48) SIGRTMIN+14 49) SIGRTMIN+15 50) SIGRTMAX-14 51) SIGRTMAX-13 52) SIGRTMAX-12
53) SIGRTMAX-11 54) SIGRTMAX-10 55) SIGRTMAX-9  56) SIGRTMAX-8  57) SIGRTMAX-7
58) SIGRTMAX-6  59) SIGRTMAX-5  60) SIGRTMAX-4  61) SIGRTMAX-3  62) SIGRTMAX-2
63) SIGRTMAX-1  64) SIGRTMAX
```

图7-6 把挂起的进程调入前台执行　　　　　　图7-7 进程信号

常用信号说明如下。

- SIGHUP 1 重读配置文件。
- SIGINT 2 从键盘上发出 Ctrl+C 组合键终止信号。
- SIGKILL 9 结束接收信号的进程。
- SIGTERM 15 正常终止信号。

可以发送信号的命令如下。

- Kill：通过指定进程的 PID 为进程发送信号。
- Killall：通过指定进程的名称为进程发送信号。
- Pkill：通过模式匹配为指定的进程发送信号。

例：杀死指定 PID 的进程（-9 为强制杀死进程）。

```
[root@localhost ~]# kill -9 2978
```

例：通过进程名终止所有进程。

```
[root@localhost ~]# pkill httpd
[root@localhost ~]# killall httpd
```

例：通过模式匹配终止 Bob 用户的所有进程。

```
[root@localhost ~]# pkill -u Bob
```

例：终止 root 用户的 sshd 进程。

```
[root@localhost ~]# pkill -u root sshd
```

例：终止 Bob 组内所有进程。

```
[root@localhost ~]# pkill -G Bob
```

一般在系统运行期间发生了如下情况，就需要将进程杀死。

- 进程占用了过多的 CPU 时间。
- 进程锁住了一个终端，使其他前台进程无法运行。
- 进程运行时间过长，但没有产生预期效果或无法正常退出。
- 进程产生了过多到屏幕或磁盘文件的输出。

7.2 基础服务

7.2.1 系统启动流程

Linux 系统启动大致可以分为以下 4 个阶段。

1. 内核引导

当计算机通电后，首先进行 BIOS 开机自检，按照 BIOS 中设置的启动设备（通常是硬盘）来启动。在操作系统接管硬件以后，首先读入 /boot 目录下的内核文件。

2. 运行 init

init 进程有以下两种类型。

- upstart: CentOS 6 配置文件：/etc/inittab、/etc/init/*.conf。
- systemd：CentOS 7 配置文件：/usr/lib/systemd/system、/etc/systemd/system。

init 进程是系统所有进程的起点，没有这个进程，系统中任何进程都不会启动。在 CentOS 7 中，systemd 成为 Linux 的第一个进程(PID=1)，接管系统启动。

有许多程序需要开机启动，在 Windows 中叫作"服务"（service），在 Linux 中叫作"守护进程"（daemon）。init 进程的一大任务就是去运行这些开机启动的程序。但是，不同的场合需要启动不同的程序，比如用作服务器时，需要启动 Apache，用作桌面时就不需要。Linux 允许为不同的场合分配不同的开机启动程序，称作"运行级别"（runlevel）。也就是说，启动时将根据"运行级别"，确定要运行哪些程序。

Linux 系统共有 7 个运行级别。
- 运行级别 0：系统停机状态，默认运行级别不能设置为 0，否则系统不能正常启动。
- 运行级别 1：单用户工作状态，root 权限，用于系统维护，禁止远程登录。
- 运行级别 2：多用户工作状态（没有 NFS）。
- 运行级别 3：完全的多用户工作状态（有 NFS），登录后进入控制台命令行模式。
- 运行级别 4：系统未使用，保留。
- 运行级别 5：X11 控制台，登录后进入图形 GUI 模式。
- 运行级别 6：系统正常关闭并重启，默认运行级别不能设置为 6，否则系统不能正常启动。

在 CentOS 7.x 中，运行级别用 target 表示。

```
0 ==> runlevel0.target, poweroff.target
1 ==> runlevel1.target, rescue.target
2 ==> runlevel2.target, multi-user.target
3 ==> runlevel3.target, multi-user.target
4 ==> runlevel4.target, multi-user.target
5 ==> runlevel5.target, graphical.target
6 ==> runlevel6.target, reboot.target
```

例：可以使用以下命令查看默认的运行级别，graphical.target 表示系统运行在图形模式。

```
[root@localhost ~]# systemctl get-default
graphical.target
```

例：可以使用 runlevel 命令核实运行级别。

```
[root@localhost ~]# runlevel
N 5
```

例：默认运行级别的配置文件在 /etc/systemd/system/default.target 文件中，如图 7-8 所示，这个文件是软链接文件。

```
[root@localhost ~]# cat /etc/systemd/system/default.target
#  This file is part of systemd.
#
#  systemd is free software; you can redistribute it and/or modify it
#  under the terms of the GNU Lesser General Public License as published by
#  the Free Software Foundation; either version 2.1 of the License, or
#  (at your option) any later version.

[Unit]
Description=Graphical Interface
Documentation=man:systemd.special(7)
Requires=multi-user.target
Wants=display-manager.service
Conflicts=rescue.service rescue.target
After=multi-user.target rescue.service rescue.target display-manager.service
AllowIsolate=yes
```

图7-8 默认运行级别

[unit]字段的含义如下。
- Description：描述信息。
- After：表明需要依赖的服务，决定启动顺序。
- Before：表明被依赖的服务。
- Requires：依赖到的其他 unit，强依赖，即依赖的 unit 启动失败，该 unit 不启动。
- Wants：依赖到的其他 unit，弱依赖，即依赖的 unit 启动失败，该 unit 继续启动。

- Conflicts：定义冲突关系。

3．系统初始化

systemd 的设计思想是层层包含关系，在系统初始化阶段，会启动依赖的 multi-user.target，而 multi-user.target 会将控制权交给 basic.target，basic.target 用于启动普通服务，特别是图形管理服务，basic.target 又会将控制权交给 sysinit.target，sysinit.target 会启动重要的系统服务，如系统挂载、内存交换空间和设备、内核补充选项等。

4．建立终端

systemd 执行 multi-user.target 下的 getty.target 建立 tty 终端，同时会显示一个文本登录界面，这个界面就是我们经常看到的登录界面，在这个登录界面中会提示用户输入用户名，而用户输入的用户名将作为参数传给 login 程序来验证用户的身份。

7.2.2 服务管理

在 Linux 或者 UNIX 操作系统中，守护进程（Daemon）是一种运行在后台的特殊进程，它不与用户交互，通常守护进程的名字以 d 结尾。在 Linux 中，与用户交流的界面称为终端，每一个从此终端开始运行的进程都会依附于这个终端，因此称这个终端为这些进程的控制终端，当控制终端关闭的时候，相应的进程也会自动关闭，但是守护进程却不会受到影响。系统通常在启动时开启守护进程去响应网络请求、硬件活动等，守护进程从被执行的时候开始运转，直到整个系统关闭才退出。

按照服务类型，守护进程可以分为如下两类。

- 系统守护进程：dbus、crond、cpus、rsyslogd 等。
- 网络守护进程：sshd、htttpd、postfix、xinetd 等。

系统初始化进程是特殊的守护进程，PID 为 1，它是其他所有守护进程的父进程，系统中所有守护进程都由系统初始化进程管理（如启动、停止进程）。

CentOS 7.x 使用 systemd 作为初始化进程，systemd 是系统启动和服务器守护进程管理器，负责在系统启动或运行时，激活系统资源、服务器进程和其他进程。

systemd 管理服务命令 systemctl 的格式如下：

```
systemctl [OPTIONS...] COMMAND NAME[.service]
```

- 启动服务：systemctl start NAME.service
- 停止服务：systemctl stop NAME.service
- 重启服务：systemctl restart NAME.service
- 查看服务状态：systemctl status NAME.service
- 重载或重启服务：systemctl reload-or-restart NAME.service
- 重载或条件式重启服务：systemctl reload-or-try-restart NAME.service
- 查看某服务当前激活与否：systemctl is-active NAME.service
- 查看所有已激活的服务：systemctl list-units -t service
- 查看所有服务（激活和未激活）：systemctl list-units -t service -a
- 设置服务开机自启：systemctl enable NAME.service
- 禁止服务开机自启：systemctl disable NAME.service
- 查看某服务是否能开机自启：systemctl is-enabled NAME.service

例：查看服务的状态，如图 7-9 所示。

```
[root@localhost ~]# systemctl status rpcbind
● rpcbind.service - RPC bind service
   Loaded: loaded (/usr/lib/systemd/system/rpcbind.service; enabled; vendor preset: ena
bled)
   Active: active (running) since 三 2019-02-20 15:35:23 CST; 6 days ago
  Process: 692 ExecStart=/sbin/rpcbind -w $RPCBIND_ARGS (code=exited, status=0/SUCCESS)
 Main PID: 704 (rpcbind)
    Tasks: 1
   CGroup: /system.slice/rpcbind.service
           └─704 /sbin/rpcbind -w

2月 20 15:35:21 localhost.localdomain systemd[1]: Starting RPC bind service...
2月 20 15:35:23 localhost.localdomain systemd[1]: Started RPC bind service.
```

图7-9　查看rpcbind服务的状态

例：停止服务。

```
[root@localhost ~]# systemctl stop rpcbind
[root@localhost ~]# systemctl is-active rpcbind
Inactive
```

例：重启服务。

```
[root@localhost ~]# systemctl start rpcbind
[root@localhost ~]# systemctl is-active rpcbind
Active
```

例：查看激活的服务，如图 7-10 所示。

```
[root@localhost ~]# systemctl list-units -t service
UNIT                       LOAD   ACTIVE SUB     DESCRIPTION
abrt-ccpp.service          loaded active exited  Install ABRT coredump hook
abrt-oops.service          loaded active running ABRT kernel log watcher
abrt-xorg.service          loaded active running ABRT Xorg log watcher
abrtd.service              loaded active running ABRT Automated Bug Reporting To
accounts-daemon.service    loaded active running Accounts Service
alsa-state.service         loaded active running Manage Sound Card State (restor
atd.service                loaded active running Job spooling tools
auditd.service             loaded active running Security Auditing Service
avahi-daemon.service       loaded active running Avahi mDNS/DNS-SD Stack
blk-availability.service   loaded active exited  Availability of block devices
```

图7-10　查看激活的服务

7.2.3　远程访问

1. SSH 简介

SSH（即 Secure Shell）是一项创建在应用层和传输层基础上的加密的网络协议，目的是在传输过程中实现安全的网络服务。典型的 SSH 应用包括远程登录和远程执行命令。

传统的网络服务程序在网络上以明文传输数据、用户账号和用户口令，很容易受到中间人（man-in-the-middle）方式的攻击——就是存在另一个人或者一台机器冒充真正的服务器接收用户传给服务器的数据，然后再冒充用户把数据传给真正的服务器。

SSH 工作于客户端/服务器模式，意味着连接被建立。通过 SSH 客户端连接 SSH 服务器，客户端就会向服务器发出请求，请求使用用户的密钥进行安全认证。服务器收到请求后，先在用户的主目录下寻找其公钥，然后和用户发送过来的公钥进行比较。如果两个密钥一致，服务器就用公钥加密"质询"并发送给客户端，客户端收到"质询"之后用自己的私钥解密再发送给服务器。认证通过后，客户端就可以向服务器发送会话请求，开始双方的加密会话。

2. OpenSSH

OpenSSH 是 SSH 协议的免费开源实现。SSH 协议族用来进行远程控制或在计算机之间传送文件。而实现此功能的传统方式，如 telnet（终端仿真协议）、rcp、ftp、rlogin、rsh 都是极不安全的，并且会使用明文传送密码。OpenSSH 则提供了服务端后台程序和客户端工具，用来加密远程控制和文件传输过程中的数据，并以此来代替原来的类似服务。

CentOS 默认安装了 OpenSSH 客户端和服务端软件包，CentOS 7 默认支持 SSH2 协议，该协议支持 RSA、DSA、ECDSA 算法的密钥认证，默认使用 RSA 密钥认证。OpenSSH 既支持用户密钥认证，也支持基于 PAM 的用户口令认证。

3. 配置 OpenSSH 服务

守护进程 sshd 在启动时会读取其配置文件/etc/ssh/sshd_config 中的以下配置信息。

HostKey：

主机私钥文件的位置。如果权限不对，可能会拒绝启动。

SSH1 默认是 /etc/ssh/ssh_host_key。

SSH2 默认是 /etc/ssh/ssh_host_rsa_key 和/etc/ssh/ssh_host_dsa_key。

一台主机可以拥有多个不同的私钥。"rsa1"仅用于 SSH1，"dsa"和"rsa"仅用于 SSH2。

ListenAddress：

指定监听的网络地址，默认监听所有地址，可以使用下面的格式：

ListenAddress host|IPv4_addr|IPv6_addr

ListenAddress host|IPv4_addr:port

ListenAddress [host|IPv6_addr]:port

如果未指定 port，那么将使用 Port 指令的值。

PermitRootLogin：

是否允许 root 登录。可用值如下：

"yes"(默认)表示允许，"no"表示禁止；

"without-password"表示禁止使用密码认证登录；

"forced-commands-only" 表示只有在指定了 command 选项的情况下才允许使用公钥，同时其他认证方法全部被禁止，这个值常用于远程备份。

4. 口令登录

如果是第一次登录对方主机，系统会出现图 7-11 所示的提示。

```
[root@localhost ~]# ssh root@10.10.5.129
The authenticity of host '10.10.5.129 (10.10.5.129)' can't be established.
ECDSA key fingerprint is SHA256:wLNXk/xjqJMKmlbe3CPAX6qTfOavF6LnirrQhJbv5Rg.
ECDSA key fingerprint is MD5:c1:0e:f0:31:45:48:e0:57:70:88:62:c0:cb:d7:c9:ff.
Are you sure you want to continue connecting (yes/no)?
```

图7-11　第一次登录主机结果

表示无法确认 host 主机的真实性，只知道它的公钥指纹，还要继续连接吗？所谓"公钥指纹"，是指公钥长度较长，很难比对，所以对其进行 MD5 计算，将其变成一个 128 位的指纹（上例中是 98:2e:d7:e0:de:9f:ac:67:28:c2:42:2d:37:16:58:4d）后再进行比较。

输入 yes 就会提示输入密码，如图 7-12 所示。

远程主机的公钥被接受以后，就会被保存在文件$HOME/.ssh/known_hosts 中。下次再连接这台主机，系统就会知道它的公钥已经保存在本地了，从而跳过警告部分，直接提示输入密码，密码正确即可远程登录。每个 SSH 用户都有自己的 known_hosts 文件，此外系统也有一个这样的文件，通常是/etc/ssh/ssh_known_hosts，其中保存了一些对所有用户都可信赖的远程主机的公钥。

```
Are you sure you want to continue connecting (yes/no)? yes
Warning: Permanently added '10.10.5.129' (ECDSA) to the list of known h
osts.
root@10.10.5.129's password:
Last login: Tue Jan 29 22:38:06 2019 from 10.13.0.69
# root @ wenxue in ~ [ 22:39:05]
$
```

图7-12　ssh口令登录

在客户端，还可以使用 keyscan 添加可信任主机，ssh-keyscan 命令是一个用于收集大量主机公钥的实用工具。

ssh-keyscan 的语法：

```
ssh-keyscan [-f file] [-p port] [-T timeout] [-t type] [host | addrlist namelist] ...
```

host | addrlist namelist 是需要扫描的主机列表。

-f　指定一个文件，包含若干需要扫描的主机列表。

-f -　表示从标准输入读取主机列表。

-p　指定连接远端服务器时的端口号。

-T　指定超时时间。

-t　选择需要获取哪些类型的公钥指纹。

例：获取 10.10.5.129 主机的公钥并添加到 know_hosts 文件中。

```
[root@localhost .ssh]# ssh-keyscan -t rsa 10.10.5.129 > ~/.ssh/known_hosts
[root@localhost .ssh]# cat known_hosts
10.10.5.129 ssh-rsa AAAAB3NzaC1yc2EAAAADAQABAAABAQDSTlTW5MCLOrDRyhd7d
xVrxhtJrkSiFADKjcwBt+JGx4G5uYi7+DARw+ukzZzqEnhT9XQbQzYysRi0i2LlIBELBJtwpz
hvMvD2p2S+Sm6oAw6IMepCviFRwpQElZrWoB333ds77TYOlAMe9/dP98xvnH+Yr+JasTlkvHB
KKmAsVmjhB0yB7poyceYMcK2hUbQp0JNqDXz9OnT+Eyl3zSZjcn8gxn9wmvbdwbPmrCb9XVJv
OlG9JvlVprv9VGXOW/4jF/Nk6/lhZRg8vHyLUwRsQmLtzA0HBzodrRCM+ttsN3KVBupItsX6G
4txq1A+w+67wiZOFA4Zl0Kilabl5HkN
```

可以看到 10.10.5.129 主机的公钥已成功添加到 known_hosts 中。

5. 公钥登录

公钥登录不同于密码登录，不需要每次都输入密码，可以实现免密登录。

"公钥登录"的原理很简单，就是用户将自己的公钥存储在远程主机上。登录的时候，远程主机会向用户发送一段随机字符串，用户用自己的私钥加密后，再发送回来。远程主机用事先存储的公钥进行解密，如果成功，就证明用户是可信的，直接允许用户登录 Shell，不再要求用户输入密码。

公钥登录要求用户必须提供自己的公钥，如果没有现成的公钥，可以直接使用 ssh-keygen 生成一个，如图 7-13 所示。

在运行过程中会提示输入密钥保护短语，设置了密钥保护短语之后，每次登录 SSH 服务器时，客户端都要输入密码才能解开私钥，保障了安全。如果不想设置，按 Enter 键跳过即可。运行结束以后，在$HOME/.ssh/目录下会生成两个文件：id_rsa.pub 和 id_rsa，前者是用户的公钥，后者是用户的私钥。

```
[root@localhost .ssh]# ls
id_rsa   id_rsa.pub   known_hosts
```

```
[root@localhost .ssh]# ssh-keygen
Generating public/private rsa key pair.
Enter file in which to save the key (/root/.ssh/id_rsa):
Enter passphrase (empty for no passphrase):
Enter same passphrase again:
Your identification has been saved in /root/.ssh/id_rsa.
Your public key has been saved in /root/.ssh/id_rsa.pub.
The key fingerprint is:
SHA256:Y43yBZ8TKYOcorgq+HDhxvDTmhieVxqmdSidrzz46VE root@localhost.localdomain
The key's randomart image is:
+---[RSA 2048]----+
|        . o .    |
|       . ++o     |
|      . . B o    |
|     o + oE.S *  |
|      B X.o + o. |
|     = &.B .     |
|     =OoBo.      |
|     ++B*o       |
+----[SHA256]-----+
```

图7-13　生成公钥和私钥的结果

远程主机将用户的公钥保存在登录后的用户主目录的$HOME/.ssh/authorized_keys 文件中。公钥就是一段字符串，只要把它追加在 authorized_keys 文件的末尾就行了，可以使用 ssh-copy-id 命令完成此过程。

ssh-copy-id命令用于将本机的公钥复制到远程机器的authorized_keys文件中，如图7-14所示。

```
root@localhost .ssh]# ssh-copy-id 10.10.5.129
/bin/ssh-copy-id: INFO: Source of key(s) to be installed: "/root/.ssh/id_rsa.pub"
/bin/ssh-copy-id: INFO: attempting to log in with the new key(s), to filter out any tha
t are already installed
/bin/ssh-copy-id: INFO: 1 key(s) remain to be installed -- if you are prompted now it i
s to install the new keys
root@10.10.5.129's password:

Number of key(s) added: 1

Now try logging into the machine, with:    "ssh '10.10.5.129'"
and check to make sure that only the key(s) you wanted were added.
```

图7-14　生成公钥和私钥的结果

如果还是不行，就打开远程主机的/etc/ssh/sshd_config 文件，检查下面几行代码前面的"#"注释符号是否删掉。

```
RSAAuthentication yes
PubkeyAuthentication yes
AuthorizedKeysFile .ssh/authorized_keys
```

6. SSH 服务配置实例

禁止 root 账号登录。

```
PermitRootLogin no
```

配置 root 账号仅可通过密钥登录，禁止口令登录。

```
PermitRootLogin without-password
```

设置登录会话空闲 5 分钟即自动注销。

```
lientAliveInterval 300
```

限制在末尾添加用户访问。

```
DenyUsers Bob
AllowUsers root
```

7.2.4 日志系统

日志管理是 Liunx 网络基础架构中最重要的组件之一。日志消息由许多系统软件（如实用程序、应用程序、守护程序）和网络、内核、物理设备等相关的服务不断生成。日志文件被证明是有用的，可以用于解决 Linux 系统问题，监视系统和审查系统的安全强度等问题。

rsyslog 是一个开源日志程序，它是大量 Linux 发行版本中最流行的日志记录机制，也是 CentOS 7 或 RHEL 7 中的默认日志记录服务。CentOS 中的 Rsyslog 守护进程可以配置作为服务器运行，以便从多个网络设备收集日志消息，这些网络设备可以充当客户端，并配置为将其日志传送到 rsyslog 服务器。

1. rsyslog 配置文件

rsyslog 配置文件/etc/rsyslog.conf 的结构如下。
- 模块（modules）：配置加载的模块，如 ModLoad imudp.so 配置加载 UDP 传输模块。
- 全局配置（global directives）：配置 rsyslog 守护进程的全局属性，如主信息队列大小（Main Message Queue Size）。
- 规则（rules）：每个规则行由两部分组成：selector 部分和 action 部分，两部分之间由一个或多个空格或 Tab 键分隔，selector 部分指定源和日志等级，action 部分指定对应的操作。
- 模板（templates）：指定记录的消息格式，也用于生成动态文件名称。
- 输出（outputs）：对用户期望的消息进行预定义。

常用的模块如下。
- imudp：传统方式的 UDP 传输，有损耗。
- imtcp：基于 TCP 明文的传输，只在特定情况下丢失信息，被广泛使用。

规则配置的格式如下：

```
#selectors action
#kern.* /dev/console
```

规则的选择器（selectors）由两部分组成：设施和优先级，之间由点号"."分隔。第一部分为消息源（或称为日志设施），第二部分为日志级别。多个选择器之间用";"分隔，如：*.info; mail.none。日志设施如表 7-1 所示。

表 7-1 日志设施

设备字段	说明
auth(security), authpriv	授权和安全相关的消息
kern	来自 Linux 内核的消息
mail	由 mail 子系统产生的消息
cron	cron 守护进程相关的信息
daemon	守护进程产生的信息
news	网络消息子系统
user	用户进程相关的信息
lpr	打印相关的日志信息
local0 to local7	保留给本地其他应用程序使用

日志级别（升序）有以下几种。
- *：所有级别，除了 none。
- debug：包含详细的开发情报的信息，通常只在调试一个程序时使用。
- info：情报信息，正常的系统消息，如骚扰报告、带宽数据等，不需要处理。
- notice：不是错误，也不需要立即处理。
- warning：警告信息，不是错误，如系统磁盘使用了 85%等。
- err：错误，不是非常紧急，在一定时间内修复即可。
- crit：重要情况，如硬盘错误、备用连接丢失等。
- alert：应该被立即改正的问题，如系统数据库被破坏、ISP 连接丢失等。
- emerg：紧急情况，需要立即通知技术人员。
- none: 禁止任何消息。

动作（action）是规则描述的一部分，位于选择器的后面，规则用于处理消息。通常消息内容被写到一种日志文件上，但也可以执行其他动作，比如写到数据库表中或转发到其他主机。动作字段的说明如表 7-2 所示。

表 7-2　动作字段说明

动作字段	说明
filename	记录到普通文件或设备文件
:omusrmsg:users	发送信息到指定用户，users 可以是使用逗号分隔的用户列表，*表示所有用户
device	将信息发送到指定设备中，如/dev/console
|named_pipe	将日志记录到命名管道
@hostname	将信息发送到远程主机（tcp），该主机必须运行 rsyslogd
@@hostname	将信息发送到远程主机（udp）

例：配置规则。

```
#### RULES ####
#将所有内核消息记录到控制台
#kern.*                                                  /dev/console

#记录所有设施的 info 或者更高级别的消息到/var/log/messages,除了 mail/authpriv/cron
*.info;mail.none;authpriv.none;cron.none                /var/log/messages
# 记录 authpriv 设备任何级别的信息到/var/log/secure
authpriv.*                                              /var/log/secure
# 记录 mail 设备任何级别的信息到/var/log/maillog,
#-符号表示不立即写入到磁盘,有利于加快写入速度
mail.*                                                  -/var/log/maillog
# 记录定时任务设备的所有级别信息发送到指定文件
cron.*                                                  /var/log/cron
# 将任何设备 emerg 级别或更高级别的信息发送给系统上的所有用户
*.emerg                                                 :omusrmsg:*
```

2. 远程日志服务器

rsyslog 是一个开源工具，广泛用于 Linux 系统中以通过 TCP/UDP 协议转发或接收日志消息。rsyslog 守护进程可以被配置成两种环境，一种是配置成日志收集服务器，可以从网络中收集其他主机上的日志数据，这些主机会将日志配置发送到远程服务器上；另一种是配置为客户端，用来过滤和发送内部日志消息到本地文件夹（如/var/log）或一台可以路由到的远程 rsyslog 服务器上。

rsyslog 服务端需要在配置文件/etc/rsyslog.conf 中配置以下内容：

```
去掉注释开启 UDP, TCP
# provides UDP syslog reception
$ModLoad imudp
$UDPServerRun 514
# provides TCP syslog reception
$ModLoad imtcp
$InputTCPServerRun 514
```

可以看到有两种传送方式：UDP 和 TCP。UDP 比 TCP 传送速度快，但是并不具有 TCP 数据流的可靠性。如果需要使用可靠的传送机制，就去掉 TCP 部分的数值。如果监控的是私有 IP 地址，则开启 UDP 足以。需要注意的是，TCP 和 UDP 可以同时生效来监听 TCP/UDP 连接。

如果开启 TCP，还需要增加一个配置：

```
$500    #tcp 接收连接数为 500 个
```

配置完成后重启服务：

```
[root@localhost .ssh]# systemctl restart rsyslog
```

查看监听服务：

```
[root@localhost .ssh]# ss -ltn|grep 514
```

3. 配置客户端

接下来要将 CentOS 机器转变成 rsyslog 客户端，将其所有内部日志消息发送到远程中央日志服务器上。客户端配置如下：添加以下声明到文件底部，将 IP 地址替换为远程 rsyslog 服务器的 IP 地址。

```
*.*@hostname:514
```

上面的声明告诉 rsyslog 守护进程，将系统上各个设备的各种日志消息路由到远程 rsyslog 服务器的 UDP 端口 514。

如果出于某种原因，需要更为可靠的协议，如 TCP，而 rsyslog 服务器也被配置为可以监听 TCP 连接，则必须在远程主机的 IP 地址前添加一个额外的"@"字符，像下面这样：

```
*.*@@hostname:514
```

如果只想要转发服务器上的指定设备的日志消息，比如说内核设备，那么可以在 rsyslog 配置文件中使用以下声明。

```
kern.*@hostname:514
```

重启服务：

```
[root@localhost .ssh]# systemctl restart rsyslog
```

4. 查看日志文件

从 rsyslog 的配置文件可知，日志文件存放在/var/log 目录下。但要想查看日志文件内容，必须要有 root 权限。

7.2.5 计划任务

计划任务是指在约定的时间执行预先安排好的进程任务，即可以在无须人工干预的情况下运行作业。Linux 下的调度启动分为两种。
- at 调度：设置一次性的计划任务。
- cron 调度：设置周期性的计划任务。

1. cron 与 anacron

cron 假定服务器是 24×7 全天候运行的，当系统的时间发生变化或有一段时间关机，就会遗漏这段时间应该执行的 cron 任务。

anacron 是针对服务器非全天候运行而设计的，当 anacron 在一段时间内发现 cron 任务没有执行时，就会执行因为时间不连续而遗漏的计划任务。

守护进程 crond 启动以后，会根据其内部计时器每分钟唤醒一次，检测如下文件的变化并将其加载到内存。
- /etc/crontab
- /etc/cron.d/*
- /var/spool/cron/*
- /etc/anacrontab

一旦发现上述配置文件安排的 cron 任务的时间和日期与系统当前时间和日期符合时，就执行相应 cron 任务。当 cron 任务执行结束后，任何输出都将作为邮件发送给安排 cron 任务的所有者，或者是配置文件的 MAILTO 环境变量中指定的用户。

在守护进程 crond 搜索的 4 类配置文件中，/var/spool/cron 目录下的 crontab 文件是由用户使用 crontab 命令编辑创建的，当每个用户使用 crontab 命令安排了 cron 任务之后，在 /var/spool/cron 目录下就会存在一个与用户同名的 crontab 文件。

守护进程 crond 每分钟都会唤醒一次，检测上述配置文件的变化并将其加载到内存，所以修改上述配置文件以及在目录 /etc/cron.{hourly,daily,weekly,monthly} 下添加新的脚本均无须重新启动 crond 守护进程。

2. 定时任务的配置

定时任务的配置文件如下：

```
[root@localhost ~]# cat /etc/crontab
SHELL=/bin/bash
PATH=/sbin:/bin:/usr/sbin:/usr/bin
MAILTO=root

# For details see man 4 crontabs

# Example of job definition:
# .---------------- minute (0 - 59)
# |  .------------- hour (0 - 23)
# |  |  .---------- day of month (1 - 31)
# |  |  |  .------- month (1 - 12) OR jan,feb,mar,apr ...
# |  |  |  |  .---- day of week (0 - 6) (Sunday=0 or 7) OR sun,mon,tue,wed,thu,fri,sat
# |  |  |  |  |
# *  *  *  *  * user-name  command to be executed
```

crontab 配置文件格式：

基本格式：

```
*    *    *    *    *    command
分    时    日    月    周    命令
```

第 1 列表示分钟 1~59，每分钟用 "*" 或者 "*/1" 表示
第 2 列表示小时 1~23（0 表示 0 点）
第 3 列表示日期 1~31
第 4 列表示月份 1~12
第 5 列表示星期 0~6（0 表示星期天）
第 6 列表示要运行的命令
除了数字还有几个特殊的符号，如表 7-3 所示。

表 7-3 特殊符号含义

特殊符号	说明
星号（*）	代表所有可能的值，例如 month 字段如果是星号，则表示在满足其他字段的制约条件后每月都执行该命令操作
逗号（,）	可以用逗号隔开的值指定一个列表范围，例如 "1,2,5,7,8,9"
短横线（-）	可以用整数之间的短横线表示一个整数范围，例如 "2-6" 表示 "2,3,4,5,6"
正斜线（/）	可以用正斜线指定时间的间隔频率，例如 "0-23/2" 表示每两小时执行一次。同时正斜线可以和星号一起使用，例如 "*/10" 用在 minute 字段，表示每十分钟执行一次

3. 设置定时任务

设置定时任务可以把命令写入到文件底部保存或者使用 "crontab –e" 命令编辑文件。在计划任务配置记录中的命令建议使用绝对路径，以避免因缺少执行路径而无法执行命令的情况。

```
[root@localhost ~]# crontab -u Bob -e
*/30 * * * * /usr/local/mycommand    (每天，每 30 分钟执行一次 mycommand 命令)
```

保存后退出即可生效。

除了这样编辑，还可以直接写到 crond 的主配置文件内，默认执行者为 root（直接在配置文件/etc/crontab 最下面添加任务命令即可）。

以 root 用户的身份设置计划任务，每分钟执行一次脚本。

```
*/1 * * * * root /root/a.sh
```

查看计划任务。

```
[root@localhost ~]# crontab -u root -l
```

删除 root 用户的计划任务列表。

```
[root@localhost ~]# crontab -r -u root
[root@localhost ~]# crontab -l -u root
no crontab for root
```

计划任务针对用户设置，相关命令是 crontab，执行该命令会生成一个以用户名命名的配置文件，并自动保存在/var/spool/cron 目录中。

```
[root@localhost cron]# ls /var/spool/cron/
Bob   root
```

/etc/cron.{hourly,daily,weekly,monthly}目录中存放了众多系统常规任务脚本，这些脚本需在系统 crontab 文件或 anacrontab 文件中使用 run-parts 工具调用执行。

默认配置文件/etc/cron.d/0hourly 中有如下配置：

```
[root@localhost cron]# cat /etc/cron.d/0hourly
# Run the hourly jobs
SHELL=/bin/bash
PATH=/sbin:/bin:/usr/sbin:/usr/bin
MAILTO=root
01 * * * * root run-parts /etc/cron.hourly
```

run-parts 命令的格式：

```
run-parts <directory>
```

功能是执行目录 directory 中的所有可执行文件，即每当整点零一分以 root 用户身份执行 /etc/cron.hourly 目录下的脚本。

4. anacron 的执行

在 CentOS 7 中，/etc/cron.hourly 目录下的脚本由守护进程 crond 直接执行，/etc/cron.{daily, weekly, monthly}目录下的脚本由守护进程 crond 调用 anacron 间接执行。

执行 anacron 的脚本文件为/etc/cron.hourly/0anacron，此脚本包含如下行：

```
/user/sbin/anacron -s
```

参数-s 表示顺序执行任务，即前一个任务完成之前，anacron 不会开始新的任务，从而避免了计划任务的交叠执行。

anacron 与 cron 一样，都用来调度重复的任务，周期性安排作业，计划任务被列在配置文件 /etc/anacrontab 中，如图 7-15 所示。

```
[root@localhost ~]# cat /etc/anacrontab
# /etc/anacrontab: configuration file for anacron

# See anacron(8) and anacrontab(5) for details.

SHELL=/bin/sh
PATH=/sbin:/bin:/usr/sbin:/usr/bin
MAILTO=root
# the maximal random delay added to the base delay of the jobs
RANDOM_DELAY=45
# the jobs will be started during the following hours only
START_HOURS_RANGE=3-22

#period in days   delay in minutes   job-identifier    command
1         5        cron.daily        nice run-parts /etc/cron.daily
7         25       cron.weekly       nice run-parts /etc/cron.weekly
@monthly 45        cron.monthly      nice run-parts /etc/cron.monthly
```

图7-15 周期性安排作业

文件中的每一行都代表一项任务，格式是：period delay job-identifier command。

- period：命令执行的频率（天数）。
- delay：延迟时间（分钟）。
- job-identifier：任务的描述，用在 anacron 的消息中，作为作业时间戳文件的名称，只能包括非空白的字符（除斜线外）。
- command：要执行的命令。

对于每项任务，anacron 先判定该任务是否已在配置文件的 period 字段指定的期间内被执行，如果它在给定期间内还没有被执行，anacron 会等待 delay 字段中指定的分钟数，然后执行 command 字段中指定的命令。

任务完成后，anacron 在/var/spool/anacron 目录内的时间戳文件中记录日期，但只记录日期，并无具体时间，而且 job-identifier 的数值被用作时间控制文件的名称。

crontab 的一些实例如表 7-4 所示。

表 7-4 crontab 定时任务例子

命令行	说明
30 21 * * * /usr/local/etc/rc.d/apache restart	每晚的 21:30 重启 apache
45 4 1,10,22 * * usr/local/etc/rc.d/apache restart	每月 1、10、22 日的 4：45 重启 apache
10 1 * * 6,0 /usr/local/etc/rc.d/apache restart	每周六、周日的 1：10 重启 apache
0,30 18-23 * * * /usr/local/etc/rc.d/apache restart	每天 18：00 至 23：00 之间每隔 30 分钟重启 apache
0 23 * * 6 /usr/local/etc/rc.d/apache restart	每周六的 23：00 重启 apache
* 23-7/1 * * * /usr/local/etc/rc.d/apache restart	晚上 11 点到早上 7 点之间，每隔一小时重启 apache
* */1 * * * /usr/local/etc/rc.d/apache restart	每一小时重启 apache
0 11 4 * 1-3 /usr/local/etc/rc.d/apache restart	每月的 4 号与每周一到周三的 11 点重启 apache
*/30 * * * * /usr/sbin/ntpdate 210.72.145.44	每半小时同步一下时间

5. crontab 的限制

/etc/cron.allow：将可以使用 crontab 的账号写入其中，不在这个文件内的使用者，则不可使用 crontab。

/etc/cron.deny：将不可以使用 crontab 的账号写入其中，未记录到这个文件中的使用者，才可以使用 crontab。

以优先顺序来说，/etc/cron.allow 比 /etc/cron.deny 要优先，以判断来说，这两个文件只需选择一个，因此，建议保留一个即可，以免影响自己在配置上面的判断。一般来说，系统默认保留/etc/cron.deny，也可以将不想让其运行 crontab 的使用者写入到/etc/cron.deny 当中，一行写一个账号。

7.3 作业

1. 什么是 PID，有何用处？
2. 常见的进程状态有哪几种，描述其中一种转换状态过程。
3. 查看 Bob 用户进程信息的相关命令。
4. 如何终止正在运行的进程（前台进程和后台进程）？
5. 如何把挂起的进程调入前台继续执行？
6. 将进程调入后台执行的命令是什么？
7. 什么叫守护进程？
8. 如何设置系统任务？
9. crontab 编辑、查看、删除任务的命令是什么？
10. 日志文件记录着什么信息，一般保存在哪个目录中？
11. 请简述实现免密码访问远程主机需要的配置步骤。
12. 如何实现每周一、三、五的下午 3：00 系统进入维护状态并重新启动系统（用 crontab 命令）？
13. 晚上 11 点到早上 7 点之间，每隔一小时重启 httpd，请简述实现方法。
14. 在上午 8 点到 11 点的第 3 和第 15 分钟重启 httpd，请简述实现方法。
15. 每周六、周日的 1：10 重启 httpd，请简述实现方法。

Chapter 8

第 8 章
常用服务器配置

学习目标

- 掌握常用的网络文件共享服务，包括 NFS、rsync、vsftpd、samba。
- 掌握常用的网络服务，包括 DHCP 服务、DNS 服务。
- 掌握常用的数据库服务，包括 MySQL 服务、Redis 服务。
- 掌握 LAMP 平台的搭建。

8.1 网络文件共享

8.1.1 NFS

网络文件系统（Network File System，NFS）1984 年由 Sun 公司创建。NFS 可以通过网络，让不同的机器、不同的操作系统彼此分享文件。当用户想使用远程文件时，只要用 mount 命令就可以把远程文件系统挂接在自己的文件系统之下，使用远程文件就像使用本地计算机上的文件一样。

NFS 支持的功能很多，不同的功能使用不同的程序来启动，并且会主动向 RPC 服务注册所采用的端口和功能信息。RPC 服务使用固定端口 111 监听来自 NFS 客户端的请求，并将正确的 NFS 服务器端口信息返回给客户端，这样客户端与服务器就可以进行数据传输了。

为了调试系统方便，现就最小的 Linux 集群做出特别的约定：服务器端，主机名为 master，IP 为 192.168.125.128；客户端，主机名为 slave，IP 为 192.168.125.129。本章以后各小节，若没有特别声明，则 Linux 集群同此设置。

1. 服务器端安装服务

首先查看系统是否已安装 NFS。由于 RPC 是先决条件，所以先要查询该服务。另外，安装服务一般需要具有超级用户权限，所以先切换用户，避免安装出错。

```
[tang@master ~]$ su - root
密码：
上一次登录：四 3月 14 04:24:24 CST 2019pts/0 上
[root@master ~]# rpm -qa|grep rpcbind
rpcbind-0.2.0-44.el7.x86_64
[root@master ~]# systemctl status rpcbind.service
   rpcbind.service - RPC bind service
```

```
    Loaded: loaded (/usr/lib/systemd/system/rpcbind.service; enabled;
vendor preset: enabled)
    Active: active (running) since 四 2019-03-14 04:19:48 CST; 3 days ago
   Process: 698 ExecStart=/sbin/rpcbind -w $RPCBIND_ARGS (code=exited,
status=0/SUCCESS)
 Main PID: 708 (rpcbind)
    Tasks: 1
    CGroup: /system.slice/rpcbind.service
            └─708 /sbin/rpcbind -w
3月 14 04:19:39 localhost.localdomain systemd[1]: Starting RPC bind service...
3月 14 04:19:48 localhost.localdomain systemd[1]: Started RPC bind service.
```

可以发现，系统默认安装了 RPC 并且启动了服务。

```
[root@master ~]# rpm -qa|grep nfs
libnfsidmap-0.25-19.el7.x86_64
nfs-utils-1.3.0-0.54.el7.x86_64
```

这里系统已经默认安装了 NFS 服务，如果没有安装，可以运行 "yum -y install nfs-utils" 命令来安装。

2. 服务器端配置端口

NFS 除了主程序端口 2049 和 rpcbind 端口 111 是固定的以外，还会使用一些随机端口，以下将配置这些端口，以便配置防火墙。

```
[root@master ~]# vi /etc/sysconfig/nfs
```

在文件的最后添加以下内容：

```
# 追加端口配置
MOUNTD_PORT=4001
STATD_PORT=4002
LOCKD_TCPPORT=4003
LOCKD_UDPPORT=4003
RQUOTAD_PORT=4004
```

3. 服务器端 NFS 权限设置

NFS 权限，对于普通用户：

（1）当设置 all_squash 时，访客一律被映射为匿名用户（nfsnobody）；

（2）当设置 no_all_squash 时，访客被映射为服务器上相同 UID 的用户，因此在客户端应建立与服务端 UID 一致的用户，否则也将映射为 nfsnobody。但 root 除外，因为 root_squash 为默认选项，除非指定了 no_root_squash。

NFS 权限，对于 root 用户：

（1）当设置 root_squash 时，访客以 root 身份访问 NFS 服务端，被映射为 nfsnobody 用户；

（2）当设置 no_root_squash 时，访客以 root 身份访问 NFS 服务端，被映射为 root 用户，以其他用户访问，同样被映射为对应 UID 的用户，因为 no_all_squash 是默认选项。

常用的选项：

ro　共享目录只读；

rw　共享目录可读可写；

all_squash 所有访问用户都映射为匿名用户或用户组；
no_all_squash（默认） 访问用户先与本机用户匹配，匹配失败后再映射为匿名用户或用户组；
root_squash（默认） 将来访的 root 用户映射为匿名用户或用户组；
no_root_squash 来访的 root 用户保持 root 账号权限；
anonuid=<UID> 指定匿名访问用户的本地用户 UID，默认为 nfsnobody（65534）；
anongid=<GID> 指定匿名访问用户的本地用户组 GID，默认为 nfsnobody（65534）；
secure（默认） 限制客户端只能从小于 1024 的 TCP/IP 端口连接服务器；
insecure 允许客户端从大于 1024 的 TCP/IP 端口连接服务器；
sync 将数据同步写入内存缓冲区与磁盘中，效率低，但可以保证数据的一致性；
async 将数据先保存在内存缓冲区中，必要时才写入磁盘；
wdelay（默认） 检查是否有相关的写操作，如果有，则将这些写操作一起执行，这样做可以提高效率；
no_wdelay 若有写操作，则立即执行，注意应与 sync 配合使用；
subtree_check（默认） 若输出目录是一个子目录，则 NFS 服务器将检查其父目录的权限；
no_subtree_check 即使输出目录是一个子目录，NFS 服务器也不检查其父目录的权限，这样可以提高效率。

以 nfsnobody 创建共享目录，允许所有客户端写入。

```
[root@master ~]# mkdir /var/nfs
[root@master ~]# echo 'Hello,world!'>/var/nfs/text.txt
[root@master ~]# chown -R nfsnobody:nfsnobody /var/nfs
[root@master ~]# vi /etc/exports
```

添加如下内容：

```
/var/nfs *(rw,sync)
```

重载 exports 配置：

```
[root@master ~]# exportfs -r
```

查看共享参数：

```
[root@master ~]# exportfs -v
/var/nfs
    <world>(rw,sync,wdelay,hide,no_subtree_check,sec=sys,root_squash,no_all_squash)
```

exportfs 参数说明：

-a 全部挂载或卸载 /etc/exports 中的内容；

-r 重新读取 /etc/exports 中的信息，并同步更新 /etc/exports、/var/lib/nfs/xtab；

-u 卸载单一目录（和 -a 一起使用将卸载所有 /etc/exports 文件中的目录）；

-v 输出详细的共享参数。

4. 服务器端防火墙设置

CentOS 7.5 以上的版本，默认安装的防火墙是 firewall，不是 iptables。

运行以下命令可以设置端口：

```
[root@master ~]# firewall-cmd --permanent --add-port=111/tcp
success
```

```
[root@master ~]# firewall-cmd --permanent --add-port=111/udp
success
[root@master ~]# firewall-cmd --permanent --add-port=2049/tcp
success
[root@master ~]# firewall-cmd --permanent --add-port=2049/udp
success
[root@master ~]# firewall-cmd --permanent --add-port=4001-4004/tcp
success
[root@master ~]# firewall-cmd --permanent --add-port=4001-4004/udp
success
```

重启防火墙后再用以下命令查看设置：

```
[root@master ~]# systemctl restart firewalld.service
[root@master ~]# firewall-cmd --list-all
public (active)
  target: default
  icmp-block-inversion: no
  interfaces: ens33
  sources:
  services: ssh dhcpv6-client
  ports: 111/tcp 111/udp 2049/tcp 2049/udp 4001-4004/tcp 4001-4004/udp
  protocols:
  masquerade: no
  forward-ports:
  source-ports:
  icmp-blocks:
  rich rules:
```

5．服务器端启动服务

运行以下命令：

```
[root@master ~]# systemctl start nfs.service
[root@master ~]# systemctl enable nfs.service
Created symlink from /etc/systemd/system/multi-user.target.wants/nfs-server.service to /usr/lib/systemd/system/nfs-server.service.
[root@master ~]# systemctl status nfs.service
  nfs-server.service - NFS server and services
   Loaded: loaded (/usr/lib/systemd/system/nfs-server.service; enabled; vendor preset: disabled)
   Drop-In: /run/systemd/generator/nfs-server.service.d
            └─order-with-mounts.conf
   Active: active (exited) since 日 2019-03-17 22:39:51 CST; 2min 10s ago
  Main PID: 83600 (code=exited, status=0/SUCCESS)
   CGroup: /system.slice/nfs-server.service

3 月 17 22:39:49 localhost.localdomain systemd[1]: Starting NFS server and services...
3 月 17 22:39:51 localhost.localdomain systemd[1]: Started NFS server and services.
```

至此，服务器端的安装设置完成。
6. 客户端挂载
首先执行如下命令切换用户：
```
[tang@slave ~]$ su - root
密码：
上一次登录：二 3月 19 16:14:04 CST 2019pts/0 上
```
将服务器端 NFS 共享目录挂载到本地的"/mnt/nfs"目录中：
```
[root@slave ~]# mkdir /mnt/nfs
[root@slave ~]# mount -t nfs master:/var/nfs /mnt/nfs
[root@slave ~]# ls -l /mnt/nfs
text.txt
```
要卸载 NFS 共享目录，则执行如下命令：
```
[root@slave ~]# umount /mnt/nfs
[root@slave ~]# ls /mnt/nfs
```

8.1.2 rsync

rsync 是一个开源的、快速的、多功能的，可以实现全量以及增量本地或者远程数据同步备份的优秀工具。rsync 当前由 rsync.samba.org 负责维护。

rsync 同步数据时，第一次连接完成，会把整份文件传输一次，下一次就只传送两个文件的不同部分，速度非常快，这就是其独特的"quick check"算法。

rsync 可以搭配 rsh 或 ssh，甚至使用 daemon 模式。rsync 服务器会打开 873 端口，等待对方 rsync 连接。连接时，rsync 服务器会检查口令是否相符，若口令相符，则可以开始进行文件传输。

rsync 支持 Linux、Solaris、BSD 等类 UNIX 系统，在 Windows 平台下也有相应的版本，比较知名的有 cwRsync 和 Sync2NAS。

rsync 的基本特点如下。
（1）支持匿名传输；
（2）安装时不需要特殊权限；
（3）文件传输效率高；
（4）可以保持原来文件的权限、时间、软硬链接等；
（5）可以镜像保存整个目录树和文件系统；
（6）可以使用 rsh、ssh、socket 等方式来传输文件。

1. 服务器端安装服务
首先查看服务器端是否已安装 rsync。
```
[root@master ~]# rpm -qa|grep rsync
rsync-3.1.2-4.el7.x86_64
```
可以发现，系统默认安装了 NFS 服务；如果没有安装，可以运行"yum -y install rsync"命令来安装。

2. 服务器端修改默认配置文件
```
[root@master ~]# vi /etc/rsyncd.conf
```

添加以下内容：
```
# 设置进行数据传输时所使用的账户名称或 ID 号，默认使用 nobody
uid=rsync
# 设置进行数据传输时所使用的组名称或 GID 号，默认使用 nobody
gid=rsync
# 设置 user chroot 为 yes 后，rsync 会首先进行 chroot 设置，将根映射到 path 参数路径下，
对客户端而言，系统的根就是 path 参数所指定的路径。但这样做需要 root 权限，并且在同步符号连接资
料时仅会同步名称，而内容将不会同步。
use chroot=no
# 设置服务器所监听网卡接口的 IP 地址
# address=192.168.125.128
# 设置服务器监听的端口号，默认为 873
port=873
# 设置日志文件名称，可以通过 log format 参数设置日志格式
log file=/var/log/rsyncd.log
# 设置 Rsync 进程号保存文件名称
pid file=/var/run/rsyncd.pid
# 设置服务器信息提示文件名称，在该文件中编写提示信息
motd file=/etc/rsyncd.motd
# 开启 Rsync 数据传输日志功能
transfer logging=yes
# 设置锁文件名称
lock file=/var/run/rsync.lock
# 设置并发连接数，0 代表无限制。超出并发数后，如果依然有客户端连接请求，则将会收到稍后重
试的提示消息
max connections=10
# 模块，rsync 通过模块定义同步的目录，模块以 [name] 的形式定义，可以定义多个模块
[common]
# comment 定义注释说明字串
# comment=Web content
# 同步目录的真实路径通过 path 指定
path=/common/
# 是否允许客户端上传数据
read only=false
# 忽略一些 IO 错误
ignore errors=true
# exclude 可以指定例外的目录，即将 common 目录下的某个目录设置为不同步数据
# exclude=test/
# 设置允许连接服务器的账户，账户可以是系统中不存在的用户
auth users=tql
# 设置密码验证文件名称，注意该文件的权限要求为只读，建议权限为 600，仅在设置 auth users
参数后有效
secrets file=/etc/rsyncd.secrets
# 设置允许哪些主机可以同步数据，可以是单个 IP，也可以是网段，多个 IP 与网段之间使用逗号分
```

隔
```
    hosts allow=192.168.125.128,192.168.128.129
    # 设置拒绝所有主机（除hosts allow定义的主机外）
    hosts deny=*
    # 客户端请求显示模块列表时，本模块名称是否显示，默认为true
    list=false
```

3．创建共享目录

创建共享目录"/common"。

```
[root@master ~]# mkdir /common
[root@master ~]# cd /common
[root@master common]# touch up{01..100}
[root@master common]# ls
up001  up009  up017  up025  up033  up041  up049  up057  up065  up073
up081  up089  up097
up002  up010  up018  up026  up034  up042  up050  up058  up066  up074
up082  up090  up098
up003  up011  up019  up027  up035  up043  up051  up059  up067  up075
up083  up091  up099
up004  up012  up020  up028  up036  up044  up052  up060  up068  up076
up084  up092  up100
up005  up013  up021  up029  up037  up045  up053  up061  up069  up077
up085  up093
up006  up014  up022  up030  up038  up046  up054  up062  up070  up078
up086  up094
up007  up015  up023  up031  up039  up047  up055  up063  up071  up079
up087  up095
up008  up016  up024  up032  up040  up048  up056  up064  up072  up080
up088  up096
[root@master ~]# useradd rsync -s /sbin/nologin -M
[root@master ~]# tail -1 /etc/passwd
[root@master ~]# chown rsync.rsync /common/
[root@master ~]# ll -d /common/
```

4．创建密码文件

创建密码文件"/etc/rsyncd.secrets"。在该文件中输入两个账户的密码：tql 账户的密码是 pas123，lxy 账户的密码是 zb123。需要注意的是，密码文件不可以对所有人开放可读权限，为了安全起见，建议设置权限为 600。

```
[root@master ~]# echo "tql:pas123" > /etc/rsyncd.secrets
[root@master ~]# echo "lxy:zb123" >> /etc/rsyncd.secrets
[root@master ~]# chmod 600 /etc/rsyncd.secrets
```

5．创建服务器提示信息文件并向该文件中导入欢迎词

```
[root@master ~]# echo "welcome to access" >/etc/rsyncd.motd
```

6．添加防火墙规则，允许 873 端口的数据访问

```
[root@master ~]# firewall-cmd --permanent --add-port=873/tcp
success
```

```
[root@master ~]# systemctl restart firewalld.service
[root@master ~]# firewall-cmd --list-all
public (active)
  target: default
  icmp-block-inversion: no
  interfaces: ens33
  sources:
  services: ssh dhcpv6-client
  ports: 111/tcp 111/udp 2049/tcp 2049/udp 4001-4004/tcp 4001-4004/udp
873/tcp
  protocols:
  masquerade: no
  forward-ports:
  source-ports:
  icmp-blocks:
  rich rules:
```

7．启动服务

由于 rsync 默认开机不启动服务，为了实现开机启动 rsync 服务，可以通过 echo 将 "rsync --daemon" 追加至开机启动文件/etc/rc.local。

```
[root@master ~]# rsync --daemon
[root@master ~]# netstat -lntup |grep 873
tcp      0      0 0.0.0.0:873         0.0.0.0:*        LISTEN      3265/rsync
tcp6     0      0 :::873              :::*             LISTEN      3265/rsync
```

若出现类似上面的信息，则表示 rsync 启动成功。

```
[root@master ~]# echo "/usr/bin/rsync --daemon" >> /etc/rc.local
```

CentOS 7.6 下/etc/rc.local 文件里配置的开机启动项，默认是不执行的，那该怎么办呢？下面是解决办法：

```
[root@master ~]# ll /etc/rc.local
lrwxrwxrwx. 1 root root 13 12月  4 15:32 /etc/rc.local -> rc.d/rc.local
[root@master ~]# ll /etc/rc.d/rc.local
-rw-r--r--. 1 root root 497 3月  21 03:01 /etc/rc.d/rc.local
[root@master ~]# chmod +x /etc/rc.d/rc.local
[root@master ~]# ll /etc/rc.d/rc.local
-rwxr-xr-x. 1 root root 497 3月  21 03:01 /etc/rc.d/rc.local
```

重启服务，需执行下面两条命令：

```
[root@master ~]# pkill rsync
[root@master ~]# rsync --daemon
```

rsync 常用的选项：

-v 详细模式输出；

-a 归档模式，以递归的方式传输文件，并保持所有文件属性；

-p 保留文件权限；

-P 显示同步的过程及传输时的进度等信息；

-t 保持文件时间信息；

-g 保持文件属组信息；

-o 保持文件属主信息；

-D 保持设备文件信息，表示支持 b、c、s、p 类型的文件；

-A 保留 ACL（访问控制列表）权限；

-S 对稀疏文件进行特殊处理以节省 DST（目标主机）的空间；

-n 显示哪些文件将被传输；

-w 复制文件，不进行增量检测；

-x 不要跨越文件系统边界；

--delete 删除 DST（目标主机）中那些 SRC（源主机）没有的文件；

--progress 显示备份过程；

-z 对备份文件在传输时进行压缩处理；

--progress 在传输时显示传输过程；

--password-file=FILE 从 FILE 中得到密码。

8. 客户端同步数据

在客户端同样使用 rsync 命令进行初始化数据传输，使用同样的程序，但客户端主机不需要--daemon 选项。

```
[root@slave ~]# rpm -qa|grep rsync
rsync-3.1.2-4.el7.x86_64
[root@slave ~]# mkdir /test
[root@slave ~]# useradd rsync -s /sbin/nologin -M
[root@slave ~]# tail -1 /etc/passwd
[root@slave ~]# chown rsync.rsync /test/
[root@slave ~]# ll -d /test/
[root@slave ~]# echo "zb123" > /etc/rsyncd.secrets
[root@slave ~]# chmod 600 /etc/rsyncd.secrets
```

现在可以开始同步数据。

```
[root@master ~]# rm -f /test/*
[root@master ~]# ls /test/
[root@slave ~]# rsync -avz --progress --password-file=/etc/rsyncd.secrets lxy@192.168.125.128::common/ /test/
welcome to access

receiving incremental file list
./
up001
            0 100%    0.00kB/s    0:00:00 (xfr#1, to-chk=99/101)
up002
            0 100%    0.00kB/s    0:00:00 (xfr#2, to-chk=98/101)
up003
            0 100%    0.00kB/s    0:00:00 (xfr#3, to-chk=97/101)
```

```
    ......
    up100
                    0 100%    0.00kB/s    0:00:00 (xfr#100, to-chk=0/101)

    sent 1,927 bytes  received 4,902 bytes  13,658.00 bytes/sec
    total size is 0  speedup is 0.00
    [root@slave ~]# ls /test/
    up001  up007  up013  up019  up025  up031  up037  up043  up049  up055
up061  up067  up073  up079  up085  up091  up097
    up002  up008  up014  up020  up026  up032  up038  up044  up050  up056
up062  up068  up074  up080  up086  up092  up098
    up003  up009  up015  up021  up027  up033  up039  up045  up051  up057
up063  up069  up075  up081  up087  up093  up099
    up004  up010  up016  up022  up028  up034  up040  up046  up052  up058
up064  up070  up076  up082  up088  up094  up100
    up005  up011  up017  up023  up029  up035  up041  up047  up053  up059
up065  up071  up077  up083  up089  up095
    up006  up012  up018  up024  up030  up036  up042  up048  up054  up060
up066  up072  up078  up084  up090  up096
    [root@slave ~]# rm -f /test/*
    [root@slave ~]# ls /test/
    [root@slave ~]# rsync -avz --progress --password-file=/etc/rsyncd.
secrets rsync://lxy@192.168.125.128/common/ /test/
    welcome to access

    receiving incremental file list
    ./
    up001
                    0 100%    0.00kB/s    0:00:00 (xfr#1, to-chk=99/101)
    up002
                    0 100%    0.00kB/s    0:00:00 (xfr#2, to-chk=98/101)
    up003
                    0 100%    0.00kB/s    0:00:00 (xfr#3, to-chk=97/101)
    ......
    up100
                    0 100%    0.00kB/s    0:00:00 (xfr#100, to-chk=0/101)

    sent 1,927 bytes  received 4,902 bytes  4,552.67 bytes/sec
    total size is 0  speedup is 0.00
    [root@slave ~]# ls /test/
    up001  up007  up013  up019  up025  up031  up037  up043  up049  up055
up061  up067  up073  up079  up085  up091  up097
    up002  up008  up014  up020  up026  up032  up038  up044  up050  up056
up062  up068  up074  up080  up086  up092  up098
```

```
        up003       up009   up015   up021   up027   up033   up039   up045   up051   up057
up063   up069   up075   up081   up087   up093   up099
        up004       up010   up016   up022   up028   up034   up040   up046   up052   up058
up064   up070   up076   up082   up088   up094   up100
        up005       up011   up017   up023   up029   up035   up041   up047   up053   up059
up065   up071   up077   up083   up089   up095
        up006       up012   up018   up024   up030   up036   up042   up048   up054   up060
up066   up072   up078   up084   up090   up096
```

在服务器端添加一个文件：

```
[root@master ~]# echo "This is test file">/common/test1.txt
```

在客户端再次同步数据：

```
[root@slave ~]# rsync -avz --progress --password-file=/etc/rsyncd.secrets rsync://lxy@192.168.125.128/common/ /test/
welcome to access

receiving incremental file list
./
test1.txt
            18 100%    17.58kB/s    0:00:00 (xfr#1, to-chk=100/102)

sent 46 bytes  received 1,384 bytes  2,860.00 bytes/sec
total size is 18  speedup is 0.01
[root@slave ~]# ls /test/
test1.txt  up006    up012    up018    up024    up030    up036    up042    up048    up054
up060    up066    up072    up078    up084    up090    up096
         up001        up007    up013    up019    up025    up031    up037    up043    up049    up055
up061    up067    up073    up079    up085    up091    up097
         up002        up008    up014    up020    up026    up032    up038    up044    up050    up056
up062    up068    up074    up080    up086    up092    up098
         up003        up009    up015    up021    up027    up033    up039    up045    up051    up057
up063    up069    up075    up081    up087    up093    up099
         up004        up010    up016    up022    up028    up034    up040    up046    up052    up058
up064    up070    up076    up082    up088    up094    up100
         up005        up011    up017    up023    up029    up035    up041    up047    up053    up059
up065    up071    up077    up083    up089    up095
```

8.1.3 vsftpd

vsftpd（very secure FTP daemon）是非常安全的 FTP 服务进程，是 Linux 发行版本中最主流的、完全免费的、开放源代码的 FTP 服务器程序，其优点是小巧轻便、安全易用、稳定高效、带宽限制、可伸缩性良好、可创建虚拟用户，支持 IPv6，速率高，可满足企业跨部门、多用户的使用需求等。

vsftpd 基于 GPL 开源协议发布，在中小企业中得到广泛的应用。vsftpd 基于 vsftpd 虚拟用户方式，访问验证更加安全，可以快速上手；vsftpd 还可以基于 MySQL 数据库进行安全验证，实现多重安全防护。CentOS 7 默认没有开启 FTP 服务,必须手动开启。具体安装开启步骤如下。

1. 安装 vsftpd

```
[root@master ~]# rpm -qa |grep vsftpd
[root@master ~]# yum list installed|grep vsftpd
```

以上查询均无任何信息显示,说明 vsftpd 没有安装。现在通过命令"yum -y install vsftpd"直接在线安装,需要联网才可以正常进行,其中的"-y"表示不用输入确定,直接一路安装到底。

```
[root@master ~]# yum -y install vsftpd
已加载插件: fastestmirror, langpacks
Loading mirror speeds from cached hostfile
 * base: mirrors.aliyun.com
 * extras: mirrors.aliyun.com
 * updates: mirrors.aliyun.com
……
安装  1 软件包
总下载量: 171 k
安装大小: 353 k
……
已安装:
  vsftpd.x86_64 0:3.0.2-25.el7
完毕!
```

2. 设置开机启动 vsftpd

```
[root@master ~]# systemctl enable vsftpd.service
Created symlink from /etc/systemd/system/multi-user.target.wants/vsftpd.service to /usr/lib/systemd/system/vsftpd.service.
```

3. 启动 vsftpd

```
[root@master ~]# systemctl start vsftpd.service
```

4. 查看 ftp 是否启动

```
[root@master ~]# ps -e |grep ftp
 11547 ?        00:00:00 vsftpd
[root@master ~]# systemctl status vsftpd.service
   vsftpd.service - Vsftpd ftp daemon
   Loaded: loaded (/usr/lib/systemd/system/vsftpd.service; enabled; vendor preset: disabled)
   Active: active (running) since 五 2019-03-22 02:32:14 CST; 55s ago
  Process: 11543 ExecStart=/usr/sbin/vsftpd /etc/vsftpd/vsftpd.conf (code=exited, status=0/SUCCESS)
 Main PID: 11547 (vsftpd)
    Tasks: 1
   CGroup: /system.slice/vsftpd.service
           └─11547 /usr/sbin/vsftpd /etc/vsftpd/vsftpd.conf
3月 22 02:32:13 master systemd[1]: Starting Vsftpd ftp daemon...
3月 22 02:32:14 master systemd[1]: Started Vsftpd ftp daemon.
```

5. 开启防火墙，开放 21 端口

```
[root@master ~]# firewall-cmd --permanent --zone=public --add-port=21/tcp
success
[root@master ~]# firewall-cmd --permanent --zone=public --add-service=ftp
success
[root@master ~]# firewall-cmd --reload
success
[root@master ~]# firewall-cmd --list-all
public (active)
  target: default
  icmp-block-inversion: no
  interfaces: ens33
  sources:
  services: ssh dhcpv6-client ftp
  ports: 111/tcp 111/udp 2049/tcp 2049/udp 4001-4004/tcp 4001-4004/udp 873/tcp 21/tcp
  protocols:
  masquerade: no
  forward-ports:
  source-ports:
  icmp-blocks:
  rich rules:
```

6. 安装 vsftpd 虚拟用户需要的软件和认证模块

```
[root@master ~]# yum -y install pam* libdb-utils libdb* -skip-broken
已加载插件：fastestmirror, langpacks
Loading mirror speeds from cached hostfile
 * base: mirrors.aliyun.com
 * extras: mirrors.aliyun.com
 * updates: mirrors.aliyun.com
……
完毕!
```

7. 创建虚拟用户临时文件

```
[root@master ~]# vi /etc/vsftpd/ftpusers.txt
```

添加如下内容：

```
tql
pas369
lxy
zb2598
zidb
pq6527
```

其中的奇数行代表用户名，偶数行代表上一行用户对应的密码。

8. 生成虚拟用户数据认证文件

```
[root@master ~]# db_load -T -t hash -f /etc/vsftpd/ftpusers.txt /etc/vsftpd/login.db
```

9. 设置认证文件的权限为 755

```
[root@master ~]# chmod 755 /etc/vsftpd/login.db
```

10. 配置 pam 认证文件

```
[root@master ~]# vi /etc/pam.d/vsftpd
```

在文件中注释掉原来的内容，加入下面两行内容：

```
auth required pam_userdb.so db=/etc/vsftpd/login
account required pam_userdb.so db=/etc/vsftpd/login
```

11. 新建一个系统用户（ftpuser）作为虚拟用户的映射，这个用户不用密码即可登录

```
[root@master ~]# useradd ftpuser -s /sbin/nologin
```

12. 创建虚拟用户配置文件放置的目录

```
[root@master ~]# mkdir -p /etc/vsftpd/user_conf
```

13. 设置 vsftpd 配置文件

```
[root@master ~]# vi /etc/vsftpd/vsftpd.conf
```

在配置文件中将"anonymous_enable=YES"改为：

```
anonymous_enable=NO
```

将"xferlog_file=/var/log/xferlog"前面的"#"删除；

将"listen=NO"改为：

```
listen=YES
```

将"listen_ipv6=YES"改为：

```
listen_ipv6=NO
```

在文件末尾加入以下内容：

```
# 启用虚拟用户
guest_enable=YES
# 映射虚拟用户到系统用户 ftpuser
guest_username=ftpuser
# 设置虚拟用户配置文件所在的目录
user_config_dir=/etc/vsftpd/user_conf
# 虚拟用户拥有本地用户的权限
virtual_use_local_privs=YES
# 锁定用户目录
chroot_local_user=YES
# 禁止用户列表功能
chroot_list_enable=YES
chroot_list_file=/etc/vsftpd/chroot_list
allow_writeable_chroot=YES
```

建立根目录锁定的账户文件

```
[root@master ~]# touch /etc/vsftpd/chroot_list
```

14. 为每个虚拟用户创建配置文件

```
[root@master ~]# vi /etc/vsftpd/user_conf/tql
```

加入以下内容：

```
# 虚拟用户主目录路径
local_root=/home/ftpuser/tql
```

```
# 允许虚拟用户有写入权限
write_enable=YES
# 允许匿名用户有下载和读取权限
anon_world_readable_only=YES
# 允许匿名用户有上传文件权限，在 write_enable=YES 时有效
anon_upload_enable=YES
# 允许匿名用户有创建目录权限，在 write_enable=YES 时有效
anon_mkdir_write_enable=YES
# 允许匿名用户有其他权限，在 write_enable=YES 时有效
anon_other_write_enable=YES
```

添加第二个虚拟用户：

```
[root@master ~]# vi /etc/vsftpd/user_conf/lxy
```

加入以下内容：

```
local_root=/home/ftpuser/lxy
write_enable=YES
anon_world_readable_only=YES
anon_upload_enable=YES
anon_mkdir_write_enable=YES
anon_other_write_enable=YES
```

添加第三个虚拟用户：

```
[root@master ~]# vi /etc/vsftpd/user_conf/zidb
```

加入以下内容：

```
local_root=/home/ftpuser/zidb
write_enable=YES
anon_world_readable_only=YES
anon_upload_enable=YES
anon_mkdir_write_enable=YES
anon_other_write_enable=YES
```

15. 创建虚拟用户各自的主目录

```
[root@master ~]# mkdir -p /home/ftpuser/tql
[root@master ~]# mkdir -p /home/ftpuser/lxy
[root@master ~]# mkdir -p /home/ftpuser/zidb
```

16. 设置权限

```
[root@master ~]# chown -R ftpuser:ftpuser /home/ftpuser
```

17. 配置 selinux 允许 ftp 访问 home 和外网访问

```
[root@master ~]# setsebool -P allow_ftpd_full_access on
[root@master ~]# setsebool -P tftp_home_dir on
```

18. 重启 vsftpd 服务

```
[root@master ~]# systemctl restart vsftpd.service
```

19. 客户端测试

在用户根目录下创建空文件，以便于测试。

```
[root@master ~]# touch /home/ftpuser/lxy/test{01..10}
[root@master ~]# ls /home/ftpuser/lxy/
```

    test01   test02   test03   test04   test05   test06   test07   test08   test09   test10

（1）用 IE 浏览器测试 FTP

在 IE 浏览器地址栏中输入如下地址后回车，即可看到图 8-1 所示的结果。

```
ftp://lxy:zb2598@192.168.125.128
```

图8-1　用IE浏览器测试FTP

（2）用 FTP 客户端测试 FTP

用 CuteFTP 客户端连接也同样没有问题，其相关信息如下：

```
状态:>    连接: Friday 16:07:53 03-22-2019
状态:>    正在连接到 192.168.125.128
状态:>    正在连接到 192.168.125.128 (ip = 192.168.125.128)
状态:>    Socket 已连接。正在等待欢迎消息...
          220 (vsFTPd 3.0.2)
状态:>    已连接，正在验证...
命令:>    USER lxy
          331 Please specify the password.
命令:>    PASS ********
          230 Login successful.
状态:>    登录成功
命令:>    TYPE I
          200 Switching to Binary mode.
状态:>    该站点支持断点续传
命令:>    PWD
          257 "/"
命令:>    TYPE A
          200 Switching to ASCII mode.
命令:>    REST 0
          350 Restart position accepted (0).
状态:>    正在重获目录列表...
命令:>    PASV
          227 Entering Passive Mode (192,168,125,128,240,2).
```

```
命令:>   LIST
状态:>   正在连接数据 socket...
         150 Here comes the directory listing.
         226 Directory send OK.
状态:>   已接收 64 字节,正常。
状态:>   时间: 0:00:01, 效率: 0.06 KB/s (64 字节/秒)
状态:>   完成。
```

8.1.4 Samba

Samba 是一个能让 Linux 系统应用 Microsoft 网络通信协议的软件,1991 年由 Andrew Tridgwell 创建。

Samba 可以用于 Linux 与 Windows 系统之间直接的文件共享和打印共享,也可以用于 Linux 与 Linux 系统之间的资源共享。Samba 还可以实现 WINS 和 DNS 服务、网络浏览服务、Linux 和 Windows 域之间的认证和授权、Unicode 字符集和域名映射等功能。

Samba 服务器既可以充当文件共享服务器,也可以充当 Samba 的客户端。

Samba 包括 SMB 和 NMB 两个服务。SMB 是 Samba 的核心服务,主要负责建立服务器与客户机之间的对话,验证用户身份并提供对文件系统和打印系统的访问,实现文件的共享。NMB 负责把 Linux 系统共享的工作组名称与其 IP 对应起来,实现类似 DNS 的功能。如果 NMB 服务没有启动,就只能通过 IP 来访问共享文件。

1. 安装 samba 服务

```
[root@master ~]# yum -y install samba
已加载插件: fastestmirror, langpacks
Loading mirror speeds from cached hostfile
 * base: mirrors.aliyun.com
 * extras: mirrors.aliyun.com
 * updates: mirrors.aliyun.com
……
完毕!
```

2. 查看安装状况

```
[root@master ~]# rpm -qa | grep samba
samba-libs-4.8.3-4.el7.x86_64
samba-common-4.8.3-4.el7.noarch
samba-4.8.3-4.el7.x86_64
samba-client-libs-4.8.3-4.el7.x86_64
samba-common-libs-4.8.3-4.el7.x86_64
samba-common-tools-4.8.3-4.el7.x86_64
```

3. 设置开机自启动

```
[root@master ~]# systemctl enable smb.service
Created symlink from /etc/systemd/system/multi-user.target.wants/smb.service to /usr/lib/systemd/system/smb.service.
[root@master ~]# systemctl enable nmb.service
Created symlink from /etc/systemd/system/multi-user.target.wants/nmb.service to /usr/lib/systemd/system/nmb.service.
```

4. 启动服务

```
[root@master ~]# systemctl start smb.service
[root@master ~]# systemctl status smb.service
  smb.service - samba SMB Daemon
   Loaded: loaded (/usr/lib/systemd/system/smb.service; enabled; vendor preset: disabled)
   Active: active (running) since 六 2019-03-23 00:28:49 CST; 7s ago
     Docs: man:smbd(8)
           man:samba(7)
           man:smb.conf(5)
 Main PID: 17706 (smbd)
   Status: "smbd: ready to serve connections..."
    Tasks: 4
   CGroup: /system.slice/smb.service
           ├─17706 /usr/sbin/smbd --foreground --no-process-group
           ├─17711 /usr/sbin/smbd --foreground --no-process-group
           ├─17712 /usr/sbin/smbd --foreground --no-process-group
           └─17716 /usr/sbin/smbd --foreground --no-process-group

3月 23 00:28:26 master systemd[1]: Starting samba SMB Daemon...
3月 23 00:28:49 master smbd[17706]: [2019/03/23 00:28:49.354230,  0] ../lib/util/become_dae...ady)
3月 23 00:28:49 master systemd[1]: Started samba SMB Daemon.
3月 23 00:28:49 master smbd[17706]:   daemon_ready: STATUS=daemon 'smbd' finished starting ...ions
Hint: Some lines were ellipsized, use -l to show in full.
[root@master ~]# systemctl start nmb.service
[root@master ~]# systemctl status nmb.service
  nmb.service - samba NMB Daemon
   Loaded: loaded (/usr/lib/systemd/system/nmb.service; enabled; vendor preset: disabled)
   Active: active (running) since 六 2019-03-23 00:49:51 CST; 10s ago
     Docs: man:nmbd(8)
           man:samba(7)
           man:smb.conf(5)
 Main PID: 17992 (nmbd)
   Status: "nmbd: ready to serve connections..."
    Tasks: 1
   CGroup: /system.slice/nmb.service
           └─17992 /usr/sbin/nmbd --foreground --no-process-group

3月 23 00:49:44 master systemd[1]: Starting samba NMB Daemon...
3月 23 00:49:51 master systemd[1]: Started samba NMB Daemon.
3月 23 00:49:51 master nmbd[17992]: [2019/03/23 00:49:51.891660,  0] ../lib/util/become_dae...ady)
```

```
3月 23 00:49:51 master nmbd[17992]:    daemon_ready: STATUS=daemon 'nmbd'
finished starting ...ions
Hint: Some lines were ellipsized, use -l to show in full.
```

5. 查看 samba 服务进程

```
[root@master ~]# netstat -tunlp|grep -E 'smbd|nmbd'
tcp     0   0 0.0.0.0:445            0.0.0.0:*       LISTEN    17706/smbd
tcp     0   0 0.0.0.0:139            0.0.0.0:*       LISTEN    17706/smbd
tcp6    0   0 :::445                 :::*            LISTEN    17706/smbd
tcp6    0   0 :::139                 :::*            LISTEN    17706/smbd
udp     0   0 192.168.122.255:137    0.0.0.0:*                 17992/nmbd
udp     0   0 192.168.122.1:137      0.0.0.0:*                 17992/nmbd
udp     0   0 192.168.125.255:137    0.0.0.0:*                 17992/nmbd
udp     0   0 192.168.125.128:137    0.0.0.0:*                 17992/nmbd
udp     0   0 0.0.0.0:137            0.0.0.0:*                 17992/nmbd
udp     0   0 192.168.122.255:138    0.0.0.0:*                 17992/nmbd
udp     0   0 192.168.122.1:138      0.0.0.0:*                 17992/nmbd
udp     0   0 192.168.125.255:138    0.0.0.0:*                 17992/nmbd
udp     0   0 192.168.125.128:138    0.0.0.0:*                 17992/nmbd
udp     0   0 0.0.0.0:138            0.0.0.0:*                 17992/nmbd
```

6. 防火墙设置

```
[root@master ~]# firewall-cmd --permanent --add-port=137-138/udp
success
[root@master ~]# firewall-cmd --permanent --add-port=139/tcp
success
[root@master ~]# firewall-cmd --permanent --add-port=445/tcp
success
[root@master ~]# systemctl restart firewalld.service
[root@master ~]# firewall-cmd --list-all
public (active)
  target: default
  icmp-block-inversion: no
  interfaces: ens33
  sources:
  services: ssh dhcpv6-client ftp
  ports: 111/tcp 111/udp 2049/tcp 2049/udp 4001-4004/tcp 4001-4004/udp 873/tcp 21/tcp 137-138/udp 139/tcp 445/tcp
  protocols:
  masquerade: no
  forward-ports:
  source-ports:
  icmp-blocks:
  rich rules:
```

7. 修改主配置文件

首先备份配置文件：

```
[root@master ~]# cp -p /etc/samba/smb.conf    /etc/samba/smb.conf.bak
```

接着修改配置文件的内容：

```
[root@master ~]# vi /etc/samba/smb.conf
```

将文件内容替换成以下的信息：

```
[global]
# 该设置与Samba服务整体运行环境有关，设置项目针对所有共享资源
# 定义工作组，也就是Windows中的工作组概念
workgroup = WORKGROUP
# 定义Samba服务器的简要说明
server string = Master samba Server Version %v
# 定义Windows中显示出来的计算机名称
netbios name = Master
# 定义Samba用户的日志文件，%m 代表客户端主机名
# Samba服务器会在指定的目录中为每个登录主机建立不同的日志文件
log file = /var/log/samba/log.%m
# 共享级别，用户不需要账号和密码即可访问
security = share
map to guest = Bad User


[public]
# 设置针对的是个别的共享目录，只对当前的共享资源起作用

# 对共享目录的说明文件，可以自己定义说明信息
comment = Public Stuff
# 用来指定共享的目录，必选项
path = /share
# 所有人可查看
public = yes
guest ok =yes
```

8. 建立共享目录

```
[root@master ~]# mkdir /share
[root@master ~]# echo "This is a share file" >/share/share.txt
[root@master ~]# touch /share/share{01..10}
[root@master ~]# ll /share/
总用量 4
-rw-r--r--. 1 root root    0 3月  23 03:05 share01
-rw-r--r--. 1 root root    0 3月  23 03:05 share02
-rw-r--r--. 1 root root    0 3月  23 03:05 share03
-rw-r--r--. 1 root root    0 3月  23 03:05 share04
-rw-r--r--. 1 root root    0 3月  23 03:05 share05
-rw-r--r--. 1 root root    0 3月  23 03:05 share06
-rw-r--r--. 1 root root    0 3月  23 03:05 share07
```

```
-rw-r--r--. 1 root root  0 3月  23 03:05 share08
-rw-r--r--. 1 root root  0 3月  23 03:05 share09
-rw-r--r--. 1 root root  0 3月  23 03:05 share10
-rw-r--r--. 1 root root 21 3月  23 03:03 share.txt
[root@master ~]# chown -R nobody:nobody /share/
[root@master ~]# ll /share/
总用量 4
-rw-r--r--. 1 nobody nobody  0 3月  23 03:05 share01
-rw-r--r--. 1 nobody nobody  0 3月  23 03:05 share02
-rw-r--r--. 1 nobody nobody  0 3月  23 03:05 share03
-rw-r--r--. 1 nobody nobody  0 3月  23 03:05 share04
-rw-r--r--. 1 nobody nobody  0 3月  23 03:05 share05
-rw-r--r--. 1 nobody nobody  0 3月  23 03:05 share06
-rw-r--r--. 1 nobody nobody  0 3月  23 03:05 share07
-rw-r--r--. 1 nobody nobody  0 3月  23 03:05 share08
-rw-r--r--. 1 nobody nobody  0 3月  23 03:05 share09
-rw-r--r--. 1 nobody nobody  0 3月  23 03:05 share10
-rw-r--r--. 1 nobody nobody 21 3月  23 03:03 share.txt
```

9. 重启 smb 服务

```
[root@master ~]# systemctl restart smb.service
[root@master ~]# systemctl status smb.service
   nmb.service - samba NMB Daemon
   Loaded: loaded (/usr/lib/systemd/system/nmb.service; enabled; vendor preset: disabled)
   Active: active (running) since 六 2019-03-23 03:07:52 CST; 8s ago
     Docs: man:nmbd(8)
           man:samba(7)
           man:smb.conf(5)
 Main PID: 20111 (nmbd)
   Status: "nmbd: ready to serve connections..."
    Tasks: 1
   CGroup: /system.slice/nmb.service
           └─20111 /usr/sbin/nmbd --foreground --no-process-group

3月 23 03:07:50 master systemd[1]: Starting samba NMB Daemon...
3月 23 03:07:52 master nmbd[20111]: [2019/03/23 03:07:52.602878,  0] ../lib/util/become_dae...ady)
3月 23 03:07:52 master systemd[1]: Started samba NMB Daemon.
3月 23 03:07:52 master nmbd[20111]:   daemon_ready: STATUS=daemon 'nmbd' finished starting ...ions
Hint: Some lines were ellipsized, use -l to show in full.
```

10. 测试 smb.conf 配置是否正确

```
[root@master ~]# testparm
Load smb config files from /etc/samba/smb.conf
rlimit_max: increasing rlimit_max (1024) to minimum Windows limit (16384)
```

```
Processing section "[public]"
Loaded services file OK.
Server role: ROLE_STANDALONE
Press enter to see a dump of your service definitions
# Global parameters
[global]
 log file = /var/log/samba/log.%m
 map to guest = Bad User
 security = USER
 server string = Master samba Server Version %v
 idmap config * : backend = tdb
  [public]
 comment = Public Stuff
 guest ok = Yes
 path = /share
```

11. 访问 Samba 服务器的共享文件

（1）在 Linux 下访问 Samba 服务器的共享文件

首次使用需要安装 Samba 客户端。

```
[root@slave ~]# yum -y install samba-client
```

要求输入密码时，直接回车。

```
[root@slave ~]# smbclient //192.168.125.128/public/
Enter samba\root's password:
Try "help" to get a list of possible commands.
smb: \> ls
  .                                   D        0  Sat Mar 23 03:05:06 2019
  ..                                  DR       0  Sat Mar 23 03:02:37 2019
  share.txt                           N       21  Sat Mar 23 03:03:55 2019
  share01                             N        0  Sat Mar 23 03:05:06 2019
  share02                             N        0  Sat Mar 23 03:05:06 2019
  share03                             N        0  Sat Mar 23 03:05:06 2019
  share04                             N        0  Sat Mar 23 03:05:06 2019
  share05                             N        0  Sat Mar 23 03:05:06 2019
  share06                             N        0  Sat Mar 23 03:05:06 2019
  share07                             N        0  Sat Mar 23 03:05:06 2019
  share08                             N        0  Sat Mar 23 03:05:06 2019
  share09                             N        0  Sat Mar 23 03:05:06 2019
  share10                             N        0  Sat Mar 23 03:05:06 2019

        10475520 blocks of size 1024. 4924620 blocks available
```

（2）在 Windows 下访问 Samba 服务器的共享文件

在浏览器地址栏中输入下面的地址：

\\192.168.125.128\public

可以得到图 8-2 所示的结果。

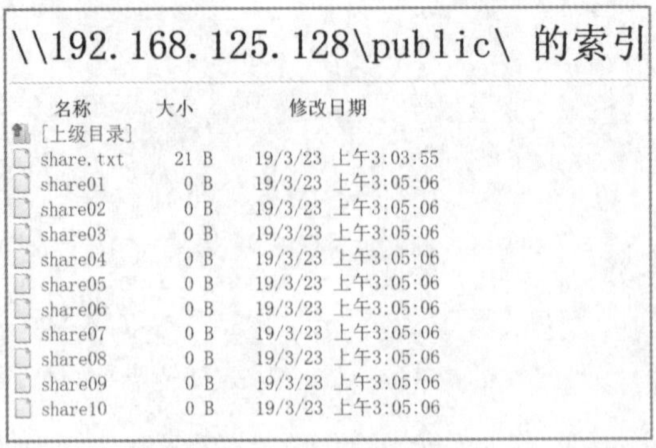

```
\\192.168.125.128\public\ 的索引

名称              大小        修改日期
[上级目录]
share.txt        21 B       19/3/23 上午3:03:55
share01          0 B        19/3/23 上午3:05:06
share02          0 B        19/3/23 上午3:05:06
share03          0 B        19/3/23 上午3:05:06
share04          0 B        19/3/23 上午3:05:06
share05          0 B        19/3/23 上午3:05:06
share06          0 B        19/3/23 上午3:05:06
share07          0 B        19/3/23 上午3:05:06
share08          0 B        19/3/23 上午3:05:06
share09          0 B        19/3/23 上午3:05:06
share10          0 B        19/3/23 上午3:05:06
```

图8-2 查看共享文件

8.2 网络服务

8.2.1 DHCP 服务

动态主机配置协议（Dynamic Host Configuration Protocol，DHCP）的主要作用是在大型局域网络环境集中管理和分配 IP 地址，使网络中的各个主机能动态地获得 IP 地址、网关地址、域名服务器地址等信息，并能提升地址的使用率。

DHCP 采用客户机/服务器（C/S）模式，当客户机需要 IP 地址时，向 DHCP 服务器发送请求信息，DHCP 服务器收到请求后向客户机发送地址信息，从而实现 IP 地址的动态配置。

DHCP 有三种分配 IP 地址的机制。

（1）手工分配：客户机的 IP 地址是由网络管理员指定的，DHCP 服务器只是将指定的 IP 地址告诉客户端主机。

（2）自动分配：DHCP 服务器为客户端主机指定一个永久性的 IP 地址，一旦客户机第一次成功从 DHCP 服务器租用到 IP 地址后，就可以永久性地使用该地址。

（3）动态分配：DHCP 服务器给客户端主机指定一个具有时间限制的 IP 地址，在时间到期或主机明确表示放弃该地址时，该地址可以被其他主机使用。

在三种地址分配方式中，只有动态分配可以重复使用客户机不再需要的地址。

DHCP 具有以下功能。

（1）可以给客户机分配永久固定的 IP 地址。

（2）保证任何 IP 地址在同一时刻只能由一台客户机使用。

（3）可以与那些用其他方法获得 IP 地址的客户机共存。

（4）可以向现有的无盘客户机分配动态 IP 地址。

下面讲解 DHCP 服务的安装与配置过程。

1. 安装 DHCP 服务端

```
[root@master ~]# yum -y install dhcp
已加载插件：fastestmirror, langpacks
Loading mirror speeds from cached hostfile
```

```
  * base: mirrors.aliyun.com
  * extras: mirrors.aliyun.com
  * updates: mirrors.aliyun.com
……
已安装：
  dhcp.x86_64 12:4.2.5-68.el7.centos.1
作为依赖被升级：
  dhclient.x86_64 12:4.2.5-68.el7.centos.1         dhcp-common.x86_64 12:
4.2.5-68.el7.centos.1
  dhcp-libs.x86_64 12:4.2.5-68.el7.centos.1
完毕！
```

2. 配置 DHCP 服务器

```
[root@master ~]# vi /etc/dhcp/dhcpd.conf
```
在文件最后添加以下信息：
```
# 设置 DHCP 服务器模式
ddns-update-style none;
# 禁止客户端更新
ignore client-updates;
# 声明 DHCP 作用域
subnet 192.168.125.0 netmask 255.255.255.0 {
# 地址池（IP 可分配范围）
range 192.168.125.130 192.168.125.254;
# DNS 服务器
option domain-name-servers 114.114.114.114, 8.8.8.8;
# 默认网关
option routers 192.168.125.1;
# 默认租约时间
default-lease-time 600;
# 最大租约时间
max-lease-time 7200;
}
# 地址绑定
host master {
# 绑定物理地址（客户端 MAC 地址）
hardware ethernet 00:0c:29:60:72:02;
# 绑定网络地址（指定客户端分配的 IP 地址）
fixed-address 192.168.125.128;
}
host slave {
hardware ethernet 00:0c:29:51:62:28;
fixed-address 192.168.125.129;
}
# 将 DHCP 服务器绑定在 virbr0-nic 网卡上
DHCPDARGS="virbr0-nic";
```

3. 启动服务

```
[root@master ~]# systemctl start dhcpd.service
[root@master ~]# systemctl enable dhcpd.service
Created symlink from /etc/systemd/system/multi-user.target.wants/dhcpd.service to /usr/lib/systemd/system/dhcpd.service.
[root@master ~]# netstat -antupl | grep dhcp
udp        0      0 0.0.0.0:67              0.0.0.0:*                           4671/dhcpd
```

重新启动服务可以使用如下命令：

```
systemctl restart dhcpd.service
```

4. 测试

由于 VMware 构建的虚拟网络默认也提供了 DHCP 功能，为了避免对实验造成干扰，需要先关闭虚拟网卡的 DHCP 功能。打开 VMware 的"虚拟网络编辑器"，将各个虚拟网卡的 DHCP 功能关闭，如图 8-3 所示。

图8-3 关闭VMware虚拟网卡的DHCP功能

（1）在主机 master 上测试

```
[root@master ~]# vi /etc/sysconfig/network-scripts/ifcfg-ens33
```

将文件内容替换为以下信息：

```
TYPE=Ethernet
PROXY_METHOD=none
BROWSER_ONLY=no
BOOTPROTO=dhcp
DEFROUTE=yes
IPV4_FAILURE_FATAL=no
IPV6INIT=yes
IPV6_AUTOCONF=yes
IPV6_DEFROUTE=yes
```

```
IPV6_FAILURE_FATAL=no
IPV6_ADDR_GEN_MODE=stable-privacy
NAME=ens33
UUID=48987c99-d4fd-4e37-a726-16a4d7a49ba3
DEVICE=ens33
ONBOOT=yes
IPV6_PRIVACY=no
ZONE=public
```

重启网络：

```
[root@master ~]# systemctl restart network.service
```

查看 IP 信息：

```
[root@master ~]# ifconfig ens33
ens33: flags=4163<UP,BROADCAST,RUNNING,MULTICAST>  mtu 1500
        inet 192.168.125.125  netmask 255.255.255.0  broadcast 192.168.125.255
        inet6 fe80::774:fb36:d3fa:370a  prefixlen 64  scopeid 0x20<link>
        ether 00:0c:29:60:72:02  txqueuelen 1000  (Ethernet)
        RX packets 32  bytes 6212 (6.0 KiB)
        RX errors 0  dropped 0  overruns 0  frame 0
        TX packets 657  bytes 110220 (107.6 KiB)
        TX errors 0  dropped 0 overruns 0  carrier 0  collisions 0
[root@master ~]# ip route show
default via 192.168.125.1 dev ens33 proto static metric 100
192.168.122.0/24 dev virbr0 proto kernel scope link src 192.168.122.1
192.168.125.0/24 dev ens33 proto kernel scope link src 192.168.125.125 metric 100
```

（2）在从机 slave 上测试

```
[root@slave ~]# vi /etc/sysconfig/network-scripts/ifcfg-ens33
```

将文件内容替换成以下信息：

```
TYPE=Ethernet
PROXY_METHOD=none
BROWSER_ONLY=no
BOOTPROTO=dhcp
DEFROUTE=yes
IPV4_FAILURE_FATAL=no
IPV6INIT=yes
IPV6_AUTOCONF=yes
IPV6_DEFROUTE=yes
IPV6_FAILURE_FATAL=no
IPV6_ADDR_GEN_MODE=stable-privacy
NAME=ens33
UUID=48987c99-d4fd-4e37-a726-16a4d7a49ba3
DEVICE=ens33
```

```
ONBOOT=yes
IPV6_PRIVACY=no
```
重启网络:
```
[root@slave ~]# systemctl restart network.service
```
查看 IP 信息:
```
[root@slave ~]# ifconfig ens33
ens33: flags=4163<UP,BROADCAST,RUNNING,MULTICAST>  mtu 1500
        inet 192.168.125.129  netmask 255.255.255.0  broadcast 192.168.125.255
        inet6 fe80::9025:971:f214:15c0  prefixlen 64  scopeid 0x20<link>
        inet6 fe80::774:fb36:d3fa:370a  prefixlen 64  scopeid 0x20<link>
        ether 00:0c:29:51:62:28  txqueuelen 1000  (Ethernet)
        RX packets 79  bytes 14299 (13.9 KiB)
        RX errors 0  dropped 0  overruns 0  frame 0
        TX packets 86  bytes 12757 (12.4 KiB)
        TX errors 0  dropped 0  overruns 0  carrier 0  collisions 0
[root@slave ~]# ip route show
default via 192.168.125.1 dev ens33 proto dhcp metric 100
192.168.122.0/24 dev virbr0 proto kernel scope link src 192.168.122.1
192.168.125.0/24 dev ens33 proto kernel scope link src 192.168.125.129 metric 100
```

8.2.2 DNS 服务

域名系统(Domain Name System, DNS)是互联网的核心应用服务,可以通过 IP 地址查询到域名,也可以通过域名查询到 IP 地址。

IP 地址是平面结构,不便于记忆;而 DNS 是层次化结构,便于记忆。

DNS 在进行区域传输时使用 TCP 53 端口,其他时候则使用 UDP 53 端口。

常见的 DNS 资源记录类型有以下几种。

① SOA(Start of Authority,起始授权):在一个区域中是唯一的,定义了一个区域的全局参数,负责进行整个区域的管理。

② NS(Name Server,名称服务器):在一个区域中至少有一条,记录了一个区域中的授权的 DNS 服务器。

③ A(Address,地址记录):记录了主机名和 IP 地址的对应关系。

④ CNAME(Canonical Name,别名记录):用于隐藏内部网络的细节。

⑤ PTR(反向记录):将 IP 地址映射到主机名。

⑥ MX(Mail eXchange,邮件交换记录):指向一个邮件服务器,根据收件人的地址后缀决定邮件服务器。

主机名由一个或多个字符串组成,字符串之间用点号隔开。有了主机名,就不用再死记硬背每台设备的 IP 地址,只需记住相对直观有意义的主机名就可以了。

通过主机名,得到该主机名对应的 IP 地址的过程叫作域名解析。在解析域名时,可以首先采用静态域名解析的方法,如果静态域名解析不成功,再考虑采用动态域名解析的方法。

DNS 的解析类型有以下两种。
① 正向解析：把主机名解析为 IP 地址。
② 反向解析：把 IP 地址解析为主机名。
下面讲解 DNS 服务的安装与配置。

1. 安装服务

```
[root@master ~]# yum -y install bind
已加载插件: fastestmirror, langpacks
Determining fastest mirrors
 * base: mirrors.aliyun.com
 * extras: mirrors.aliyun.com
 * updates: mirrors.163.com
……
已安装:
  bind.x86_64 32:9.9.4-73.el7_6
作为依赖被安装:
  python-ply.noarch 0:3.4-11.el7
作为依赖被升级:
  bind-libs.x86_64 32:9.9.4-73.el7_6                bind-libs-lite.x86_64
32:9.9.4-73.el7_6
  bind-license.noarch 32:9.9.4-73.el7_6             bind-utils.x86_64 32:
9.9.4-73.el7_6
完毕!
```

2. 检查安装结果

```
[root@master ~]# rpm -qa | grep bind
bind-libs-9.9.4-73.el7_6.x86_64
keybinder3-0.3.0-1.el7.x86_64
rpcbind-0.2.0-44.el7.x86_64
bind-libs-lite-9.9.4-73.el7_6.x86_64
bind-utils-9.9.4-73.el7_6.x86_64
bind-license-9.9.4-73.el7_6.noarch
bind-9.9.4-73.el7_6.x86_64
```

3. 修改配置

```
[root@master ~]# vi /etc/named.conf
```
找到"listen-on port 53 { 127.0.0.1; };"这一行，改为：
```
listen-on port 53 { any; };
```
找到"allow-query   { localhost; };"这一行，改为：
```
allow-query     { any; };
```

4. 对 DNS 配置文件进行语法检查

```
[root@master ~]# named-checkconf /etc/named.conf
```

5. 启动 DNS 服务

```
[root@master ~]# systemctl start named.service
[root@master ~]# systemctl enable named.service
Created symlink from /etc/systemd/system/multi-user.target.wants/named.
```

```
service to /usr/lib/systemd/system/named.service.
    [root@master ~]# systemctl status named.service
        named.service - Berkeley Internet Name Domain (DNS)
        Loaded: loaded (/usr/lib/systemd/system/named.service; enabled; vendor
preset: disabled)
        Active: active (running) since 日 2019-03-24 10:42:25 CST; 38s ago
    Main PID: 9660 (named)
        CGroup: /system.slice/named.service
                └─9660 /usr/sbin/named -u named -c /etc/named.conf
……
```

6. 配置防火墙

```
    [root@master ~]# firewall-cmd --permanent --add-service=dns
success
    [root@master ~]# firewall-cmd --reload
success
    [root@master ~]# firewall-cmd --list-all
public (active)
    target: default
    icmp-block-inversion: no
    interfaces: ens33
    sources:
    services: ssh dhcpv6-client ftp dns
    ports: 111/tcp 111/udp 2049/tcp 2049/udp 4001-4004/tcp 4001-4004/udp
873/tcp 21/tcp 137-138/udp 139/tcp 445/tcp
    protocols:
    masquerade: no
    forward-ports:
    source-ports:
    icmp-blocks:
    rich rules:
```

7. 测试

```
    [root@master ~]# dig www.zidb.com @192.168.125.128
    ; <<>> DiG 9.9.4-RedHat-9.9.4-73.el7_6 <<>> www.zidb.com @192.168.125.128
    ;; global options: +cmd
    ;; Got answer:
    ;; ->>HEADER<<- opcode: QUERY, status: NOERROR, id: 3159
    ;; flags: qr rd ra; QUERY: 1, ANSWER: 1, AUTHORITY: 4, ADDITIONAL: 9
    ;; OPT PSEUDOSECTION:
    ; EDNS: version: 0, flags:; udp: 4096
    ;; QUESTION SECTION:
    ;www.zidb.com.            IN    A
    ;; ANSWER SECTION:
    www.zidb.com.       120  IN    A    182.61.104.89
```

```
;; AUTHORITY SECTION:
zidb.com.          172800    IN    NS    dns.bizcn.com.
zidb.com.          172800    IN    NS    ns5.cnmsn.net.
zidb.com.          172800    IN    NS    ns6.cnmsn.net.
zidb.com.          172800    IN    NS    dns.cnmsn.net.
;; ADDITIONAL SECTION:
dns.bizcn.com.       172800   IN    A    183.131.156.81
dns.bizcn.com.       172800   IN    A    180.163.194.139
dns.cnmsn.net.       172800   IN    A    183.131.156.101
dns.cnmsn.net.       172800   IN    A    180.163.194.140
ns5.cnmsn.net.       172800   IN    A    180.163.194.135
ns5.cnmsn.net.       172800   IN    A    183.131.155.226
ns6.cnmsn.net.       172800   IN    A    183.131.155.231
ns6.cnmsn.net.       172800   IN    A    180.163.194.136
;; Query time: 728 msec
;; SERVER: 192.168.125.128#53(192.168.125.128)
;; WHEN: 日 3月 24 11:01:32 CST 2019
;; MSG SIZE  rcvd: 272
```

返回数据无异常，初步配置完成。

8. 配置正向解析

（1）编辑扩展配置文件 named.rfc1912.zones

```
[root@master ~]# vi /etc/named.rfc1912.zones
```

在文件末尾增加如下几行：

```
zone "zidb" IN {
        type master;
        file "data/master.zidb.zone";
};
```

（2）添加区域配置文件 master.zidb.zone

```
[root@master ~]# cp -p /var/named/named.localhost /var/named/data/master.zidb.zone
[root@master ~]# vi /var/named/data/master.zidb.zone
```

将文件内容替换成以下信息：

```
$TTL 1D
@    IN  SOA  zidb  admin.zidb. (
     0      ; serial
     1D     ; refresh
     1H     ; retry
     1W     ; expire
     3H )   ; minimum
@    IN   NS   192.168.125.128.
test IN   A    192.168.125.128
user IN   A    192.168.125.129
```

> 注意
>
> 当前区域"192.168.125.128"后面的点不可省略，否则会报错。

SOA 与区域有关，后面接 7 个参数，这 7 个参数的含义如下。

① Master DNS（服务器主机名），即在这个区域中哪个 DNS 作为主服务器，在本例中，是 zidb。

② 管理员的 Email。即出现问题时可发邮件给管理员。在本例中，是 admin.zidb。

③ 序号。代表数据库文件的陈旧，序号越大，文件越新。当 slave 要判断是否主动下载新的数据库时，就以序号是否比 slave 上的新来判断。

④ 刷新频率（Refresh）。即 slave 向 master 要求数据更新的频率。

⑤ 失败重新尝试时间（Retry）。如果因为某些因素，导致 slave 无法对 master 达成联机，那么在多久的时间内，slave 会尝试重新联机到 master。

⑥ 失效时间（Expire）。如果一直联机失败，持续联机到达这个设定的时限，slave 将不再继续尝试联机。

⑦ 存活时间（Minimum TTL）。如果在这个数据库区域配置文件中，每条记录都没有显式设定 TTL 快取时间的话，那么就以这个值为主。

区域配置文件的格式如下：

［名称］［TTL］［网络类型］ 资源记录类型 数据

名称：指定资源记录引用的对象名，可以是主机名，也可以是域名。对象名可以是相对名称，也可以是完整名称。完整名称必须以点号结尾。如果连续的几条资源记录都是同一个对象名，则第一条资源记录后的资源记录可以省略对象名。相对名称表示相对于当前域名来说，如当前域名为 zidb.com，则表示 www 主机时，完整名称为 www.zidb.com.，相对名称为 www。

TTL：指定资源记录存在于缓存中的时间，单位为秒。如果省略该字段，则使用文件开始处的 TTL 定义的时间。

网络类型：常用的为 IN。

资源记录类型：常用的有 SOA、NS、A、PTR、MX、CNAME 等。在定义资源记录时，一般情况下是 SOA 记录为第一行，NS 记录为第二行，接着是 MX 记录，其他的记录可以随便写。

文件中使用的符号含义如下：

;　表示注释。

()　允许数据跨行，通常用于 SOA 记录。

@　表示当前区域，来自主配置文件中 zone 所定义的区域名称。

*　用于名称字段的通配符。

$ORIGIN　ORIGIN 后面跟的是字符串，即要补全的内容。

IP 地址的格式可以是如下几种：

单一主机：x.x.x.x，如 172.17.100.100。

指定网段：x.x.x.或 x.x.x.x/n，如 172.17.100.或者是 172.17.100.0/24。

指定多个地址：x.x.x.x;x.x.x.x;，如 172.17.100.100;172.17.100.200;。

使用!表示否定：如!172.17.100.100，即排除 172.17.100.100。

不匹配任何：none
匹配所有：any
本地主机（绑定本机）：localhost
与绑定主机同网段的所有 IP 地址：localnet

（3）测试

① 在服务器端重启 named 服务

```
[root@master ~]# systemctl restart named.service
```

② 在客户端把 DNS 改为 192.168.125.128

```
[root@slave ~]# vi /etc/sysconfig/network-scripts/ifcfg-ens33
```

将文件内容替换为以下信息：

```
TYPE=Ethernet
PROXY_METHOD=none
BROWSER_ONLY=no
BOOTPROTO=none
DEFROUTE=yes
IPV4_FAILURE_FATAL=no
IPV6INIT=yes
IPV6_AUTOCONF=yes
IPV6_DEFROUTE=yes
IPV6_FAILURE_FATAL=no
IPV6_ADDR_GEN_MODE=stable-privacy
NAME=ens33
UUID=48987c99-d4fd-4e37-a726-16a4d7a49ba3
DEVICE=ens33
ONBOOT=yes
IPV6_PRIVACY=no
IPADDR=192.168.125.129
PREFIX=24
GATEWAY=192.168.125.128
DNS1=192.168.125.128
```

③ 重启网络

```
[root@slave ~]# systemctl restart network.service
```

④ 查看 IP 信息

```
[root@slave ~]# ifconfig ens33
ens33: flags=4163<UP,BROADCAST,RUNNING,MULTICAST>  mtu 1500
        inet 192.168.125.129  netmask 255.255.255.0  broadcast 192.168.125.255
        inet6 fe80::774:fb36:d3fa:370a  prefixlen 64  scopeid 0x20<link>
        ether 00:0c:29:51:62:28  txqueuelen 1000  (Ethernet)
        RX packets 135  bytes 25311 (24.7 KiB)
        RX errors 0  dropped 0  overruns 0  frame 0
        TX packets 219  bytes 29838 (29.1 KiB)
        TX errors 0  dropped 0 overruns 0  carrier 0  collisions 0
```

⑤ 测试网络

```
[root@slave ~]# ping test.zidb
PING test.zidb (192.168.125.128) 56(84) bytes of data.
64 bytes from master (192.168.125.128): icmp_seq=1 ttl=64 time=21.4 ms
64 bytes from master (192.168.125.128): icmp_seq=2 ttl=64 time=0.584 ms
64 bytes from master (192.168.125.128): icmp_seq=3 ttl=64 time=0.533 ms
……
```

⑥ 从客户端 ssh 登录服务器端

```
[root@slave ~]# ssh test.zidb
The authenticity of host 'test.zidb (192.168.125.128)' can't be established.
ECDSA key fingerprint is SHA256:p5ML38jDG2+A93i513yraTj5e3yytVGpyYGncvB5ALc.
ECDSA key fingerprint is MD5:31:70:49:2c:11:6a:1d:c8:ff:39:ee:9a:25:66:e1:55.
Are you sure you want to continue connecting (yes/no)? yes
Warning: Permanently added 'test.zidb' (ECDSA) to the list of known hosts.
root@test.zidb's password:
Last login: Sun Mar 24 19:07:00 2019
[root@master ~]# ifconfig ens33
ens33: flags=4163<UP,BROADCAST,RUNNING,MULTICAST>  mtu 1500
        inet 192.168.125.128  netmask 255.255.255.0  broadcast 192.168.125.255
        inet6 fe80::774:fb36:d3fa:370a  prefixlen 64  scopeid 0x20<link>
        ether 00:0c:29:60:72:02  txqueuelen 1000  (Ethernet)
        RX packets 330  bytes 40419 (39.4 KiB)
        RX errors 0  dropped 0  overruns 0  frame 0
        TX packets 1144  bytes 206204 (201.3 KiB)
        TX errors 0  dropped 0  overruns 0  carrier 0  collisions 0
```

正向解析搭建完成。

9．配置反向解析

（1）编辑扩展配置文件 named.rfc1912.zones

```
[root@master ~]# vi /etc/named.rfc1912.zones
```

在文件最后添加如下内容：

```
zone "125.168.192.in-addr.arpa" IN {
        type master;
        file "data/named.129.zone";
        allow-update { none; };
};
```

 注意

反向解析的 IP 需要反过来写，并且只写前三位。

（2）添加区域配置文件 named.129.zone

```
[root@master ~]# cp -p /var/named/named.localhost /var/named/data/named.129.zone
[root@master ~]# vi /var/named/data/named.129.zone
```

将文件原有内容替换成以下信息，保存后退出。

```
$TTL 1D
@   IN  SOA  zidb.  admin.zidb. (
        1; Serial
        1H; Refresh
        15M; Retry
        7D; Expire
        1H; TTL
        )
    IN  NS   192.168.125.128.
128 IN  PTR  test.zidb.
129 IN  PTR  user.zidb.
```

（3）重启服务

```
[root@master ~]# systemctl restart named.service
```

（4）测试反向解析过程

① 把 DNS 改为 192.168.125.128

```
[root@master ~]# vi /etc/sysconfig/network-scripts/ifcfg-ens33
```

将文件内容替换为以下信息：

```
TYPE=Ethernet
PROXY_METHOD=none
BROWSER_ONLY=no
BOOTPROTO=none
DEFROUTE=yes
IPV4_FAILURE_FATAL=no
IPV6INIT=yes
IPV6_AUTOCONF=yes
IPV6_DEFROUTE=yes
IPV6_FAILURE_FATAL=no
IPV6_ADDR_GEN_MODE=stable-privacy
NAME=ens33
UUID=48987c99-d4fd-4e37-a726-16a4d7a49ba3
DEVICE=ens33
ONBOOT=yes
IPV6_PRIVACY=no
ZONE=public
IPADDR=192.168.125.128
PREFIX=24
GATEWAY=192.168.125.128
DNS1=192.168.125.128
```

② 重启网络

```
[root@master ~]# systemctl restart network.service
```

③ 查看 IP 信息

```
[root@master ~]# ifconfig ens33
ens33: flags=4163<UP,BROADCAST,RUNNING,MULTICAST>  mtu 1500
        inet 192.168.125.128  netmask 255.255.255.0  broadcast 192.168.125.255
        inet6 fe80::9025:971:f214:15c0  prefixlen 64  scopeid 0x20<link>
        inet6 fe80::774:fb36:d3fa:370a  prefixlen 64  scopeid 0x20<link>
        ether 00:0c:29:60:72:02  txqueuelen 1000  (Ethernet)
        RX packets 346  bytes 46867 (45.7 KiB)
        RX errors 0  dropped 0  overruns 0  frame 0
        TX packets 1429  bytes 253109 (247.1 KiB)
        TX errors 0  dropped 0 overruns 0  carrier 0  collisions 0
```

④ 反向查询

```
[root@master ~]# nslookup 192.168.125.129
Server:         192.168.125.128
Address: 192.168.125.128#53
129.125.168.192.in-addr.arpa    name = user.zidb.
[root@master ~]# dig -x 192.168.125.129
; <<>> DiG 9.9.4-RedHat-9.9.4-73.el7_6 <<>> -x 192.168.125.129
;; global options: +cmd
;; Got answer:
;; ->>HEADER<<- opcode: QUERY, status: NOERROR, id: 1074
;; flags: qr aa rd ra; QUERY: 1, ANSWER: 1, AUTHORITY: 1, ADDITIONAL: 1

;; OPT PSEUDOSECTION:
; EDNS: version: 0, flags:; udp: 4096
;; QUESTION SECTION:
;129.125.168.192.in-addr.arpa.  IN   PTR
;; ANSWER SECTION:
129.125.168.192.in-addr.arpa. 86400 IN PTR user.zidb.
;; AUTHORITY SECTION:
125.168.192.in-addr.arpa. 86400   IN  NS  192.168.125.128.
;; Query time: 4 msec
;; SERVER: 192.168.125.128#53(192.168.125.128)
;; WHEN: 一 3月 25 02:15:48 CST 2019
;; MSG SIZE  rcvd: 109
```

8.3 数据库服务

8.3.1 MySQL 服务

数据库是按照数据结构来组织、存储和管理数据的仓库。关系型数据库是建立在关系模型(二维表格模型）基础上的数据库，借助集合代数等数学概念和方法来处理数据库中的数据。

MySQL 是一个关系型数据库管理系统（Relational Database Management System，RDBMS），由瑞典 MySQL AB 公司开发，目前属于 Oracle 公司旗下产品。MySQL 是最流行的关系型数据库管理系统之一，在 Web 应用方面，MySQL 是最好的关系型数据库管理系统应用软件。MySQL 使用的 SQL 语言也是用于访问数据库的最常用标准化语言。

MySQL 软件采用双授权政策，分为社区版和商业版。MySQL 的最新稳定版本是 8.0.15，已于 2019 年 2 月 1 日发布，若用于生产环境，或者需要使用最新的数据库功能，都可以优先选择这个版本。

总的来说，MySQL 具有如下特点。

（1）MySQL 是开源的，不需要支付额外的费用。

（2）MySQL 支持大型的数据库，可以处理拥有上千万条记录的大型数据库。

（3）MySQL 使用标准的 SQL 语言。

（4）MySQL 可以应用于多个系统上，并且支持多种语言。

（5）MySQL 对目前最流行的 Web 开发语言 PHP 有很好的支持。

（6）MySQL 是可以定制的，其采用 GPL 协议，可以修改源码来开发自己的 MySQL 系统。

下面讲解 MySQL 的安装与配置。

1. 删除 CentOS 7.6 已有的 MySQL 和 MariaDB

（1）删除 MariaDB

查看系统中是否已安装 MariaDB 服务：

```
[root@master ~]# yum list installed | grep mariadb
mariadb.x86_64                          1:5.5.56-2.el7          @anaconda
mariadb-libs.x86_64                     1:5.5.56-2.el7          @anaconda
mariadb-server.x86_64                   1:5.5.56-2.el7          @anaconda
```

由此可见，系统已经安装了 MariaDB 服务，执行下面的命令将其删除：

```
[root@master ~]# yum -y remove mariadb
已加载插件：fastestmirror, langpacks
……
删除：
  mariadb.x86_64 1:5.5.56-2.el7
作为依赖被删除：
  akonadi-mysql.x86_64 0:1.9.2-4.el7                mariadb-server.x86_64 1:5.5.56-2.el7
完毕！
```

（2）删除 MySQL

```
[root@master ~]# yum list installed | grep mysql
libdbi-dbd-mysql.x86_64                 0.8.3-16.el7            @base
qt-mysql.x86_64                         1:4.8.7-2.el7           @anaconda
[root@master ~]# yum -y remove mysql
已加载插件：fastestmirror, langpacks
参数 mysql 没有匹配
不删除任何软件包
```

（3）删除相关的依赖包

```
[root@master ~]# rpm -qa | grep mariadb
mariadb-libs-5.5.56-2.el7.x86_64
[root@master ~]# rpm -e --nodeps mariadb-libs-5.5.56-2.el7.x86_64
[root@master ~]# rpm -qa | grep mysql
qt-mysql-4.8.7-2.el7.x86_64
libdbi-dbd-mysql-0.8.3-16.el7.x86_64
[root@master ~]# rpm -e --nodeps qt-mysql-4.8.7-2.el7.x86_64
[root@master ~]# rpm -e --nodeps libdbi-dbd-mysql-0.8.3-16.el7.x86_64
```

（4）删除 MySQL 和 MariaDB 的相关文件夹

```
[root@master ~]# find / -name mariadb
```

若没有名字为"mariadb"的文件夹，就不用删除。

```
[root@master ~]# find / -name mysql
/etc/selinux/targeted/active/modules/100/mysql
/usr/lib64/mysql
/usr/lib64/perl5/vendor_perl/auto/DBD/mysql
/usr/lib64/perl5/vendor_perl/DBD/mysql
```

以下列出的文件夹，都要一一删除：

```
[root@master ~]# rm -rf /etc/selinux/targeted/active/modules/100/mysql
[root@master ~]# rm -rf /usr/lib64/mysql
[root@master ~]# rm -rf /usr/lib64/perl5/vendor_perl/auto/DBD/mysql
[root@master ~]# rm -rf /usr/lib64/perl5/vendor_perl/DBD/mysql
```

（5）添加 mysql 组

```
[root@master ~]# groupadd mysql
```

（6）创建 mysql 用户并指定 mysql 用户所在的组

```
[root@master ~]# useradd -g mysql mysql
```

（7）给 mysql 用户添加密码

```
[root@master ~]# passwd mysql
```

更改用户 mysql 的密码。
新的密码：
重新输入新的密码：
passwd：所有的身份验证令牌已经成功更新。

2．下载并添加存储库

```
[root@master ~]# sudo yum -y localinstall https://dev.mysql.com/get/mysql80-community-release-el7-2.noarch.rpm
```

已加载插件：fastestmirror, langpacks
mysql80-community-release-el7-2.noarch.rpm | 25 kB 00:00:00
正在检查 /var/tmp/yum-root-2d5_sD/mysql80-community-release-el7-2.noarch.rpm: mysql80-community-release-el7-2.noarch
/var/tmp/yum-root-2d5_sD/mysql80-community-release-el7-2.noarch.rpm 将被安装
……
正在安装   ：mysql80-community-release-el7-2.noarch   1/1

```
验证中             : mysql80-community-release-el7-2.noarch           1/1
已安装:
  mysql80-community-release.noarch 0:el7-2
完毕!
```

3. 安装 MySQL 8.0 包

```
[root@master ~]# sudo yum -y install mysql-community-server
已加载插件: fastestmirror, langpacks
Loading mirror speeds from cached hostfile
 * base: mirrors.huaweicloud.com
 * extras: mirrors.163.com
 * updates: mirrors.aliyun.com
......
  正在安装      : mysql-community-common-8.0.15-1.el7.x86_64           1/4
  正在安装      : mysql-community-libs-8.0.15-1.el7.x86_64             2/4
  正在安装      : mysql-community-client-8.0.15-1.el7.x86_64           3/4
  正在安装      : mysql-community-server-8.0.15-1.el7.x86_64           4/4
  验证中        : mysql-community-client-8.0.15-1.el7.x86_64           1/4
  验证中        : mysql-community-libs-8.0.15-1.el7.x86_64             2/4
  验证中        : mysql-community-common-8.0.15-1.el7.x86_64           3/4
  验证中        : mysql-community-server-8.0.15-1.el7.x86_64           4/4
已安装:
  mysql-community-server.x86_64 0:8.0.15-1.el7
作为依赖被安装:
  mysql-community-client.x86_64 0:8.0.15-1.el7      mysql-community-
common.x86_64 0:8.0.15-1.el7
  mysql-community-libs.x86_64 0:8.0.15-1.el7
完毕!
```

4. 编辑 MySQL 的配置文件

```
[root@master ~]# vi /etc/my.cnf
```

添加如下内容:

```
# 使用旧有的密码认证方式
default-authentication-plugin=mysql_native_password
```

5. 启动服务

```
[root@master ~]# systemctl start mysqld.service
[root@master ~]# systemctl status mysqld.service
  mysqld.service - MySQL Server
    Loaded: loaded (/usr/lib/systemd/system/mysqld.service; enabled;
vendor preset: disabled)
    Active: active (running) since 二 2019-03-26 00:45:51 CST; 25min ago
      Docs: man:mysqld(8)
            http://dev.mysql.com/doc/refman/en/using-systemd.html
  Main PID: 6847 (mysqld)
    Status: "SERVER_OPERATING"
    CGroup: /system.slice/mysqld.service
```

```
           └─6847 /usr/sbin/mysqld
3月 26 00:45:39 master systemd[1]: Starting MySQL Server...
3月 26 00:45:51 master systemd[1]: Started MySQL Server.
```

6. 查询 root 的临时密码

```
[root@master ~]# sudo grep 'temporary password' /var/log/mysqld.log
2019-03-25T16:45:11.975771Z 5 [Note] [MY-010454] [Server] A temporary password is generated for root@localhost: iD12Hb-wndGa
```

7. 登录数据库更改 root 密码

```
[root@master ~]# mysql -uroot -p
Enter password:
Welcome to the MySQL monitor.  Commands end with ; or \g.
Your MySQL connection id is 9
Server version: 8.0.15
Copyright (c) 2000, 2019, Oracle and/or its affiliates. All rights reserved.
Oracle is a registered trademark of Oracle Corporation and/or its
affiliates. Other names may be trademarks of their respective
owners.
Type 'help;' or '\h' for help. Type '\c' to clear the current input statement.
mysql> ALTER USER 'root'@'localhost' IDENTIFIED WITH mysql_native_password BY 'LXYtql3.25';
Query OK, 0 rows affected (2.73 sec)
mysql> ALTER USER 'mysql.infoschema'@'localhost' IDENTIFIED WITH mysql_native_password BY 'LXYtql3.25';
Query OK, 0 rows affected (2.71 sec)
mysql> ALTER USER 'mysql.session'@'localhost' IDENTIFIED WITH mysql_native_password BY 'LXYtql3.25';
Query OK, 0 rows affected (0.11 sec)
mysql> ALTER USER 'mysql.sys'@'localhost' IDENTIFIED WITH mysql_native_password BY 'LXYtql3.25';
Query OK, 0 rows affected (0.08 sec)
mysql> use mysql;
Reading table information for completion of table and column names
You can turn off this feature to get a quicker startup with -A
Database changed
mysql> select user,plugin,authentication_string,password_last_changed from user;
……
mysql> flush privileges;
mysql> quit;
Bye
```

至此，MySQL 安装完成。

重启服务可使用如下命令：
```
systemctl restart mysqld.service
```

8.3.2 Redis 服务

Redis 是一个开源的日志型键值对数据库。Redis 支持存储的值类型很多，包括字符串、链表、集合、有序集合和哈希，并且支持原生的 push、pop、add、remove 及交集、并集和差集等操作，也支持各种不同方式的排序。为了保证效率，数据都缓存在内存中，但 Redis 会周期性地把更新的数据写入磁盘或者把修改操作写入追加的记录文件，并且在此基础上实现主从同步。数据可以从主服务器向任意数量的从服务器同步，从服务器又可以是关联其他从服务器的主服务器。

Redis 的出现，在很大程度上弥补了键值对存储的不足，在部分场合可以对关系数据库起到很好的补充作用。

Redis 提供了 Java、C、C++、PHP、JavaScript、Perl 等客户端，使用非常方便。Redis 服务端的默认端口是 6379。

下面讲解 Redis 的安装。

1. 以 root 用户登录系统，创建并进入 "/soft" 目录

```
[root@master ~]# mkdir /soft
[root@master ~]# cd /soft/
```

2. 下载 Redis 安装包

```
[root@master soft]# wget -c -O redis-5.0.4.tar.gz http://download.redis.io/releases/redis-5.0.4.tar.gz
```

3. 解压并进入其目录

```
[root@master soft]# tar -zxvf redis-5.0.4.tar.gz
[root@master soft]# mv redis-5.0.4 redis
[root@master soft]# cd redis
[root@master redis]# ls -l
总用量 252
-rw-rw-r--.  1 root root  99445 3月  19 00:21 00-RELEASENOTES
-rw-rw-r--.  1 root root     53 3月  19 00:21 BUGS
-rw-rw-r--.  1 root root   1894 3月  19 00:21 CONTRIBUTING
-rw-rw-r--.  1 root root   1487 3月  19 00:21 COPYING
drwxrwxr-x.  6 root root    124 3月  19 00:21 deps
-rw-rw-r--.  1 root root     11 3月  19 00:21 INSTALL
-rw-rw-r--.  1 root root    151 3月  19 00:21 Makefile
-rw-rw-r--.  1 root root   4223 3月  19 00:21 MANIFESTO
-rw-rw-r--.  1 root root  20555 3月  19 00:21 README.md
-rw-rw-r--.  1 root root  62155 3月  19 00:21 redis.conf
-rwxrwxr-x.  1 root root    275 3月  19 00:21 runtest
-rwxrwxr-x.  1 root root    280 3月  19 00:21 runtest-cluster
-rwxrwxr-x.  1 root root    281 3月  19 00:21 runtest-sentinel
-rw-rw-r--.  1 root root   9710 3月  19 00:21 sentinel.conf
```

```
drwxrwxr-x.  3 root root  4096 3月  19 00:21 src
drwxrwxr-x. 10 root root   167 3月  19 00:21 tests
drwxrwxr-x.  8 root root  4096 3月  19 00:21 utils
```

4. 编译源程序

```
[root@master redis]# yum -y install gcc
……
已安装：
  gcc.x86_64 0:4.8.5-36.el7_6.1
作为依赖被安装：
  glibc-devel.x86_64 0:2.17-260.el7_6.3  glibc-headers.x86_64 0:2.17-260.el7_6.3
作为依赖被升级：
  cpp.x86_64 0:4.8.5-36.el7_6.1  glibc.x86_64 0:2.17-260.el7_6.3
  glibc-common.x86_64 0:2.17-260.el7_6.3  libgcc.x86_64 0:4.8.5-36.el7_6.1
  libgomp.x86_64 0:4.8.5-36.el7_6.1
完毕！
[root@master redis]# make MALLOC=libc
cd src && make all
make[1]: 进入目录"/soft/redis/src"
……
Hint: It's a good idea to run 'make test' ;)
make[1]: 离开目录"/soft/redis/src"
[root@master redis]# make install PREFIX=/usr/local/redis
cd src && make install
make[1]: 进入目录"/soft/redis/src"
Hint: It's a good idea to run 'make test' ;)
    INSTALL install
    INSTALL install
    INSTALL install
    INSTALL install
    INSTALL install
make[1]: 离开目录"/soft/redis/src"
```

5. 将配置文件移动到 redis 目录

```
[root@master redis]# mkdir /usr/local/redis/etc/
[root@master redis]# mv redis.conf /usr/local/redis/etc/
[root@master redis]# cd /usr/local/redis/etc/
[root@master etc]# ls
redis.conf
```

6. 启动 Redis 服务

```
[root@master etc]# /usr/local/redis/bin/redis-server /usr/local/redis/etc/redis.conf
```

Redis 成功启动后如图 8-4 所示。

```
[root@master etc]# /usr/local/redis/bin/redis-server /usr/local/redis/etc/redis.conf
19927:C 26 Mar 2019 18:51:13.835 # oOOoOOO0oOOOo Redis is starting oOOoOOO0oOOOo
19927:C 26 Mar 2019 18:51:13.835 # Redis version=5.0.4, bits=64, commit=00000000, modified=0, pid=19927, just sta
rted
19927:C 26 Mar 2019 18:51:13.835 # Configuration loaded
19927:M 26 Mar 2019 18:51:13.836 * Increased maximum number of open files to 10032 (it was originally set to 1024
).
                Redis 5.0.4 (00000000/0) 64 bit

                Running in standalone mode
                Port: 6379
                PID: 19927

                        http://redis.io

19927:M 26 Mar 2019 18:51:13.884 # WARNING: The TCP backlog setting of 511 cannot be enforced because /proc/sys/n
et/core/somaxconn is set to the lower value of 128.
19927:M 26 Mar 2019 18:51:13.884 # Server initialized
19927:M 26 Mar 2019 18:51:13.894 # WARNING overcommit_memory is set to 0! Background save may fail under low memo
ry condition. To fix this issue add 'vm.overcommit_memory = 1' to /etc/sysctl.conf and then reboot or run the com
mand 'sysctl vm.overcommit_memory=1' for this to take effect.
19927:M 26 Mar 2019 18:51:13.946 # WARNING you have Transparent Huge Pages (THP) support enabled in your kernel.
This will create latency and memory usage issues with Redis. To fix this issue run the command 'echo never > /sys
/kernel/mm/transparent_hugepage/enabled' as root, and add it to your /etc/rc.local in order to retain the setting
 after a reboot. Redis must be restarted after THP is disabled.
19927:M 26 Mar 2019 18:51:13.947 * Ready to accept connections
```

图8-4 启动Redis服务

7. 修改配置文件，让 Redis 在后台运行

[root@master etc]# vi /usr/local/redis/etc/redis.conf

将 daemonize 的值改为 yes

[root@master etc]# /usr/local/redis/bin/redis-server /usr/local/redis/etc/redis.conf
  20334:C 26 Mar 2019 19:26:28.402 # oOOoOOO0oOOOo Redis is starting oOOoOOO0oOOOo
  20334:C 26 Mar 2019 19:26:28.403 # Redis version=5.0.4, bits=64, commit=00000000, modified=0, pid=20334, just started
  20334:C 26 Mar 2019 19:26:28.403 # Configuration loaded

8. 客户端连接

```
[root@master etc]# /usr/local/redis/bin/redis-cli
127.0.0.1:6379> help
redis-cli 5.0.4
To get help about Redis commands type:
      "help @<group>" to get a list of commands in <group>
      "help <command>" for help on <command>
      "help <tab>" to get a list of possible help topics
      "quit" to exit

To set redis-cli preferences:
      ":set hints" enable online hints
      ":set nohints" disable online hints
Set your preferences in ~/.redisclirc
127.0.0.1:6379>quit
```

9. 停止 Redis 实例

```
[root@master etc]# /usr/local/redis/bin/redis-cli shutdown
[root@master etc]# pkill redis-server
```

上述命令使用其中之一即可。

10. 让 Redis 开机自启动

```
[root@master etc]# vi /etc/rc.local
```

在文件最后添加：

```
/usr/local/redis/bin/redis-server /usr/local/redis/etc/redis.conf
```

目录/usr/local/redis/bin 中有如下几个文件。

- redis-benchmark：Redis 性能测试工具。
- redis-check-aof：检查 AOF 日志的工具。
- redis-check-dump：检查 RDB 日志的工具。
- redis-cli：连接用的客户端。
- redis-server：Redis 服务进程。

Redis 的配置如下。

- daemonize：如需要在后台运行，应把该项的值改为 yes。
- pidfile：把 pid 文件放在/var/run/redis.pid 目录中，可以配置到其他地址。
- bind：指定 Redis 只接收来自某 IP 的请求，如果不设置，将处理所有请求，在生产环境中最好设置此项。
- port：监听端口，默认为 6379。
- timeout：设置客户端连接时的超时时间，单位为秒。
- loglevel：日志等级分为 4 级：debug、rebose、notice 和 warning。生产环境中一般开启 notice。
- logfile：配置日志文件地址，默认使用标准输出，即打印在命令行终端的端口上。
- database：设置数据库的个数，默认使用的数据库是 0。
- save：设置 Redis 进行数据库镜像的频率。
- rdbcompression：在进行镜像备份时，是否压缩。
- dbfilename：镜像备份文件的文件名。
- dir：数据库镜像备份文件放置的路径。
- slaveof：设置该数据库为其他数据库的从数据库。
- masterauth：当主数据库连接需要密码验证时，在这里设定。
- requirepass：设置客户端连接后进行任何其他操作前需要使用的密码。
- maxclients：限制同时连接的客户端数量。
- maxmemory：设置 Redis 能够使用的最大内存。
- appendonly：开启 appendonly 模式后，Redis 会把每一次接收到的写操作都追加到 appendonly.aof 文件中，当 Redis 重新启动时，会从该文件恢复出之前的状态。
- appendfsync：设置 appendonly.aof 文件进行同步的频率。
- vm_enabled：是否开启虚拟内存支持。
- vm_swap_file：设置虚拟内存的交换文件的路径。

- vm_max_memory：设置开启虚拟内存后，Redis 可使用的最大物理内存的大小，默认为 0。
- vm_page_size：设置虚拟内存页的大小。
- vm_pages：设置交换文件的总的页数量。
- vm_max_threads：设置 vm IO 同时使用的线程数量。

8.4 LAMP

8.4.1 LAMP 简介

LAMP 是 Linux、Apache、MySQL、PHP 的简写，即把 Apache、MySQL、PHP 安装在 Linux 系统上，组成一个环境来运行 PHP 网站。这儿的 Apache 特指 httpd 服务。LAMP 可以安装在一台机器上，也可以安装在多台机器上，但是 httpd 和 PHP 必须安装在一台机器上，因为 PHP 是作为 httpd 的一个模块存在的，它们必须在一起，才能实现效果。

LAMP 自 20 世纪 90 年代初期开始变得流行。LAMP 允许网页浏览器的用户在服务器上执行一个程序，既能接受静态内容，也能接受动态内容。程序开发人员使用 PHP 语言正是因为它能很容易有效地操作文本流，甚至当文本流并非源自程序自身时也可以。正因如此，PHP 语言常被称为胶水语言。

Michael Kunze 在德国计算机杂志 c't 上发表的一篇文章中首次使用了缩略语"LAMP"，意在展示一系列的自由软件成为商业软件包的替换物。之后，O'Reilly 和 MySQL AB（MySQL 创始人和主要开发人创办的公司）公司普及了 LAMP 这个术语。

本书中的"LAMP"，指的是以下最新版本的组合：

L（Linux），版本为 CentOS 7.6；
A（Apache），网页服务器，版本为 Apache httpd 2.4.6；
M（MySQL），数据库服务器，版本为 MySQL 8.0.15；
P（PHP），脚本语言，版本为 PHP 7.3.3。

CentOS 7.6 和 MySQL 8.0.15 已经完成安装，下面讲解 Apache httpd 2.4.6 和 PHP 7.3.3 的安装。

8.4.2 Apache

Apache 是 Apache HTTP Server 的简称，是 Apache 软件基金会旗下的一个开放源码的 Web 服务器软件，可以运行在几乎所有的计算机平台上，并且可以快速、可靠地通过简单的 API 扩充将 PHP 等解释器编译到服务器中。

Apache 源于 NCSA httpd 服务器，经过多次修改，已成为世界上最流行的 Web 服务器软件。Apache 取自"a patchy server"的读音，意思是充满补丁的服务器，因为它是自由软件，所以会不断有人来为它开发新的功能、新的特性，修改原来的缺陷。Apache 的突出特点是简单、速度快、性能稳定，并可作为代理服务器使用。

Apache 具有以下特点：
- 支持通用网关接口
- 支持基于 IP 和基于域名的虚拟主机

- 支持多种方式的 HTTP 认证
- 支持最新的 HTTP/1.1 通信协议
- 支持实时监视服务器状态和定制服务器日志
- 支持服务器端包含指令（SSI）
- 支持安全 Socket 层（SSL）
- 支持 FastCGI
- 拥有简单且有力的基于文件的配置过程
- 集成代理服务器模块
- 提供对用户会话过程的跟踪

下面讲解 Apache 的具体安装过程。

1. 安装服务

```
[root@master ~]# yum -y install httpd
已加载插件：fastestmirror, langpacks
Loading mirror speeds from cached hostfile
 * base: mirrors.huaweicloud.com
 * extras: mirrors.zju.edu.cn
 * updates: centosp4.centos.org
……
已安装:
  httpd.x86_64 0:2.4.6-88.el7.centos
作为依赖被安装:
  apr.x86_64 0:1.4.8-3.el7_4.1      apr-util.x86_64 0:1.5.2-6.el7
httpd-tools.x86_64 0:2.4.6-88.el7.centos
完毕！
```

2. 启动服务

```
[root@master ~]# systemctl start httpd.service
```

3. 将服务加入开机自启动

```
[root@master ~]# systemctl enable httpd.service
Created symlink from /etc/systemd/system/multi-user.target.wants/httpd.service to /usr/lib/systemd/system/httpd.service.
[root@master ~]# systemctl status httpd.service
  httpd.service - The Apache HTTP Server
  Loaded: loaded (/usr/lib/systemd/system/httpd.service; enabled; vendor preset: disabled)
  Active: active (running) since 三 2019-03-27 02:19:05 CST; 3min 22s ago
    Docs: man:httpd(8)
          man:apachectl(8)
 Main PID: 24711 (httpd)
  Status: "Total requests: 0; Current requests/sec: 0; Current traffic: 0 B/sec"
  CGroup: /system.slice/httpd.service
          ├─24711 /usr/sbin/httpd -DFOREGROUND
```

```
        ├─24715 /usr/sbin/httpd -DFOREGROUND
        ├─24719 /usr/sbin/httpd -DFOREGROUND
        ├─24720 /usr/sbin/httpd -DFOREGROUND
        ├─24721 /usr/sbin/httpd -DFOREGROUND
        └─24722 /usr/sbin/httpd -DFOREGROUND
3月 27 02:19:04 master systemd[1]: Starting The Apache HTTP Server...
3月 27 02:19:05 master httpd[24711]: AH00558: httpd: Could not reliably
determine the server's fully qua...ssage
3月 27 02:19:05 master systemd[1]: Started The Apache HTTP Server.
Hint: Some lines were ellipsized, use -l to show in full.
```

4. 测试

（1）命令测试

```
[root@master ~]# httpd -v
Server version: Apache/2.4.6 (CentOS)
Server built:   Nov  5 2018 01:47:09
```

（2）浏览器测试

打开 Firefox 浏览器，访问默认首页：

```
http://localhost
```

结果如图 8-5 所示。

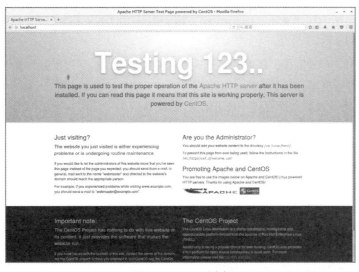

图8-5　Apache测试

8.4.3　PHP

PHP 是一个应用范围很广的语言，特别是在网络程序开发方面。一般来说，PHP 在服务器端执行，通过执行 PHP 代码来产生网页供浏览器读取，也可以用 PHP 来开发命令行脚本程序和 GUI 应用程序。PHP 可以在许多不同种类的服务器、操作系统、平台上执行，也可以和许多数据库系统结合。使用 PHP 不需要支付任何费用，官方组织 PHP Group 提供了完整的程序源代码，供使用者修改、编译、扩充。

PHP 继承自 PHP/FI，1995 年由 Rasmus Lerdorf 创建，用来跟踪访问他的主页信息，并且取名为"Personal Home Page Tools"。随着更多功能的增加，Rasmus 为其写了一个更完整的 C 语言的实现，不仅可以访问数据库，还可以让用户开发简单的动态 Web 程序。

从 PHP/FI 到现在最新的 PHP7，PHP 经过多次重新编写和改进，发展十分迅速，已一跃成为当前最流行的服务器端 Web 程序开发语言，并且与 Linux、Apache 和 MySQL 共同组成了一个强大的 Web 应用程序开发平台 LAMP。随着开源思想的不断发展，开放源代码的 LAMP 已经与 Java 和.NET 形成三足鼎立之势。

PHP 之所以应用广泛，受到大众欢迎，是因为它具有很多突出的特点。

（1）开源免费

PHP 遵循 GNU 计划开放源代码，所有的 PHP 源代码事实上都可以得到，和其他技术相比，PHP 本身就是免费的。

（2）跨平台性

由于 PHP 是运行在服务器端的脚本，其跨平台性很好，方便移植，在 UNIX、Linux、Android 和 Windows 平台上都可以运行。

（3）快捷性

PHP 程序开发快、运行快、技术本身学习起来也快。PHP 可以被嵌入于 HTML 之中，相对于其他语言，PHP 编辑简单、实用性强，更适合初学者。

（4）效率高

PHP 消耗的系统资源相当少，PHP 以脚本语言为主，同为类 C 语言。

（5）支持图像处理

用 PHP 可以动态创建图像，PHP 图像处理默认使用 GD2，也可以配置为使用 ImageMagick。

（6）支持多种数据库

由于 PHP 支持开放数据库互连（ODBC），因此可以连接任何支持该标准的数据库。其中，PHP 与 MySQL 是最佳搭档，使用得最多。

（7）面向对象

PHP 提供了类和对象的特征，可以选择面向对象方式编程，完全可以用 PHP 来开发大型商业程序。

PHP 的最新版本是 7.3.3，发布于 2019 年 3 月 5 日。经过测试，用命令"yum install"无法安装 PHP 最新版本，故只能采用编译安装。下面讲解详细的安装方法。

1. 以 root 用户登录 master 并卸载以前的 PHP 版本

```
[root@master ~]# yum -y remove php*
已加载插件：fastestmirror, langpacks
参数 php* 没有匹配
不删除任何软件包
```

2. 下载 PHP7.3.3 源代码压缩包

```
[root@master ~]# cd /soft/
[root@master soft]# wget -c -O php-7.3.3.tar.gz https://downloads.php.net/~cmb/php-7.3.3.tar.gz
--2019-03-27 08:43:35--  https://downloads.php.net/~cmb/php-7.3.3.tar.gz
正在解析主机 downloads.php.net (downloads.php.net)... 104.236.32.144, 2604:
```

```
a880:800:10::2dd:1
    正在连接 downloads.php.net (downloads.php.net)|104.236.32.144|:443...
已连接。
    已发出 HTTP 请求,正在等待回应... 200 OK
    长度: 19421313 (19M) [application/x-gzip]
    正在保存至: "php-7.3.3.tar.gz"
    100%[====================================================>] 19,421,313
44.7KB/s 用时 10m 1s
    2019-03-27 08:53:39 (31.6 KB/s) - 已保存 "php-7.3.3.tar.gz" [19421313/
19421313])
```

3. 查看用户、用户组并解压

```
[root@master soft]# cut -d : -f 1 /etc/passwd | grep apache
apache
[root@master soft]# cut -d : -f 1 /etc/group | grep apache
apache
[root@master soft]# tar -zxvf php-7.3.3.tar.gz
[root@master soft]# mv php-7.3.3 php
[root@master soft]# cd php
```

4. 安装依赖库

```
[root@master php]# yum -y install epel-release
……
已安装:
  epel-release.noarch 0:7-11
完毕!
[root@master php]# yum -y update
……
安装   9 软件包 (+24 依赖软件包)
升级   553 软件包
总计: 648 M
总下载量: 6.4 M
……
完毕!
```

执行时间稍微有点长,请读者耐心等候。

```
[root@master php]# yum -y install gcc
……
[root@master php]# yum -y install libxml2
[root@master php]# yum -y install libxml2-devel
……
安装   1 软件包 (+1 依赖软件包)
总下载量: 1.1 M
安装大小: 8.9 M
……
完毕!
[root@master php]# yum -y install httpd-devel
```

```
……
安装   1 软件包 (+4 依赖软件包)
总下载量：1.5 M
安装大小：6.4 M
……
完毕！
[root@master php]# yum -y install openssl
[root@master php]# yum -y install openssl-devel
……
安装   1 软件包 (+7 依赖软件包)
总下载量：2.3 M
安装大小：4.5 M
……
完毕！
[root@master php]# yum -y install curl-devel
……
安装   1 软件包
总下载量：302 k
安装大小：623 k
……
完毕！
[root@master php]# yum -y install libjpeg.x86_64 libpng.x86_64 freetype.x86_64 libjpeg-devel.x86_64 libpng-devel.x86_64 freetype-devel.x86_64
……
[root@master php]# yum -y install libjpeg-devel
……
安装   1 软件包
总下载量：99 k
安装大小：314 k
……
完毕！
[root@master php]# yum -y install bzip2-devel.x86_64
……
安装   1 软件包
总下载量：218 k
安装大小：382 k
……
完毕！
[root@master php]# yum -y install libXpm-devel
……
安装   1 软件包
总下载量：36 k
安装大小：67 k
……
```

```
完毕!
[root@master php]# yum -y install gmp-devel
……
安装  1 软件包
总下载量: 181 k
安装大小: 340 k
……
完毕!
[root@master php]# yum -y install icu libicu libicu-devel
……
安装  1 软件包
总下载量: 187 k
安装大小: 435 k
……
完毕!
[root@master php]# yum -y install php-mcrypt libmcrypt libmcrypt-devel
……
安装  3 软件包 (+2 依赖软件包)
总下载量: 746 k
安装大小: 4.2 M
……
完毕!
[root@master php]# yum -y install postgresql-devel
……
安装  1 软件包 (+1 依赖软件包)
总下载量: 4.0 M
安装大小: 20 M
……
完毕!
[root@master php]# yum -y install libxslt-devel
……
安装  1 软件包 (+2 依赖软件包)
总下载量: 453 k
安装大小: 2.6 M
……
完毕!
[root@master php]# yum -y install valgrind valgrind-devel
……
安装  2 软件包
总下载量: 9.7 M
安装大小: 37 M
……
完毕!
```

下面着重介绍 libzip 1.5.2 依赖库的安装。libzip 有点特殊，如果用一般的 yum 方式安装，得到的版本都过低，将不能满足要求，所以只能采取编译安装，但在安装 libzip 之前需要先安装 cmake 3.0 以上的版本，这里选择 cmake 3.10.2。

```
[root@master build]# cd /opt
[root@master opt]# wget https://cmake.org/files/v3.10/cmake-3.10.2-Linux-x86_64.tar.gz
--2019-03-27 10:53:27--  https://cmake.org/files/v3.10/cmake-3.10.2-Linux-x86_64.tar.gz
正在解析主机 cmake.org (cmake.org)... 66.194.253.19
正在连接 cmake.org (cmake.org)|66.194.253.19|:443... 已连接。
已发出 HTTP 请求，正在等待回应... 200 OK
长度：34221307 (33M) [application/x-gzip]
正在保存至: "cmake-3.10.2-Linux-x86_64.tar.gz"
100%[======================================>] 34,221,307   535KB/s 用时 1m 48s
2019-03-27 10:55:21 (308 KB/s) - 已保存 "cmake-3.10.2-Linux-x86_64.tar.gz" [34221307/34221307])
[root@master opt]# tar -zxvf cmake-3.10.2-Linux-x86_64.tar.gz
……
[root@master opt]# vi /etc/profile.d/cmake.sh
```

将以下内容加入文件末尾：

```
export CMAKE_HOME=/opt/cmake-3.10.2-Linux-x86_64
export PATH=$PATH:$CMAKE_HOME/bin
```

执行命令，使刚才的配置生效。

```
[root@master opt]# source /etc/profile
[root@master opt]# cmake -version
cmake version 3.10.2
CMake suite maintained and supported by Kitware (kitware.com/cmake).
```

至此，cmake 3.10.2 安装完成。下面讲解 libzip 1.5.2 的安装。

```
[root@master opt]# cd /soft/php/
[root@master php]# wget -c -O libzip-1.5.2.tar.gz https://libzip.org/download/libzip-1.5.2.tar.gz
……
[root@master php]# tar -zxvf libzip-1.5.2.tar.gz
……
[root@master php]# cd libzip-1.5.2
[root@master libzip-1.5.2]# mkdir build
[root@master build]# cd build
[root@master build]# cmake ..
……
-- Build files have been written to: /soft/php/libzip-1.5.2/build
[root@master build]# make && make install
……
-- Installing: /usr/local/bin/ziptool
-- Set runtime path of "/usr/local/bin/ziptool" to ""
```

至此，依赖库 libzip 1.5.2 已经成功安装。

```
[root@master php]# cd /soft/php
```

添加搜索路径到配置文件：

```
[root@master php]# echo '/usr/local/lib64
/usr/local/lib
/usr/lib
/usr/lib64'>>/etc/ld.so.conf
```

更新配置：

```
[root@master php]# ldconfig -v
```

5. 编译参数配置

```
[root@master php]# ./configure --prefix=/usr/local/php7 --exec-prefix=/usr/local/php7 --bindir=/usr/local/php7/bin --sbindir=/usr/local/php7/sbin --includedir=/usr/local/php7/include --libdir=/usr/local/php7/lib/php --mandir=/usr/local/php7/php/man --with-config-file-path=/usr/local/php7/etc --with-mhash --with-openssl --with-mysqli=mysqlnd --with-pdo-mysql=mysqlnd --enable-mysqlnd --with-gd --with-iconv --with-zlib --enable-zip --enable-inline-optimization --disable-debug --disable-rpath --enable-shared --enable-xml --enable-bcmath --enable-shmop --enable-sysvsem --enable-mbregex --enable-mbstring --enable-ftp --enable-pcntl --enable-sockets --with-xmlrpc --enable-soap --without-pear --with-gettext --enable-session --with-curl --with-jpeg-dir --with-freetype-dir --enable-opcache --enable-fpm --with-fpm-user=apache --with-fpm-group=apache --without-gdbm --disable-fileinfo --with-apxs2=/usr/bin/apxs | tee /tmp/php7_install.log
……
Thank you for using PHP.
config.status: creating php7.spec
config.status: creating main/build-defs.h
config.status: creating scripts/phpize
config.status: creating scripts/man1/phpize.1
config.status: creating scripts/php-config
config.status: creating scripts/man1/php-config.1
config.status: creating sapi/cli/php.1
config.status: creating sapi/fpm/php-fpm.conf
config.status: creating sapi/fpm/www.conf
config.status: creating sapi/fpm/init.d.php-fpm
config.status: creating sapi/fpm/php-fpm.service
config.status: creating sapi/fpm/php-fpm.8
config.status: creating sapi/fpm/status.html
config.status: creating sapi/phpdbg/phpdbg.1
config.status: creating sapi/cgi/php-cgi.1
config.status: creating ext/phar/phar.1
config.status: creating ext/phar/phar.phar.1
config.status: creating main/php_config.h
config.status: main/php_config.h is unchanged
config.status: executing default commands
```

6. 编译安装

```
[root@master php]# make clean && make && make install
……
Build complete.
Don't forget to run 'make test'.

Installing PHP SAPI module:       apache2handler
/usr/lib64/httpd/build/instdso.sh SH_LIBTOOL='/usr/lib64/apr-1/build/libtool' libphp7.la
/usr/lib64/httpd/modules
/usr/lib64/apr-1/build/libtool --mode=install install libphp7.la /usr/lib64/httpd/modules/
libtool: install: install .libs/libphp7.so /usr/lib64/httpd/modules/libphp7.so
libtool: install: install .libs/libphp7.lai /usr/lib64/httpd/modules/libphp7.la
libtool: install: warning: remember to run `libtool --finish /soft/php/libs`
chmod 755 /usr/lib64/httpd/modules/libphp7.so
[activating module `php7` in /etc/httpd/conf/httpd.conf]
Installing shared extensions:     /usr/local/php7/lib/php/extensions/no-debug-non-zts-20180731/
Installing PHP CLI binary:        /usr/local/php7/bin/
Installing PHP CLI man page:      /usr/local/php7/php/man/man1/
Installing PHP FPM binary:        /usr/local/php7/sbin/
Installing PHP FPM defconfig:     skipping
Installing PHP FPM man page:      /usr/local/php7/php/man/man8/
Installing PHP FPM status page:   /usr/local/php7/php/php/fpm/
Installing phpdbg binary:         /usr/local/php7/bin/
Installing phpdbg man page:       /usr/local/php7/php/man/man1/
Installing PHP CGI binary:        /usr/local/php7/bin/
Installing PHP CGI man page:      /usr/local/php7/php/man/man1/
Installing build environment:     /usr/local/php7/lib/php/build/
Installing header files:          /usr/local/php7/include/php/
Installing helper programs:       /usr/local/php7/bin/
  program: phpize
  program: php-config
Installing man pages:             /usr/local/php7/php/man/man1/
  page: phpize.1
  page: php-config.1
/soft/php/build/shtool install -c ext/phar/phar.phar /usr/local/php7/bin
ln -s -f phar.phar /usr/local/php7/bin/phar
Installing PDO headers:           /usr/local/php7/include/php/ext/pdo/
```

运行时间较长，请读者耐心等待。

7. 执行 make test 命令进行测试

```
[root@master php]# make test
......
```

8. 查看编译成功后的 PHP7 安装目录

```
[root@master php]# ls -lrt /usr/local/php7/lib/php/extensions/no-debug-non-zts-20180731/
总用量 3092
-rwxr-xr-x. 1 root root  654688 3月  27 11:58 mysqli.so
-rwxr-xr-x. 1 root root  230776 3月  27 11:58 pdo_mysql.so
-rwxr-xr-x. 1 root root 2275496 3月  27 14:06 opcache.so
```

9. PHP 配置

开始设置 PHP7 的配置文件 php.ini、php-fpm.conf、www.conf 和 php-fpm。

（1）直接使用编译后未经优化处理的配置

```
[root@master php]# cp php.ini-production /usr/local/php7/etc/php.ini
[root@master php]# cp ./sapi/fpm/init.d.php-fpm /etc/init.d/php-fpm
[root@master php]# cp /usr/local/php7/etc/php-fpm.conf.default /usr/local/php7/etc/php-fpm.conf
[root@master php]# cp /usr/local/php7/etc/php-fpm.d/www.conf.default /usr/local/php7/etc/php-fpm.d/www.conf
```

（2）配置 php.ini

```
[root@master php]# vi /usr/local/php7/etc/php.ini
```

文件内容按照以下信息进行修改或添加：

```
extension_dir ="/usr/local/php7/lib/php/extensions/no-debug-non-zts-20180731/"
;extension=/usr/local/php7/lib/php/extensions/no-debug-non-zts-20180731/mysqli.so
;extension=/usr/local/php7/lib/php/extensions/no-debug-non-zts-20180731/pdo_mysql.so
sys_temp_dir = "/var/lib/php/session/"
session.save_path = "/var/lib/php/session/"
sys_temp_dir = "/var/lib/php/session/"
pcre.jit=0
mysqli.default_socket = "/var/run/mysqld/mysql.sock"
pdo_mysql.default_socket="/var/run/mysqld/mysql.sock"
```

（3）添加 PHP 的环境变量

```
[root@master php]# echo -e '\nexport PATH=/usr/local/php7/bin:/usr/local/php7/sbin:$PATH\n' >> /etc/profile && source /etc/profile
```

（4）设置 PHP 日志目录和 php-fpm 进程文件（php-fpm.sock）目录

```
[root@master php]# groupadd -r apache && useradd -r -g apache -s /bin/false -M apache
groupadd: "apache"组已存在
[root@master php]# mkdir -p /var/log/php-fpm/ && mkdir -p /var/run/php-fpm && cd /var/run/ && chown -R apache:apache php-fpm
```

（5）修改 session 的目录配置

```
[root@master run]# mkdir -p /var/lib/php/session
[root@master run]# chown -R apache:apache /var/lib/php
```

（6）设置 PHP 开机自启动

```
[root@master run]# chmod +x /etc/init.d/php-fpm
[root@master run]# chkconfig --add php-fpm
[root@master run]# chkconfig php-fpm on
```

（7）测试 PHP 的配置文件是否正确合法

```
[root@master run]# php-fpm -t
[27-Mar-2019 12:16:17] NOTICE: configuration file /usr/local/php7/etc/php-fpm.conf test is successful
```

10. 启动 PHP

（1）启动 PHP 服务

```
[root@master run]# service php-fpm start
Starting php-fpm  done
```

（2）通过命令查看是否启动成功

```
[root@master run]# ps -aux|grep php
root       121183  0.0  0.2 112972  4316 ?        Ss   12:17   0:00 php-fpm: master process (/usr/local/php7/etc/php-fpm.conf)
apache     121184  0.0  0.2 115056  4212 ?        S    12:17   0:00 php-fpm: pool www
apache     121185  0.0  0.2 115056  4208 ?        S    12:17   0:00 php-fpm: pool www
root       121210  0.0  0.0 112728   992 pts/0    R+   12:18   0:00 grep --color=auto php
[root@master run]# php -version
PHP 7.3.3 (cli) (built: Mar 27 2019 11:56:41) ( NTS )
Copyright (c) 1997-2018 The PHP Group
Zend Engine v3.3.3, Copyright (c) 1998-2018 Zend Technologies
[root@master run]# php -v
PHP 7.3.3 (cli) (built: Mar 27 2019 11:56:41) ( NTS )
Copyright (c) 1997-2018 The PHP Group
Zend Engine v3.3.3, Copyright (c) 1998-2018 Zend Technologies
```

11. 配置 Apache

（1）编辑配置文件

```
[root@master run]# vi /etc/httpd/conf/httpd.conf
```

修改以下值：

① 在一大堆 LoadModule 下面添加：

```
LoadModule php7_module /usr/lib64/httpd/modules/libphp7.so
```

② 添加对 php 等后缀的处理：

```
AddType application/x-httpd-php .php
```

③ 添加默认首页 "index.php"：

```
DirectoryIndex index.php index.html
```
(2)在 Apache 根目录下建立默认首页"index.php"
```
[root@master run]# vi /var/www/html/index.php
```
其内容为:
```
<?php
phpinfo();
?>
```
(3)重新启动 Apache
```
[root@master run]# systemctl restart httpd
```
访问默认首页"index.php",结果如图 8-6 所示。
```
http://localhost/
```

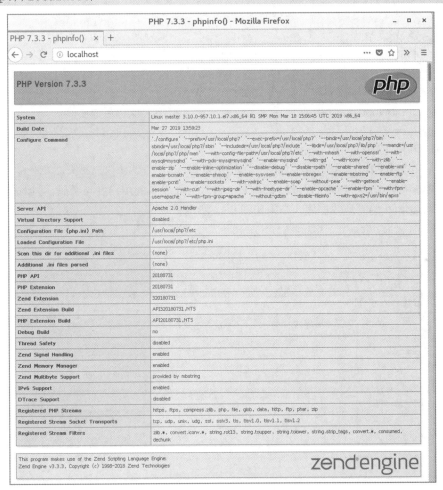

图8-6 PHP7.3.3测试

(4)下载安装 PHP 管理工具 phpMyAdmin 4.8.5
```
[root@master ~]# cd /var/www/html/
[root@master html]# wget -c -O phpMyAdmin-4.8.5-all-languages.zip https://files.phpmyadmin.net/phpMyAdmin/4.8.5/phpMyAdmin-4.8.5-all-languages.zip
```

```
    --2019-03-27 12:48:04--  https://files.phpmyadmin.net/phpMyAdmin/4.8.5/
phpMyAdmin-4.8.5-all-languages.zip
    正在解析主机 files.phpmyadmin.net (files.phpmyadmin.net)... 185.180.13.210
    正在连接 files.phpmyadmin.net (files.phpmyadmin.net)|185.180.13.210|:443...
已连接。
    已发出 HTTP 请求，正在等待回应... 200 OK
    长度：10794370 (10M) [application/zip]
    正在保存至："phpMyAdmin-4.8.5-all-languages.zip"
    100%[======================================================>] 10,794,370
376KB/s 用时 36s
    2019-03-27 12:48:43 (292 KB/s) - 已保存 "phpMyAdmin-4.8.5-all-languages.zip"
[10794370/10794370])
    [root@master html]# unzip phpMyAdmin-4.8.5-all-languages.zip
    [root@master html]# mv phpMyAdmin-4.8.5-all-languages phpMyAdmin
    [root@master html]# cd phpMyAdmin
    [root@master phpMyAdmin]# cp config.sample.inc.php config.inc.php
    [root@master phpMyAdmin]# vi config.inc.php
```

将 "$cfg['blowfish_secret']" 值设置为任意一个字符串，保存后退出。

```
    [root@master phpMyAdmin]# vi libraries/vendor_config.php
```

将 "define('TEMP_DIR', './tmp/');" 换成：

```
    define('TEMP_DIR', '/var/lib/php/tmp/');
```

在浏览器中输入如下地址后回车，在页面上输入前面设置的用户名与密码，可以进入数据库，导入 phpMyAdmin 的管理数据库，结果如图 8-7 所示。

```
    http://localhost/phpMyAdmin/
```

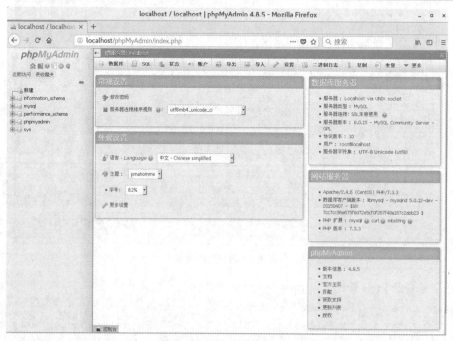

图8-7　phpMyAdmin管理工具登录

至此，PHP 安装成功，开发平台 LAMP 也安装成功。

8.5 作业

1. 某公司有 5 个大部门：人事行政部、财务部、技术支持部、项目部、客服部。各部门的文件夹只允许本部门员工访问；各部门之间交流用的文件放在公用文件夹中。每个部门都有一个管理本部门文件夹的管理员账号和一个只能新建和查看文件的普通用户权限的账号。公用文件夹中分为存放工具的文件夹和存放各部门共享文件的文件夹。对于各部门自己的文件夹，各部门管理员具有完全控制权限，各部门普通用户只能在文件夹下新建文件及文件夹，并且对于自己新建的文件及文件夹有完全控制权限，对于管理员新建及上传的文件和文件夹只能访问，不能更改和删除；非本部门用户不能访问本部门文件夹。对于公用文件夹中的各部门共享文件夹，各部门管理员具有完全控制权限，各部门普通用户可以在文件夹下新建文件及文件夹，并且对于自己新建的文件及文件夹有完全控制权限，对于管理员新建及上传的文件和文件夹只能访问，不能更改和删除；本部门用户（包括管理员和普通用户）在访问其他部门的共享文件夹时，只能查看，不能修改、删除、新建。对于公用文件夹中存放工具的文件夹，只有管理员有完全控制权限，其他用户只能访问。请在自己的计算机上架设 vsftpd 服务器，根据以上需求设置用户。
2. 到 MySQL 官网下载最新版本的 RPM 包，在自己的计算机上离线安装 MySQL 8.0.15。
3. 在自己的计算机上安装 Apache 2.4.6。
4. 在自己的计算机上安装 PHP 7.3.3，同时安装 phpMyAdmin 4.8.5。
5. 以 LAMP 为基础，怎样构建高性能的 Web 服务器？

第 9 章 常用集群配置

- 了解 LVS 的工作原理、负载均衡技术及调度算法，并能够独立配置。
- 了解 HAProxy 的工作原理，并能够独立配置。
- 了解 Keepalived 的工作原理，并能够独立配置。
- 了解 MySQL Replication 的工作原理，并能够独立配置。

9.1 LVS

9.1.1 LVS 简介

Linux 虚拟服务器（Linux Virtual Server，LVS）是一个虚拟的服务器集群系统，是由章文嵩博士在 1998 年 5 月成立的一个开源项目，也是国内最早出现的自由软件项目之一，目前属于 Linux 标准内核的一部分。

LVS 是一种基于 TCP/IP 的负载均衡技术，采用了 IP 负载均衡技术和基于内容请求分发技术，工作于 OSI 七层参考模型的第四层（传输层），是一个虚拟的四层交换集群系统，其根据目标地址和目标端口实现用户请求转发，转发效率极高，具有处理百万级并发连接请求的能力。

目前，LVS 提供了一个能实现可伸缩网络服务的 LVS 框架，在该框架中，提供了包含三种 IP 负载均衡技术的 IP 虚拟服务器软件 IPVS、基于内容请求分发的内核七层交换机和相关的集群管理软件，如图 9-1 所示。

LVS 的特点大致可以总结如下。

- 拥有实现了三种 IP 负载均衡技术和十种连接调度算法的 IPVS 软件。在 IPVS 的内部实现上，采用了高效的哈希函数和垃圾回收机制，能正确处理与所调度报文相关的 ICMP 消息。
- 对虚拟服务数量无限制且支持持久的虚拟服务（如 HTTP Cookie、HTTPS），并提供较为详细的统计数据。
- 应用范围较广。后端真实服务器可运行任何支持 TCP/IP 的操作系统，负载调度器能支持

图 9-1 LVS 框架

绝大多数的 TCP 和 UDP 协议，无须对客户端和服务器做任何修改，如表 9-1 所示。

表 9-1　负载调度器协议参考

协议	内容
TCP	HTTP、FTP、PROXY、SMTP、POP3、IMAP4、DNS、LDAP、HTTPS、SMTP 等
UDP	DNS，NTP，ICP，视频、音频流播放协议等

- 具有良好的伸缩性，可支持百万级的并发连接。若使用百兆网卡，可采用 VS/TUN 或 VS/DR 模式，集群系统的吞吐量可高达 1Gbit/s；若使用千兆网卡，集群系统的最大吞吐量可接近 10Gbit/s。
- 可靠、稳定、抗负载能力强。LVS 仅分发请求，自身不会产生流量且流量不会从它出去，对内存和 CPU 资源的消耗比较低；LVS 具备完整的双机热备方案及防卫策略，保证其能稳定工作。
- 配置简单易懂，大大减少人为出错的概率。
- 不支持正则表达式，无法实现动静分离。

LVS 主要由两部分组成。

- IPVS，为 LVS 提供服务的内核模块，工作于内核空间，主要用于生效用户定义的策略。
- ipvsadm，用于管理集群服务的命令行工具，工作于用户空间，主要用于用户定义和管理集群服务等。

同时，LVS 集群采用三层结构。

- 负载调度器，是整个集群对外的前端机，也是整个集群的唯一入口，负责将客户端的请求分发到后端的一组真实服务器上执行，而客户端则认为服务是来自一个 IP 地址（虚拟 IP 地址）。
- 服务器池，一组真正执行客户端请求的服务器（真实服务器），执行的服务有 Web、MAIL、FTP 和 DNS 等。
- 共享存储，为服务器池提供一个共享的存储区，使服务器池能较容易地拥有相同的内容，便于提供相同的服务。

IP 负载均衡技术在负载调度器实现技术中的效率是最高的。LVS 实现的 IP 负载均衡技术主要分为三种。

（1）通过 NAT 实现虚拟服务器（VS/NAT）

- 在客户端发起请求时，调度器根据预先设定好的调度算法从一组真实服务器中选出一台服务器；
- 调度器将请求报文中的目标地址及端口重写为选定的服务器地址和端口，并将请求分发给选定的服务器；
- 调度器在连接哈希表中记录这个连接，方便下一个报文处理；
- 真实服务器的响应报文通过调度器时，调度器将报文的源地址和端口修改为虚拟 IP 地址和相应的端口，再发回给客户端。

（2）通过 IP 隧道实现虚拟服务器（VS/TUN）

- 客户端发起请求时，调度器从一组真实服务器中动态地选择一台服务器；
- 调度器在原报文基础上再封装一层，然后将数据包转发到选定的服务器；
- 真实服务器的响应报文直接返回给客户端。

（3）通过直接路由实现虚拟服务器（VS/DR）
- 在客户端发起请求时，调度器从一组真实服务器中动态地选择一台服务器（调度器与真实服务器必须在同一个内网）；
- 调度器不修改报文也不封装报文，而是直接将数据帧的 MAC 地址改为选定的真实服务器的 MAC 地址，再将修改后的数据帧分发给选定的服务器；
- 真实服务器的响应报文直接返回给客户端。

针对不同的网络服务需求和服务器配置，IPVS 调度器实现了十种调度算法，分为静态方法和动态方法。

（1）静态方法：仅依据算法本身进行调度，不考虑后端真实服务器的负载情况。

① RR（Round Robin，轮询）。将请求轮流分配给后端真实服务器，计数器从 1 开始，直到 n（真实服务器的个数），然后再重新开始循环。计数器均等地对待每一个后端的真实服务器，并不关注每个真实服务器实际的连接数及负载情况等。

② WRR（Weighted Round Robin，加权轮询）。根据每个真实服务器所分配到的一个权重值（表示处理能力的整数值，数值越大，权重越高），为权重高的真实服务器分配更多的连接。在加权轮询的实现中，在修改虚拟服务器的规则之后，将根据服务器权重生成调度序列。

③ SH（Source Hashing，源地址散列）。根据请求的源 IP 地址，将其作为散列键（Hash Key）从静态分配的散列表中找出对应的服务器，若该服务器是可用的且未超载，则将请求发送到该服务器处理，否则返回空。

④ DH（Destination Hashing，目标地址散列）。根据请求的目标 IP 地址，将其作为散列键从静态分配的散列表中找出对应的服务器，若该服务器是可用的且未超载，则将请求发送到该服务器处理，否则返回空。

（2）动态方法：依据算法及后端各个真实服务器的负载情况进行调度。

① LC（Least-Connection，最少连接）。动态地计算每个真实服务器的实时连接数，以此为依据将访问请求分配到当前连接数最少的真实服务器处理。

② WLC（Weighted Least-Connection，加权最少连接）。根据每个真实服务器所分配的一个权重值，权重值较高的服务器在任何时候都会获得更大比例的实时连接。

③ LBLC（Locality-Based Least-Connection，基于局部性的最少连接）。针对目标 IP 地址的负载平衡，通常用于缓存集群。根据请求的目标 IP 地址找到最近使用的后端服务器，若该服务器是可用的且未超载，则将请求发送到该服务器；若该服务器不存在或超载，同时有其他真实服务器可用且未超载，则使用"最少连接"原则选出一个可用的服务器，将请求分配到该服务器。该算法需要维护一个目标 IP 地址到一台真实服务器的映射。

④ LBLCR（Locality-Based Least-Connection with Replication，带复制的基于局部性的最少连接）。针对目标 IP 地址的负载均衡。根据请求的目标 IP 地址找出对应的真实服务器组，按"最少连接"原则从真实服务器组中选出一台服务器，若该服务器未超载，则将请求发送到该服务器；若超载，同样使用"最少连接"原则，从其他真实服务器（未在原有的真实服务器组中）中选出一台服务器。将此服务器加入到该真实服务器组中，并将请求分配给新选出的服务器。如果该真实服务器组在指定的时间内未被修改，则从中将负载最高的服务器移除，以降低负载的程度。该算法需要维护一个目标 IP 地址到一组真实服务器的映射。

⑤ SED（Shortest Expected Delay，最小期望延迟）。以最小的期望延迟为依据将请求分配

给真实服务器。如果发送到第 i 台服务器，作业将经历的期望延迟为 $(C_i + 1) / U_i$，其中，C_i 是第 i 台服务器上的连接数，U_i 是第 i 台服务器的固定服务速率（权重）。

⑥ NQ（Never Queue，永不排队）。SED 算法的改进，采用双速模型。当有空闲真实服务器可用时，请求将被分配到空闲的真实服务器上，而不用等待。当没有空闲真实服务器可用时，请求将被分配到以 SED 算法为依据获取的真实服务器上。

9.1.2 LVS 管理工具

LVS 的管理工具为 ipvsadm，安装非常简便，且简单易用。ipvsadm 也是一条命令，用于管理 LVS 的策略规则。只要掌握了常用的命令参数，就可以非常顺利地使用该工具对 LVS 进行管理。下面主要讲解一些常用的参数及选项。

ipvsadm 工具的安装方式主要分为两种：

- 使用 YUM 源直接进行安装，过程如下所示。

```
[root@lvs-manager ~]# yum -y install ipvsadm
```

- 如果需要使用最新版本，也可以在官网下载最新的版本进行编译安装。

ipvsadm 的常用命令参数及含义（可使用"man ipvsadm"或"ipvsadm --help"命令查看完整支持）如表 9-2 所示。

表 9-2 ipvsadm 常用命令

参数	含义
--add-service|-A	向管理表中新增虚拟服务
--delete-service|-D	从管理表中删除一个已存在的虚拟服务
--clear|-C	清除管理表中所有已存在的服务，即清空管理表
--restore|-R	将一个已导出规则文件重新导入到管理表中，即恢复规则
--save|-S	将管理表中的规则导出保存
--add-server|-a	新增后端真实服务器
--delete-server|-d	删除后端真实服务器
--list|-L|-l	列出管理表中所有已存在的服务及其后端真实服务器等信息
--tcp-service|-t service-address	TCP 服务地址，可包含服务的端口号
--real-server|-r server-address	后端真实服务器的 IP 地址，可包含服务的端口号
--gatewaying|-g	指定工作模式为直接路由模式，默认配置
--scheduler|-s scheduler	指定调度算法。可以是：rr、wrr、lc、wlc、lblc、lblcr、dh、sh、sed、nq
--weight|-w weight	指定后端真实服务器的权重值，值越大，权重越高
--numeric|-n	转换域名及服务名为对应的 IP 地址及服务占用端口的数字形式

9.1.3 基于 VS/DR（LVS-DR）模式的配置实例

本节以 VS/DR（LVS-DR）模式为例，演示如何配置一个简单的 LVS 集群。在开始操作之前，请确保所有服务器均设置好路由转发功能且处于同一局域网内，同时服务器已完成了一些常用的初始化设置，如设置主机名、关闭 SELinux 等，后续不再进行说明。

LVS 集群的搭建主要分为两部分：后端的真实服务器（Real Server）搭建和前端的负载调

度器（Load Balancer）搭建，演示所需的服务器信息如表 9-3 所示。

表 9-3　LVS 配置信息

主机名	IP 地址	作用
lvs-manager	VIP: 192.168.122.200 DIP: 192.168.122.159	负载调度器， 管理节点
lvs-rs1	VIP: 192.168.122.200 RIP: 192.168.122.162	Real Server1, Web(Nginx)
lvs-rs2	VIP: 192.168.122.200 RIP: 192.168.122.138	Real Server2, Web(Nginx)

以上服务器配置对应的架构如图 9-2 所示。

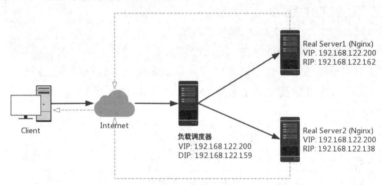

图9-2　LVS-DR模式架构图

1. 配置后端真实服务器（Real Server）

对 Real Server1 服务器的配置如下。

（1）登录 lvs-rs1，安装 Nginx 服务，命令如下所示。

```
[root@lvs-rs1 ~]# yum install -y nginx
```

安装完成后，执行以下命令验证 Nginx 服务版本号并启动服务。

```
[root@lvs-rs1 ~]# nginx -v
[root@lvs-rs1 ~]# systemctl enable nginx.service
[root@lvs-rs1 ~]# systemctl start nginx.service
[root@lvs-rs1 ~]# netstat -lanput | grep :80
```

若能查看到图 9-3 所示的内容，则表示 Nginx 服务安装并启动成功。

```
[root@lvs-rs1 ~]# nginx -v
nginx version: nginx/1.12.2
[root@lvs-rs1 ~]#
[root@lvs-rs1 ~]# systemctl enable nginx.service
Created symlink from /etc/systemd/system/multi-user.target.wants/nginx.service
to /usr/lib/systemd/system/nginx.service.
[root@lvs-rs1 ~]# systemctl start nginx.service
[root@lvs-rs1 ~]#
[root@lvs-rs1 ~]# netstat -lanput | grep :80
tcp        0      0 0.0.0.0:80              0.0.0.0:*               LISTEN      1409/nginx: master
tcp        0      0 192.168.122.162:41146   110.185.121.222:80      TIME_WAIT   -
tcp6       0      0 :::80                   :::*                    LISTEN      1409/nginx: master
[root@lvs-rs1 ~]#
```

图9-3　Nginx服务验证

若使用浏览器访问，出现图 9-4 所示的内容，同样表示 Nginx 服务安装成功（注：图 9-4 所示的内容需要将 80 端口添加到防火墙才能出现，详见第（5）步）。

图9-4　Nginx站点访问

（2）登录 lvs-rs1，在确定 Nginx 服务安装成功后，还需要对 Nginx 服务进行配置，以便后续测试使用。此处使用 Nginx 服务的默认配置即可，但是需要对默认的页面做出修改，以便能快速地识别出访问到的服务器，执行命令如下所示。

```
[root@lvs-rs1 ~]# echo "lvs-rs1 192.168.122.162" > /usr/share/nginx/html/index.html
```

此时，通过浏览器访问，若出现图 9-5 所示的内容，则表示修改成功。

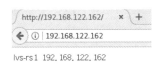

图9-5　修改web页面

（3）登录 lvs-rs1，配置虚拟 IP 地址（VIP）及路由规则，执行以下命令。

```
[root@lvs-rs1 ~]# ifconfig lo:0 192.168.122.200 broadcast 192.168.122.200 netmask 255.255.255.255 up
[root@lvs-rs1 ~]# route add -host 192.168.122.200 dev lo:0
```

执行完成后，若出现如图 9-6 所示的内容（lo 网卡上出现了虚拟 IP 地址），则表示配置成功。

```
1: lo: <LOOPBACK,UP,LOWER_UP> mtu 65536 qdisc noqueue state UNKNOWN group default qlen 1000
    link/loopback 00:00:00:00:00:00 brd 00:00:00:00:00:00
    inet 127.0.0.1/8 scope host lo
       valid_lft forever preferred_lft forever
    inet 192.168.122.200/32 brd 192.168.122.200 scope global lo:0
       valid_lft forever preferred_lft forever
    inet6 ::1/128 scope host
       valid_lft forever preferred_lft forever
```

图9-6　添加虚拟IP地址

（4）登录 lvs-rs1，执行以下命令，抑制 ARP。

```
[root@lvs-rs1 ~]# echo "1" > /proc/sys/net/ipv4/conf/lo/arp_ignore
[root@lvs-rs1 ~]# echo "2" > /proc/sys/net/ipv4/conf/lo/arp_announce
[root@lvs-rs1 ~]# echo "1" > /proc/sys/net/ipv4/conf/all/arp_ignore
[root@lvs-rs1 ~]# echo "2" > /proc/sys/net/ipv4/conf/all/arp_announce
```

（5）登录 lvs-rs1，配置永久生效的防火墙规则，将 80 端口加入到防火墙中，允许 Nginx 服务持续对外提供服务。命令如下。

```
[root@lvs-rs1 ~]# firewall-cmd --permanent --add-port=80/tcp
[root@lvs-rs1 ~]# firewall-cmd --reload
```

若通过“firewall-cmd --list-all”命令可以查看到图 9-7 所示的内容（注意“ports”一列中是否存在“80/tcp”），则表示端口添加成功并已经生效。

对 Real Server2 服务器的配置如下。

（1）登录 lvs-rs2，安装 Nginx 服务，命令如下所示。

```
[root@lvs-rs2 ~]# yum install -y nginx
```

安装完成后，执行以下命令验证 Nginx 服务版本号并启动服务，

```
[root@lvs-rs1 ~]# nginx -v
[root@lvs-rs1 ~]# systemctl enable nginx.service
[root@lvs-rs1 ~]# systemctl start nginx.service
[root@lvs-rs1 ~]# netstat -lanput | grep :80
```

若能查看到图 9-8 所示的内容，则表示 Nginx 服务安装并启动成功。

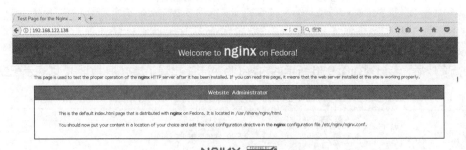

```
[root@lvs-rs1 ~]# firewall-cmd --list-all
public (active)
  target: default
  icmp-block-inversion: no
  interfaces: eth0
  sources:
  services: ssh dhcpv6-client
  ports: 80/tcp
  protocols:
  masquerade: no
  forward-ports:
  source-ports:
  icmp-blocks:
  rich rules:
```

图9-7 添加防火墙规则

```
[root@lvs-rs2 ~]# systemctl enable nginx.service
Created symlink from /etc/systemd/system/multi-user.target.wants/nginx.service
to /usr/lib/systemd/system/nginx.service.
[root@lvs-rs2 ~]#
[root@lvs-rs2 ~]# systemctl start nginx.service
[root@lvs-rs2 ~]#
[root@lvs-rs2 ~]# netstat -lanput | grep :80
tcp        0      0 0.0.0.0:80              0.0.0.0:*               LISTEN
 10680/nginx: master
tcp6       0      0 :::80                   :::*                    LISTEN
 10680/nginx: master
[root@lvs-rs2 ~]#
```

图9-8 Nginx服务验证

若使用浏览器访问，出现图 9-9 所示的内容，同样表示 Nginx 服务安装成功（注：图 9-9 所示的内容，需要将 80 端口添加到防火墙才能出现）。

图9-9 Nginx站点访问

（2）登录 lvs-rs2，确定 Nginx 服务安装成功后，执行如下命令，对默认站点的页面进行修改，以便后续测试使用。

```
[root@lvs-rs2 ~]# echo "lvs-rs2 192.168.122.138" > /usr/share/nginx/html/index.html
```

此时，通过浏览器访问，若出现图 9-10 所示的内容，则表示修改成功。

（3）登录 lvs-rs2，配置虚拟 IP 地址（VIP）及路由规则，执行以下命令，若配置成功，则同样会出现如图 9-6 所示的内容。

```
[root@lvs-rs2 ~]# ifconfig lo:0 192.168.122.200 broadcast 192.168.122.200 netmask 255.255.255.255 up
[root@lvs-rs2 ~]# route add -host 192.168.122.200 dev lo:0
```

（4）登录 lvs-rs2，执行以下命令，抑制 ARP。

```
[root@lvs-rs2 ~]# echo "1" > /proc/sys/net/ipv4/conf/lo/arp_ignore
[root@lvs-rs2 ~]# echo "2" > /proc/sys/net/ipv4/conf/lo/arp_announce
[root@lvs-rs2 ~]# echo "1" > /proc/sys/net/ipv4/conf/all/arp_ignore
[root@lvs-rs2 ~]# echo "2" > /proc/sys/net/ipv4/conf/all/arp_announce
```

（5）登录 lvs-rs2，配置永久生效的防火墙规则，将 80 端口加入到防火墙中，允许 Nginx 服务持续对外提供服务。命令如下。

```
[root@lvs-rs2 ~]# firewall-cmd --permanent --add-port=80/tcp
[root@lvs-rs2 ~]# firewall-cmd -reload
```

2. 配置 Load Balancer

（1）登录 lvs-manager，部署 ipvsadm 管理工具，执行以下命令。

```
[root@lvs-manager ~]# yum install -y ipvsadm
```

部署完成后，使用以下命令，可以查看到图 9-11 所示的内容，表示已经安装成功并可以正常使用。

图9-10　修改Web页面　　　　　　　　　　图9-11　查看ipvsadm

（2）登录 lvs-manager，执行与配置真实服务器相似的命令，配置虚拟 IP 地址（VIP）及路由规则，命令如下。

```
[root@lvs-manager ~]# ifconfig eth0:0 192.168.122.200 broadcast 192.168.122.200 netmask 255.255.255.255 up
[root@lvs-manager ~]# route add -host 192.168.122.200 dev eth0:0
```

配置完成后，可以通过"ip a"或"ifconfig"命令查看网卡信息，若出现图 9-12 所示的内容（此时虚拟 IP 地址位于 eth0 网卡之上），则表示配置成功。

图9-12　添加虚拟IP地址

（3）登录 lvs-manager，配置 IPVS 规则，将配置好的两台真实服务器加入到管理域中，如下所示。

```
[root@lvs-manager ~]# ipvsadm -A -t 192.168.122.200:80 -s rr
[root@lvs-manager~]# ipvsadm -a -t 192.168.122.200:80 -r 192.168.122.162:80 -g
[root@lvs-manager~]# ipvsadm -a -t 192.168.122.200:80 -r 192.168.122.138:80 -g
```

执行成功后，通过"ipvsadm -L n"命令可以查看到图 9-13 所示的内容，此时与图 9-11 所示的内容存在区别，添加的真实服务器等信息会出现。

图9-13　查看ipvsadm

（4）登录 lvs-manager，配置永久生效的防火墙规则。默认情况下，80 端口是没有对外开放的，同时也没有安装任何 Web 服务，但是此处需要使用虚拟 IP 地址通过 80 端口来访问后端的 Nginx 服务，所以需要将 80 端口加入到防火墙中，以便持续对外提供服务。命令如下。

```
[root@lvs-manager ~]# firewall-cmd --permanent --add-port=80/tcp
[root@lvs-manager ~]# firewall-cmd --reload
```

防火墙配置完成并生效后，同样可以通过"firewall-cmd --list-all"命令查看到与图 9-7 所示相同的内容。通过浏览器访问，会发现页面在刷新之后会显示不同的内容，如图 9-14 所示（必要的情况下，需要设置禁用浏览器缓存）。

若使用"curl"命令进行访问，则可以查看到图 9-15 所示的内容。

图9-14　浏览器访问Web　　　　　图9-15　命令行访问Web

9.2 高性能负载均衡器 HAProxy

9.2.1 HAProxy 简介

HAProxy 是一个可靠的、高性能的负载均衡软件，也是一种免费、快速且可靠的解决方案，可为基于 TCP（第四层）和 HTTP（第七层）的应用程序提供高可用、负载均衡和代理，特别适用于流量非常高的网站。

HAProxy 的操作模式使得其在与现有的体系结构集成时非常容易且无风险，同时也提供了不暴露 Web 服务器的可能性。

HAProxy 工作于 OSI 七层参考模型的第四层（传输层）和第七层（应用层）。下面简单介绍四层与七层负载均衡器的区别。

四层负载均衡器是通过分析 IP 层及 TCP/UDP 层的流量实现的基于"IP + 端口"的负载均衡，主要通过报文的目标地址和端口配合负载均衡算法选择后端真实服务器，确定是否需要对报文进行修改（根据需求，可能会修改目标地址、源地址、MAC 地址等）并将数据转发至选出的后端真实服务器。

七层负载均衡器是基于应用层信息（如 URL、Cookies 等）的负载均衡。主要依据报文的内容配合负载均衡算法选择后端真实服务器，然后再分发请求到真实服务器进行处理，也称"内容交换器"。客户端与负载均衡器、负载均衡器与后端真实服务器之间会分别建立 TCP 连接。

HAProxy 是一个单线程、事件驱动的非阻塞引擎，同时结合了一个快速的 I/O 层与基于优先级的调度程序。HAProxy 支持单进程与多进程，但在运行多进程时，会有一些限制。同时单个进程可以运行多个实例，而且在单个进程中，可以配置 300000 个不同的代理并保持良好的运行。因此，通常不需要为所有实例启动多个进程。

HAProxy 以尽可能快、尽可能少的移动数据操作为设计原则。因此，它实现了一个分层模型并为每个级别提供 bypass 机制，确保在非必要的情况下，数据不会传到更高的级别。大多数处理都是在内核中执行的，HAProxy 尽最大努力通过提供一些提示或者猜测，可以通过在以后分组时避免某些操作来尽可能快地帮助内核完成工作。

当 HAProxy 工作在 TCP 或 HTTP 的 close 模式下时，其消耗的处理时间占 15%，内存占 85%；当 HAProxy 工作在 TCP 或 HTTP 的 keep-alive 模式下时，其消耗的处理时间占 30%，内存占 70%。

HAProxy 只需要 haproxy 可执行程序和配置文件即可运行。对于日志记录，建议使用正确配置的 syslog 守护程序并记录日志轮换。配置文件会在启动之前被解析，然后 HAProxy 会尝试绑定所有监听到的 sockets，并在有任何失败时拒绝启动。如果启动成功，它将一直有效，直到它停止工作，这意味着 HAProxy 没有运行时故障。

HAProxy 一旦启动，会做三件事情：
● 处理客户端传入的连接请求；
● 周期性地检查后端服务器的状态（称为健康检查）；
● 与其他 HAProxy 节点交换信息。

在以上的三件事情中，处理客户端传入的连接请求是最复杂的任务，因为配置存在很多可能，但是可以归纳为 9 个步骤。

① 接收来自于配置实体 frontend 监听的 sockets 的传入连接，该实体拥有一个或多个监听地址；

② 根据定义的 frontend 处理规则处理连接，这可能会导致阻塞、修改部分头部信息或拦截它们以执行某些内部小程序，如统计页面或 CLI；

③ 将传入的连接传递给被称为 backend 的配置实体，该实体包含定义的服务器列表和负载均衡策略；

④ 根据定义的 backend 处理规则处理连接；

⑤ 根据负载均衡策略决定将连接转发给后端的哪个服务器；

⑥ 将定义的 backend 处理规则应用于响应的数据；

⑦ 将定义的 frontend 处理规则应用于响应的数据；

⑧ 发出日志，详细报告所发生的事情；

⑨ 在 HTTP 模式中，循环返回到第（2）步等待一个新请求，否则就关闭连接。

9.2.2 HAProxy 安装及配置文件

HAProxy 的安装比较简单，安装的方式主要分为两种。

- 使用 YUM 源直接进行安装，过程如下所示。

```
[root@haproxy-lb ~]# yum -y install haproxy
```

- 如果需要使用最新版本，也可以在官网下载最新的版本编译安装。

HAProxy 的配置过程主要有三个参数来源。

- 来自命令行的参数，始终优先。
- 全局部分，包括 global，用于设置全局的配置参数。
- 代理部分，包括 defaults、listen、frontend 和 backend。

在配置文件中，主要包括全局部分和代理部分，但是有些部分不是必需的，可以根据实际情况进行选择。下面将简单介绍配置文件（默认配置文件/etc/haproxy/haproxy.cfg 或查看官方文档）中各个部分的功能和用途及其常用的参数。

1. global 部分

global 部分的参数是属于进程级的，通常与操作系统有关，只需设置一次，其中一些命令可以使用命令行替代。配置说明如下。

- log：日志配置，可设置 rsyslog 服务地址、日志设备、日志级别等。
- chroot：HAProxy 的工作目录。
- pidfile：PID 文件路径。
- maxconn：每个进程可接受的最大并发连接数。
- user：运行 HAProxy 的用户，可设置用户名或 uid。
- group：运行 HAProxy 的组，可设置组名或 gid。
- nbproc：启动 HAProxy 时创建的进程数，默认只启动一个进程。
- daemon：以后台形式运行 HAProxy，默认启用。

2. defaults 部分

defaults 部分配置的参数属于公共配置，会被 frontend、backend、listen 部分自动引用。若在 frontend、backend、listen 部分存在相同的参数，则会被新的参数自动覆盖。配置说明如下。

- mode：设置实例的运行模式：tcp、http、health，默认是 http。
- log：设置启用的日志配置，默认是 global。
- option：定义选项，可以出现多次，每配置一个选项值，则需要另起一行，以"option"开始。常用选项如下：

httplog：启用日志记录 HTTP 请求；

dontlognull：不记录健康检查的日志信息；

http-server-close：收到后端响应后，关闭连接，但是不会关闭客户端与 HAProxy 的连接；

forwardfor：启用 X-Forwarded-For，将客户端的真实 IP 写入其中；

redispatch：在连接失败的情况下启用或禁用会话重新分发，默认值是 1。

- retries：设置连接后端服务器时失败重试的次数，默认值是 3。
- timeout：超时时间，单位毫秒，可以重复出现，定义时以"timeout"关键字开始且另起一行。

常用选项如下：
http-request：HTTP 请求的超时时间；
queue：队列的超时时间；
connect：成功连接后端服务器的超时时间；
client：客户端发送数据的超时时间；
server：后端服务器响应数据的超时时间；
http-keep-alive：持久连接的超时时间；
check：心跳检测的超时时间。

- maxconn：最大并发连接数。

3. frontend 部分

frontend 部分主要用于配置接收客户端请求的虚拟节点（配置实体 frontend），监听本地的 sockets，接收传入的连接，可根据 ACL 规则直接指定需要使用的后端服务器。在配置文件中可以重复出现，定义时需要以"frontend"关键字开始且另起一行。常用选项如下：

- acl：定义 ACL 规则；
- use_backend：指定直接使用的后端（需要先在 backend 部分定义），一般与 ACL 配合使用；
- default_backend：指定默认后端（需要先在 backend 部分定义），在 use_backend 规则不匹配时使用。

4. backend 部分

backend 部分主要用于配置后端服务器集群，即一组后端的真实服务器，用来处理前端传来的请求，同样支持 ACL 规则，与 LVS 的真实服务器类似。在配置文件中可以重复出现，定义时需要以"backend"关键字开始且另起一行。常用选项如下：

- balance：指定调度算法。可以是 roundrobin、static-rr、leastconn、first、source、uri、url_param、hdr(<name>)、random、rdp-cookie、rdp-cookie(<name>)；
- server：定义后端真实服务器，可以重复出现，定义时需要以"server"关键字开始且另起一行。

5. listen 部分

listen 部分是 frontend 与 backend 部分的集合体，在目前版本的配置文件中，默认已将其移除，但是仍然可以使用，如开启 HAProxy 自带的 Web 监控平台。在 frontend 和 backend 部分能使用的所有选项参数，该部分都可以支持（option stop-check 除外）。

9.2.3 HAProxy 访问控制列表

HAProxy 能够从请求、响应流、客户端或服务器信息、表、环境信息等提取数据，提取此类数据的操作被称为获取样本。检索时，这些样本可以用于实现各种目的，最常见的是将它们与预定义的称为模式的数据进行对比。

访问控制列表（ACL）提供了灵活的解决方案来执行内容切换，或者基于从请求、响应、任何环境状态中提取出来的数据来做出决策。执行的操作通常包括阻塞请求、选择后端或添加 HTTP 头部，使用原则非常简单。

- 从数据流、表或环境中提取数据样本；
- 对提取的样本可选的应用格式进行转换；
- 将一种或多种模式匹配应用到样本；
- 当模式与样本匹配时，执行操作。

ACL 可用于 frontend、backend 或 listen 部分，但是最常见的是用于 frontend 部分。其语法如下：

```
acl <aclname> <criterion> [flags] [operator] [<value>] ...
```

常用的选项：

acl　ACL 关键字，定义 ACL 规则；

aclname　ACL 规则名，严格区分大小写，只能使用大写字母、小写字母、数字、-（中线）、_（下划线）、.（点号）和:（冒号）；

criterion　获取样本方法的名称，常见的有 hdr_beg(host)、hdr_dom(host)、hdr(host)、path_beg、path_end、url、url_sub、url_dir、url_beg、url_end、url_len 等。

flags　参数，如：-i、-f filename 等。

operator　操作符，并不是所有的 criterion 都支持此操作符。

value　通常指匹配的路径或文件等，若存在多个，则使用空格分隔。

9.2.4　HAProxy 配置实例

本节将演示如何配置 HAProxy。在操作之前，请确保所有服务器均设置好路由转发功能且处于同一局域网内，同时服务器已完成了一些常用的初始化设置，如设置主机名、关闭 SELinux、测试域名解析等，后续不再进行说明。演示中使用到的域名为：www.haproxy.com 和 bbs.haproxy.com。

HAProxy 的搭建主要分为两部分：后端的真实服务器（Real Server）搭建和前端的负载调度器（Load Balancer）搭建。此外，HAProxy 还自带一个基于 Web 的监控平台，可以查看集群中所有后端服务器的运行状态、配置分组等信息，也可以对后端的节点进行部分管理操作，在升级节点、故障维护时非常有用。演示所需的服务器信息如表 9-4 所示。

表 9-4　HAProxy 配置信息

主机名	IP 地址	作用
haproxy-lb	RIP: 192.168.122.14	负载调度器
haproxy-nginx1	RIP: 192.168.122.128	Web(Nginx)
haproxy-nginx2	RIP: 192.168.122.167	Web(Nginx)

以上服务器对应的架构图如图 9-16 所示。

1. 配置后端真实服务器

对 Real Server1 服务器的配置如下。

登录 haproxy-nginx1，安装 Nginx 服务并配置演示所需的站点。需要注意的是，两台真实服务器的站点存在差异，站点的内容将在后面进行说明。安装命令如下。

```
[root@haproxy-nginx1 ~]# yum install -y nginx
[root@haproxy-nginx1 ~]# systemctl enable nginx.service
[root@haproxy-nginx1 ~]# systemctl start nginx.service
[root@haproxy-nginx1 ~]# firewall-cmd --add-port=80/tcp
```

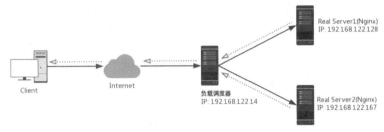

图9-16 HAProxy架构

安装完成并确认服务启动后,使用浏览器访问,若出现图 9-17 所示的内容,则说明服务已经启动成功。

图9-17 Nginx验证

新的站点需要重新进行配置,具体步骤如下。

(1)新建站点目录并设置权限。

```
[root@haproxy-nginx1 ~]# mkdir -p /data/haproxy1
[root@haproxy-nginx1 ~]# chown -R nginx.nginx /data
```

(2)在站点目录中新建一个页面。

```
[root@haproxy-nginx1 ~]# echo "haproxy-nginx1 192.168.122.128" > /data/haproxy1/index.html
```

(3)新建站点配置文件:/etc/nginx/conf.d/haproxy1.conf,并添加以下内容。

```
server {
    listen        80;
    server_name   www.haproxy.com;
    root          /data/haproxy1;

    location / {
        index index.html;
    }

    error_page 404 /404.html;
```

```
        location = /40x.html {
    }

    error_page 500 502 503 504 /50x.html;
        location = /50x.html {
    }
}
```

（4）重启 Nginx 服务使新添加的站点配置生效，命令如下。

```
[root@haproxy-nginx1 ~]# systemctl restart nginx.service
```

确认 Nginx 服务重启成功后，在需要通过浏览器访问站点的主机上将域名 www.haproxy.com 的解析临时指向到 192.168.122.128，之后通过浏览器访问，若出现图 9-18 所示的内容，则说明新的站点已经生效。

（5）配置永久生效的防火墙规则，允许 Nginx 服务持续对外提供服务，命令如下所示。

```
[root@haproxy-nginx1 ~]# firewall-cmd --permanent --add-port=80/tcp
[root@haproxy-nginx1 ~]# firewall-cmd --reload
```

执行完上述命令后，通过"firewall-cmd --list-all"命令能够查看到图 9-19 所示的内容，则表示防火墙规则已经生效。

图9-18　添加新的站点　　　　　　图9-19　添加防火墙规则

对 Real Server2 服务器的配置如下。

登录 haproxy-nginx2，安装 Nginx 服务并配置演示所需的站点。需要注意的是，两台真实服务器中的站点存在差异，有关站点的内容将在后面进行说明。安装命令如下。

```
[root@haproxy-nginx2 ~]# yum install -y nginx
[root@haproxy-nginx2 ~]# systemctl enable nginx.service
[root@haproxy-nginx2 ~]# systemctl start nginx.service
[root@haproxy-nginx2 ~]# firewall-cmd --add-port=80/tcp
```

安装完成并确认服务启动后，使用浏览器访问，若出现图 9-20 所示的内容，则说明服务已经启动成功。

新的站点需要重新进行配置，具体步骤如下。

（1）新建站点目录并设置权限。

```
[root@haproxy-nginx2 ~]# mkdir -p /data/haproxy2
[root@haproxy-nginx2 ~]# mkdir -p /data/bbs
[root@haproxy-nginx2 ~]# chown -R nginx.nginx /data
```

图9-20 Nginx验证

（2）在站点目录中新建两个页面。

```
[root@haproxy-nginx2 ~]# echo "haproxy-nginx2 192.168.122.167" > /data/haproxy2/index.html
[root@haproxy-nginx2 ~]# echo "haproxy-nginx2 192.168.122.167 bbs" > /data/bbs/bbs.html
```

（3）新建站点配置文件：/etc/nginx/conf.d/haproxy2.conf，并添加以下内容。

```
server {
    listen       80;
    server_name  www.haproxy.com;
    root         /data/haproxy2;

    location / {
        index index.html;
    }

    error_page 404 /404.html;
        location = /40x.html {
    }

    error_page 500 502 503 504 /50x.html;
        location = /50x.html {
    }
}
```

新建站点配置文件：/etc/nginx/conf.d/bbs.conf，并添加如下内容。

```
server {
    listen       80;
    server_name  bbs.haproxy.com;
    root         /data/bbs;

    location / {
        index bbs.html;
    }

    error_page 404 /404.html;
```

```
        location = /40x.html {
    }
    error_page 500 502 503 504 /50x.html;
        location = /50x.html {
    }
}
```

（4）重启 Nginx 服务使新添加的站点配置生效，命令如下。

```
[root@haproxy-nginx2 ~]# systemctl restart nginx.service
```

确认 Nginx 服务重启成功后，在需要通过浏览器访问站点的主机上将域名 www.haproxy.com 和域名 bbs.haproxy.com 的解析临时指向到 192.168.122.167，之后通过浏览器访问，若出现图 9-21 所示的内容，则说明新的站点已经生效。

（5）配置永久生效的防火墙规则，允许 Nginx 服务持续对外提供服务，命令如下所示。

```
[root@haproxy-nginx2 ~]# firewall-cmd --permanent --add-port=80/tcp
[root@haproxy-nginx2 ~]# firewall-cmd --reload
```

执行完上述命令后，通过"firewall-cmd --list-all"命令能够查看到图 9-22 所示的内容，则表示防火墙规则已经生效。

图9-21　添加新的站点　　　　　　　图9-22　添加防火墙规则

2．配置负载调度器

（1）登录 haproxy-lb，执行以下命令安装并启动 HAProxy 服务。

```
[root@haproxy-lb ~]# yum install -y haproxy
[root@haproxy-lb ~]# systemctl enable haproxy.service
[root@haproxy-lb ~]# systemctl start haproxy.service
```

完成后，使用命令"haproxy -v"查看，若出现图 9-23 所示的内容，则表示已经安装成功。

```
[root@haproxy-lb ~]# haproxy -v
HA-Proxy version 1.5.18 2016/05/10
Copyright 2000-2016 Willy Tarreau <willy@haproxy.org>
```

图9-23　haproxy验证

（2）登录 haproxy-lb，修改 haproxy 的配置文件/etc/haproxy/haproxy.cfg，将其中的 frontend 与 backend 部分的内容替换为以下内容。

```
frontend  main *:80
    acl         www             hdr(host)       www.haproxy.com

    use_backend wwwserver                if www
```

```
        default_backend             defaultserver

backend wwwserver
    balance     roundrobin
    server      haproxy-nginx1 192.168.122.128:80 check
    server      haproxy-nginx2 192.168.122.167:80 check

backend defaultserver
    balance     roundrobin
    server      haproxy-nginx2 192.168.122.167:80 check
```

(3)登录 haproxy-lb,重启 HAProxy 服务,使之前的配置生效。

```
[root@haproxy-lb ~]# systemctl restart haproxy.service
```

(4)登录 haproxy-lb,配置永久生效的防火墙规则,允许其他主机通过该服务器的 80 端口访问后端 Nginx 服务,命令如下。

```
[root@haproxy-lb ~]# firewall-cmd --permanent --add-port=80/tcp
[root@haproxy-lb ~]# firewall-cmd --reload
```

执行"firewall-cmd --list-all"命令,若能查看到图 9-24 所示的内容,则表示防火墙规则已经生效。

此时,通过浏览器进行访问(访问之前,需要将域名 www.haproxy.com 和 bbs.haproxy.com 的解析同时指向 192.168.122.14),若出现图 9-25 所示的内容,则说明负载调度已经生效。

```
[root@haproxy-lb ~]# firewall-cmd --list-all
public (active)
  target: default
  icmp-block-inversion: no
  interfaces: eth0
  sources:
  services: ssh dhcpv6-client
  ports: 80/tcp
  protocols:
  masquerade: no
  forward-ports:
  source-ports:
  icmp-blocks:
  rich rules:
```

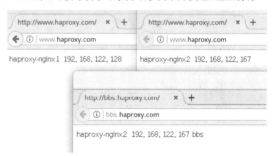

图 9-24 添加防火墙规则   图 9-25 HAProxy 调度测试

9.2.5 使用 Web 监控平台

HAProxy 自带的 Web 监控平台在升级节点、更新维护时非常有用。开启 HAProxy 自带的 Web 监控平台,需要进行如下配置。以下操作均在 haproxy-lb 节点上完成。

(1)修改配置文件/etc/haproxy/haproy.cfg,在文件末尾添加以下内容。

```
listen admin_stats
    bind        *:8080
    stats       enable
    stats       refresh     30s
    stats       uri         /admin
    stats       realm       haproxy
    stats       auth        admin:123456
    stats       admin       if TRUE
```

以上内容的主要功能是开启 Web 监控平台，其中，"bind"表示绑定所有 IP 地址的 8080 端口，"uri"表示需要在域名之后接上"/admin"才能进入页面，"auth"是验证信息，表示登录的用户名和密码需要使用冒号分隔。即完整的登录地址为：http://192.168.122.14:8080/admin，登录的账号和密码为"admin"与"123456"。

（2）配置永久生效的防火墙规则，允许 HAProxy 通过 8080 端口持续对外提供服务，命令如下所示。

```
[root@haproxy-lb ~]# firewall-cmd --permanent --add-port=8080/tcp
[root@haproxy-lb ~]# firewall-cmd --reload
```

（3）完成上述配置后，重启 HAProxy 服务即可生效。

```
[root@haproxy-lb ~]# systemctl restart haproxy.service
```

重启完成后，即可通过浏览器使用 http://192.168.122.14:8080/admin 登录监控平台查看。登录成功后，会出现图 9-26 所示的内容。

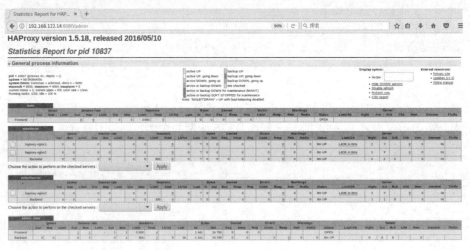

图9-26　HAProxy监控平台

9.3　高可用软件 Keepalived

9.3.1　Keepalived 简介

Keepalived 是一个免费的、轻量级的高可用解决方案，是一个由 C 语言编写的路由软件，主要目标是为 Linux 系统和基于 Linux 系统的基础架构提供简单而强大的负载均衡和高可用性设施，其中的负载均衡框架依赖于 Linux 虚拟服务器（IPVS）内核模块，提供四层负载均衡。Keepalived 框架可以单独使用，也可以与其他软件一起使用。

Keepalived 最初是为 LVS 设计的，主要用来监控集群中各个服务节点的运行状态。当服务节点出现故障并被检测到时，则会被 Keepalived 从集群中踢除，待恢复后再重新加入集群，期间的工作自动完成，不需要人工干预，需要人工完成的部分仅限于修复出现故障的服务节点。

虚拟路由器冗余协议（Virtual Router Redundancy Protocol，VRRP）是一种选择协议、路由备份协议，是 Keepalived 中最重要的一个功能，可以将多个路由器组成一个虚拟路由器（一主多备），在网络发生故障时实现透明切换。

通过 VRRP 协议组成的虚拟路由器，由一个或多个虚拟 IP 对外提供服务，内部则是多个物理路由器协同工作，同一时间只有一台物理路由器对外提供服务，称为主路由器。其工作过程大致如下。

（1）启用 VRRP 功能后，路由器根据优先级确定自己在虚拟路由器中的角色，优先级高的为主路由器，其他为备用路由器。主路由器定期向备用路由器发送 VRRP 报文，通告自己的工作状态正常，备用路由器则会定时接收。

（2）VRRP 根据不同的抢占方式，确定是否替换主备路由器状态。
- 抢占方式：备用路由器收到报文后，会对比优先级，若大于通告报文中的优先级，则切换为主路由器，否则保持状态不变；
- 非抢占方式：主路由器在没有出现故障的情况下，将与备用路由器一直保持原有的状态。

（3）若备用路由器在一定时间内没有收到主路由器发送的 VRRP 报文，则认为主路由器无法正常工作，此时备用路由器将会选举出优先级高的路由器作为主路由器并发送 VRRP 报文，替代原有主路由器继续工作。

了解了 VRRP 如何工作，下面将介绍 Keepalived 是如何工作的。在介绍之前，还需要了解一下 Keepalived 的设计架构及健康检查机制。Keepalived 大致分两层：用户空间和内核空间。其大多数核心功能均在用户空间实现，而内核空间中的两个模块——IPVS 主要实现负载均衡，NETLINK 主要提供高级路由及其他相关网络功能。图 9-27 所示是官方给出的 Keepalived 体系结构拓扑图。

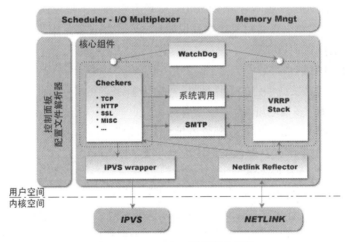

图9-27　Keepalived体系结构拓扑

Keepalived 提供了三个守护进程，分别负责不同的功能。
- 父进程：负责 fork 子进程并对其进行监控。
- VRRP 子进程：负责 VRRP 框架。
- 健康检查子进程：负责健康检查。

Keepalived 依赖 VRRP 协议实现高可用，同时还实现基于 TCP/IP 协议栈的多层（3 层、4 层、5/7 层）健康检查机制，能够提供服务节点检查及故障隔离功能。其运行机制大致如下。

- 网络层：主要通过 ICMP 协议，向服务节点发送 ICMP 数据包（类似 ping 命令的方式），若无响应，则判定节点出现故障并将其从集群中移除。
- 传输层：主要通过 TCP 协议，向服务节点发起一个 TCP 连接请求（通常会指定端口），若无响应，则判定节点出现故障并将其从集群中移除。
- 应用层：主要根据用户的一些设定来判断节点是否正常，若不正常，则判定节点出现故障并将其从集群中移除。常使用脚本进行检测。

Keepalived 一般会同时运行在两台或更多台服务器上，同时提供服务且有主从之分。实际提供服务的只有主节点，其工作原理与 VRRP 类似。Keepalived 会根据配置文件中定义的优先级或节点的主从标记，确定哪一台服务器中运行的服务可以成为主节点并使用 VIP（虚拟 IP）对外提供服务，其他的则成为从节点。若 Keepalived 的主节点出现故障停止提供服务或所在的服务器宕机时，会将主节点移除并在从节点中选举出优先级较高的节点作为新的主节点并接管 VIP 继续提供服务，保证服务的不间断。待故障节点恢复后，再重新加入并重新确定是否需要切换主从关系。

9.3.2 Keepalived 安装及基础配置

Keepalived 的安装比较简单，安装方式主要分为两种。
- 可以使用 YUM 源直接进行安装，过程如下所示。

```
[root@keepalive-master ~]# yum install -y keepalived
```
- 如果需要使用最新版本，也可以在官网下载最新的版本编译安装。

Keepalived 的配置文件（/etc/keepalived/keepalived.conf）主要分为七个部分，可以在 /usr/share/doc/keepalived-<版本号>/samples 目录下查看官方提供的配置文件示例或使用命令 "man keepalived.conf" 查看相关参数及说明。由于参数较多且限于篇幅，下面只简单介绍其主要功能及常用的配置参数。

1. global_defs

定义全局设置，包括发送消息的邮件地址、SMTP 服务器的 IP、SMTP 服务器的超时时间、主机识别字符串、VRRP 多播地址等。

- notification_email：故障时接收邮件的地址，可以有多个，每行一个；
- notification_email_from：邮件发送地址；
- smtp_server：SMTP 服务器地址；
- smtp_connect_timeout：SMTP 连接超时时间；
- router_id：主机识别标志，出现故障需要发送邮件时，会使用到它。
- vrrp_skip_check_adv_addr：跳过报文检查，当收到的报文与上一个报文来自同一个路由器时有效；
- vrrp_strict：VRRP 协议严格模式，严格遵守 VRRP 协议；
- vrrp_garp_interval：网卡上 ARP 消息之间的延迟；
- vrrp_gna_interval：网卡上发送的未经请求的 NA 消息之间的延迟。

2. static_ipaddress 和 static_routes

定义静态 IP 地址和路由。如果服务器上已经有定义且这些服务器之间具有网络连接，则不需要此部分。

3. vrrp_sync_group

定义一起故障转移的备份 VRRP 同步组。

- group：vrrp_instance 实例名，可以有多个，每行一个；
- notify_master：状态转为 MASTER 时，执行的脚本；
- notify_backup：状态转为 BACKUP 时，执行的脚本；
- notify_fault：状态转为 FAULT 时，执行的脚本；
- notify：当出现状态转换时，执行的脚本，在 notify_*脚本之后执行。
- smtp_alert：当状态发生转换时，触发邮件发送，相关的信息在 global_defs 中定义；
- global_tracking：所有 VRRP 共享相同的跟踪配置。

4. vrrp_instance

为 VRRP 同步组的内部或外部网络接口的成员定义可移动的虚拟 IP 地址，在状态切换时会漂移到其他节点上继续提供服务。每个 VRRP 实例必须具有唯一的 virtual_router_id 值，标志着哪些主/备服务器可以使用同一个虚拟 IP 地址提供服务。即同一 vrrp_instance 中，此值在主或从节点上必须一致；还可以指定状态切换为 MASTER、BACKUP 和 FAULT 时，是否触发 SMTP 警报。

- state：节点的状态，可以为 MASTER、BACKUP。单节点时，默认为 MASTER；多节点时，选举出优先级最高的成为 MASTER。
- interface：发送 VRRP 报文的网卡。
- virtual_router_id：虚拟路由器标识，全局唯一且范围在 0~255 之间的整数数字。同一个实例中，主从节点的此值必须一致。
- priority：优先级数值。值越大，优先级越高。若为 MASTER，建议将此值设置得比其他节点至少高出 50。
- advert_int：VRRP 心跳检查间隔（以秒为单位），默认为 1 秒。
- authentication：设置认证信息。
- virtual_ipaddress：虚拟 IP 地址，可以有多个，每行一个。当状态在 MASTER 和 BACKUP 之间切换时，添加或删除的 IP 地址。

5. vrrp_script

定义跟踪脚本，主要用于健康检查。当需要根据业务进程的运行状态决定是否需要进行主备切换时，可以通过编写脚本对业务进程进行检测监控。主要用于 vrrp_instance 和 vrrp_sync_group 部分。

- script：执行脚本的路径；
- interval：每两次调用执行脚本的间隔时间；
- timeout：脚本执行的超时时间；
- weight：权重值，按此权重调整优先级，默认为 0。

6. virtual_server_group

定义虚拟服务器组，允许真实服务器成为多个虚拟服务器组的成员，每行一个。成员格式为：IP 地址或范围和端口号，以空格分隔。

7. virtual_server

定义用于负载均衡的虚拟服务器，该服务器由多个真实服务器组成，后接虚拟 IP 地址和端口号，以空格分隔。
- delay_loop：轮询的延迟时间；
- lb_algo：LVS 负载均衡调度算法，可选项有 rr、wrr、lc、wlc、lblc、sh、dh；
- lb_kind：LVS 转发模式，可选项有 NAT、DR、TUN；
- persistence_timeout：LVS 会话超时时间，默认 6 分钟；
- protocol：第四层网络协议，默认为 TCP，可选项有 TCP、UDP、SCTP；
- real_server：定义 LVS 真实服务器节点，有多少个真实服务器节点，就需要多少段；
- weight：real_server 中使用的权重值，默认为 1；
- inhibit_on_failure：real_server 中使用，当健康检查失败时，权重值会被重置为 0；
- notify_up：real_server 中使用，当健康检查认为服务为 UP 状态时，执行的脚本；
- notify_down：real_server 中使用，当健康检查认为服务为 DOWN 状态时，执行的脚本；
- HTTP_GET：real_server 中使用，健康检查定义，可选项有 HTTP_GET、SSL_GET、TCP_CHECK、SMTP_CHECK、DNS_CHECK、MISC_CHECK。

9.3.3 Keepalived 基于非抢占模式配置实例

本节将演示如何配置 Keepalived 的非抢占模式，同时会涉及 LVS 的相关内容。演示中共使用了四台服务器，两台作为 Keepalived 及 ipvsadm 节点，两台作为后端的真实服务器。ipvsadm 在演示中主要用于查看 LVS 集群的相关信息，而具体的配置管理则是通过 Keepalived 配置文件进行的。即实际的演示内容是 Keepalived+LVS 的集群，关于 LVS 后端真实服务器的配置，由于在前面的章节中已经有过详细介绍，本小节将不再进行演示。同时所有服务器已完成了一些常用的初始化设置，如设置主机名、关闭 SELinux、测试域名解析等，后续不再说明。

Keepalived 在运行过程中，可以配置为抢占和非抢占模式。两者的区别如下。
- 抢占模式：即在一个 Keepalived 集群中同时存在主节点和从节点，且主节点的优先级比从节点高。当主节点出现故障时，在从节点中选举出优先级最高的节点作为新的主节点继续提供服务并抢占虚拟 IP（VIP），但是当原来的主节点恢复后，又会将 VIP 抢回。
- 非抢占模式：即在一个 Keepalived 集群中只存在从节点，需要选举出其中优先级最高的成为主节点提供服务，当作为主节点的服务器故障时，在其他从节点中选举出优先级最高的节点作为新的主节点继续提供服务并抢占 VIP，但是原来作为主节点的服务器恢复后，不会抢回 VIP，而是作为一个从节点加入到集群中。可以通过两种方式设置非抢占模式，第一种是在优先级高的节点的配置文件中添加参数 nopreempt，第二种则是将所有从节点的优先级设置为相同的值。

在 Keepalived 的运行中，还存在一种称为"脑裂"的问题，它是由于配置不当或主/从节点之间的检测出现异常，导致 VIP 同时在主节点与从节点出现引起的，会引发资源争抢、同时读写、数据损坏等问题。

Keepalived+LVS 的集群主要分为两部分：后端的真实服务器（Real Server）和前端的负载调度器（Load Balancer）。演示所需的服务器信息如表 9-5 所示。

表 9-5　Keepalived+LVS 集群配置信息

主机名	IP 地址	作用
keepalived-backup1	VIP: 192.168.122.200, DIP: 192.168.122.128	Keepalived, ipvsadm
keepalived-backup2	VIP: 192.168.122.200, RIP: 192.168.122.204	Keepalived, ipvsadm
keepalived-nginx1	VIP: 192.168.122.200, RIP: 192.168.122.205	Nginx
keepalived-nginx2	VIP: 192.168.122.200, RIP: 192.168.122.217	Nginx

以上服务器对应的架构图如图 9-28 所示。

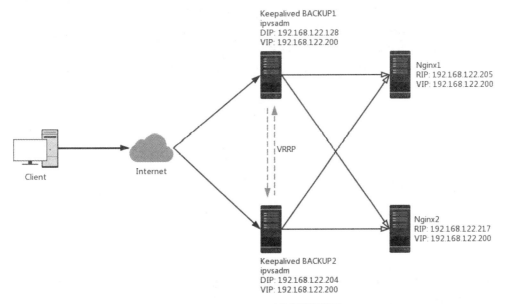

图9-28　Keepalived+LVS集群架构图

1. 配置后端真实服务器

对 Nginx1 服务器的配置如下。

（1）登录 keepalived-nginx1，安装 Nginx 服务并进行简单配置（使用默认站点即可），便于在演示过程中查看具体的效果。需要执行的命令如下。

```
[root@keepalived-nginx1 ~]# yum install -y nginx
[root@keepalived-nginx1 ~]# systemctl enable nginx.service
[root@keepalived-nginx1 ~]# systemctl start nginx.service
[root@keepalived-nginx1 ~]# firewall-cmd --add-port=80/tcp
[root@keepalived-nginx1 ~]# echo "keepalived-nginx1 192.168.122.205" > /usr/share/nginx/html/index.html
```

安装并配置完成后，在浏览器中访问，若出现图 9-29 所示的内容，则说明 Nginx 服务已安装成功并能正常提供服务。

（2）登录 keepalived-nginx1，由于涉及 LVS，因此还需要配置虚拟 IP 地址及路由规则、抑制 ARP 设置等，命令如下所示（具体的演示步骤可以参考前面小节）。

```
[root@keepalived-nginx1 ~]# ifconfig lo:0 192.168.122.200 broadcast 192.168.122.200 netmask 255.255.255.255 up
[root@keepalived-nginx1 ~]# route add -host 192.168.122.200 dev lo:0
[root@keepalived-nginx1 ~]# echo "1" > /proc/sys/net/ipv4/conf/lo/arp_ignore
[root@keepalived-nginx1 ~]# echo "2" > /proc/sys/net/ipv4/conf/lo/arp_announce
[root@keepalived-nginx1 ~]# echo "1" > /proc/sys/net/ipv4/conf/all/arp_ignore
[root@keepalived-nginx1 ~]# echo "2" > /proc/sys/net/ipv4/conf/all/arp_announce
```

（3）配置永久生效的防火墙规则，允许 Nginx 服务持续对外提供服务，命令如下所示。

```
[root@keepalived-nginx1 ~]# firewall-cmd --permanent --add-port=80/tcp
[root@keepalived-nginx1 ~]# firewall-cmd --reload
```

若能通过"firewall-cmd --list-all"命令查看到图 9-30 所示的内容，则说明防火墙规则已生效。

图9-29　Nginx服务验证　　　　图9-30　添加防火墙规则

（4）登录 keepalived-nginx2，安装 Nginx 服务并进行简单配置（使用默认站点即可），便于在演示过程中查看具体的效果。需要执行的命令如下。

```
[root@keepalived-nginx2 ~]# yum install -y nginx
[root@keepalived-nginx2 ~]# systemctl enable nginx.service
[root@keepalived-nginx2 ~]# systemctl start nginx.service
[root@keepalived-nginx2 ~]# firewall-cmd --add-port=80/tcp
[root@keepalived-nginx2 ~]# echo "keepalived-nginx2  192.168.122.217" > /usr/share/nginx/html/index.html
```

安装并配置完成后，在浏览器中访问，若出现图 9-31 所示的内容，则说明 Nginx 服务已安装成功并能正常提供服务。

（5）登录 keepalived-nginx2，由于涉及 LVS，因此还需要配置虚拟 IP 地址及路由规则、抑制 ARP 设置等，命令如下所示（具体的演示步骤可以参考前面小节）。

```
[root@keepalived-nginx2 ~]# ifconfig lo:0 192.168.122.200 broadcast 192.168.122.200 netmask 255.255.255.255 up
[root@keepalived-nginx2 ~]# route add -host 192.168.122.200 dev lo:0
```

```
[root@keepalived-nginx2 ~]# echo "1" > /proc/sys/net/ipv4/conf/lo/arp_ignore
[root@keepalived-nginx2 ~]# echo "2" > /proc/sys/net/ipv4/conf/lo/arp_announce
[root@keepalived-nginx2 ~]# echo "1" > /proc/sys/net/ipv4/conf/all/arp_ignore
[root@keepalived-nginx2 ~]# echo "2" > /proc/sys/net/ipv4/conf/all/arp_announce
```

（6）配置永久生效的防火墙规则，允许Nginx服务持续对外提供服务，命令如下所示。

```
[root@keepalived-nginx2 ~]# firewall-cmd --permanent --add-port=80/tcp
[root@keepalived-nginx2 ~]# firewall-cmd --reload
```

若能通过"firewall-cmd --list-all"命令查看到图9-32所示的内容，则说明防火墙规则已生效。

图9-31　Nginx服务验证　　　　　　　图9-32　添加防火墙规则

2. 配置负载调度器

（1）登录keepalived-backup1，分别安装Keepalived和ipvsadm，命令如下。

```
[root@keepalived-backup1 ~]# yum install -y keepalived ipvsadm
[root@keepalived-backup1 ~]# systemctl enable keepalived.service
[root@keepalived-backup1 ~]# systemctl start keepalived.service
```

若通过"keepalived -v"与"ipvsadm -L -n"命令可查看到图9-33所示的内容，则说明安装成功（此时由于尚未修改Keepalived的配置文件，ipvsadm显示的信息仍为默认配置）。

图9-33　keepalived与ipvsadm验证

（2）登录keepalived-backup1，修改配置文件/etc/keepalived/keepalived.conf，将其中的

内容修改为如下所示的内容（建议根据实际情况进行修改）。

```
! Configuration File for keepalived

global_defs {
   notification_email {
     notification_emal@tang.com
   }
   notification_email_from Alexandre.Cassen@firewall.loc
   smtp_server 127.0.0.1
   smtp_connect_timeout 30
   router_id LVS_DEVEL
   vrrp_skip_check_adv_addr
   vrrp_strict
   vrrp_garp_interval 0
   vrrp_gna_interval 0
}

vrrp_instance VI_1 {
    state BACKUP
    interface eth0
    virtual_router_id 51
    priority 100
    nopreempt
    advert_int 1
    authentication {
        auth_type PASS
        auth_pass 1111
    }
    virtual_ipaddress {
        192.168.122.200
    }
}
virtual_server 192.168.122.200 80 {
    delay_loop 1
    lb_algo rr
    lb_kind DR
    persistence_timeout 0
    protocol TCP
    real_server 192.168.122.205 80 {
        weight 1
        HTTP_GET {
            url {
                path /
            }
```

```
            connect_timeout 3
            nb_get_retry 3
            delay_before_retry 3
        }
    }

    real_server 192.168.122.217 80 {
        weight 1
        HTTP_GET {
            url {
                path /
            }
            connect_timeout 3
            nb_get_retry 3
            delay_before_retry 3
        }
    }
}
```

（3）登录 keepalived-backup1，配置永久生效的防火墙规则，允许各节点间通过 VRRP 协议通信，以实现 Keepalived 各节点之间通信及允许其他主机通过该服务器的 80 端口访问后端 Nginx 服务，命令如下所示。

```
[root@keepalived-backup1 ~]# firewall-cmd --permanent --direct --add-rule ipv4 filter INPUT 0 --in-interface eth0 --destination 224.0.0.18 --protocol vrrp -j ACCEPT
[root@keepalived-backup1 ~]# firewall-cmd --permanent --direct --add-rule ipv4 filter OUTPUT 0 --in-interface eth0 --destination 224.0.0.18 --protocol vrrp -j ACCEPT
[root@keepalived-backup1 ~]# firewall-cmd --permanent --add-port=80/tcp
[root@keepalived-backup1 ~]# firewall-cmd --reload
```

此时，通过"firewall-cmd --list-all"命令只能看到关于 80 端口的信息，若需要查看其他信息，可通过"--direct"参数添加规则，即使用"firewall-cmd --direct --get-all-rules"命令，如图 9-34 所示。

```
[root@keepalived-backup1 ~]# firewall-cmd --list-all
public (active)
  target: default
  icmp-block-inversion: no
  interfaces: eth0
  sources:
  services: ssh dhcpv6-client
  ports: 80/tcp
  protocols:
  masquerade: no
  forward-ports:
  source-ports:
  icmp-blocks:
  rich rules:

[root@keepalived-backup1 ~]# firewall-cmd --direct --get-all-rules
ipv4 filter OUTPUT 0 --in-interface eth0 --destination 224.0.0.18 --protocol vrrp -j ACCEPT
ipv4 filter INPUT 0 --in-interface eth0 --destination 224.0.0.18 --protocol vrrp -j ACCEPT
[root@keepalived-backup1 ~]#
```

图9-34 添加防火墙规则

（4）登录 keepalived-backup1，重启 keepalived 服务即可。

```
[root@keepalived-backup1 ~]# systemctl restart keepalived.service
```

重启成功后，再次使用"ipvsadm -L -n"命令，可以查看到其中的信息已经发生了变化，如图 9-35 所示。

```
[root@keepalived-backup1 ~]# ipvsadm -L -n
IP Virtual Server version 1.2.1 (size=4096)
Prot LocalAddress:Port Scheduler Flags
  -> RemoteAddress:Port           Forward Weight ActiveConn InActConn
TCP  192.168.122.200:80 rr
  -> 192.168.122.205:80           Route   1      0          0
  -> 192.168.122.217:80           Route   1      0          0
```

图9-35 ipvsadm信息

（5）登录 keepalived-backup2，分别安装 Keepalived 和 ipvsadm，命令如下。

```
[root@keepalived-backup2 ~]# yum install -y keepalived ipvsadm
[root@keepalived-backup2 ~]# systemctl enable keepalived.service
[root@keepalived-backup2 ~]# systemctl start keepalived.service
```

若通过"keepalived -v"与"ipvsadm -L -n"命令可以查看到与图 9-33 所示同样的内容，则说明安装成功（此时由于尚未修改 Keepalived 的配置文件，ipvsadm 显示的信息仍为默认配置）。

（6）登录 keepalived-backup2，修改其配置文件 /etc/keepalived/keepalived.conf 与 keepalived-backup1 的配置文件一致即可（建议根据实际情况进行修改），此处不再赘述，详细内容可参考第（2）步。

（7）登录 keepalived-backup2，配置永久生效的防火墙规则，允许各节点间通过 VRRP 协议通信，以实现 Keepalived 各节点之间通信及允许其他主机通过该服务器的 80 端口访问后端 Nginx 服务，命令如下所示。

```
[root@keepalived-backup2 ~]# firewall-cmd --permanent --direct --add-rule ipv4 filter INPUT 0 --in-interface eth0 --destination 224.0.0.18 --protocol vrrp -j ACCEPT
[root@keepalived-backup2 ~]# firewall-cmd --permanent --direct --add-rule ipv4 filter OUTPUT 0 --in-interface eth0 --destination 224.0.0.18 --protocol vrrp -j ACCEPT
[root@keepalived-backup2 ~]# firewall-cmd --permanent --add-port=80/tcp
[root@keepalived-backup2 ~]# firewall-cmd --reload
```

此时，通过"firewall-cmd --list-all"命令只能看到关于 80 端口的信息，若需要查看其他信息，可通过"--direct"参数添加规则，即使用"firewall-cmd --direct --get-all-rules"命令，同样可以查看到如图 9-34 所示的内容。

（8）登录 keepalived-backup2，重启 keepalived 服务即可。

```
[root@keepalived-backup2 ~]# systemctl restart keepalived.service
```

重启成功后，再次使用"ipvsadm -L -n"命令，可以查看到其中的信息已经发生了变化，同样可以查看到如图 9-35 所示的内容。

至此，Keepalived+LVS 的集群就配置完成了。通过浏览器访问虚拟 IP 地址，若刷新页面（必要时请使用强制刷新，以消除缓存影响），能查看到图 9-36 所示的内容，则说明配置已经生效。

也可以使用"curl"命令在命令行进行访问，若出现图 9-37 所示的内容，同样表示配置已经生效。

图9-36　Keepalived+LVS验证　　　　图9-37　Keepalived+LVS验证

9.4 MySQL Replication

9.4.1 MySQL Replication 简介及常用架构

MySQL Replication 即常说的 AB 复制，也称主从复制，是一个异步复制过程，使来自一个 MySQL 服务器（主服务器/主节点）的数据能够复制到一个或多个 MySQL 服务器（从服务器/从节点）。根据配置，可以复制数据库中的所有数据库、所选数据库或选定的表。简单的说，就是从服务器到主服务器拉取同步二进制日志，再根据日志文件将相关的 SQL 语句在从服务器上重新执行，从而达到数据同步的目的并确保数据的一致性。MySQL Replication 常用来对数据进行备份及实现读写分离等。

MySQL Replication 的复制模式分为两种：异步和半同步。同时提供了三种复制格式：基于语句的复制（SBR），它复制整个 SQL 语句；基于行的复制（RBR），它仅复制已更改的行；基于混合的复制（MBR）。

MySQL Replication 在实际应用中可以有多种架构，也可以根据情况灵活地组合，常见的架构如下。

- 一主一从：一台 MySQL 服务器作为主节点，一台 MySQL 服务器作为从节点；
- 一主多从：一台 MySQL 服务器作为主节点，多台 MySQL 服务器作为从节点；
- 双主互备：两台 MySQL 服务器均作为主节点，同时也互为从节点；
- 双主多从：即在双主互备的基础上再加多个从节点；
- 环型主从：也称多主多从，多个 MySQL 服务器（一般不少于 3 台）组成一个闭环，需要在配置文件中添加参数 "--log-slave-updates"。

MySQL Replication 一般来说会遵循以下原则。

- 同一时刻只有一台主服务器进行写操作；
- 一台主服务器可以有多个从服务器；
- 主/从服务器的版本一致且服务器 ID 必须全局唯一；
- 从服务器可以将从主服务器获取的更新信息再次传递给其他从服务器。

MySQL Replication 默认使用的是单向异步复制，在整个复制过程中会用到三个线程：主节点的一个 IO 线程和从节点的两个线程（SQL 线程、IO 线程）。需要注意的是，主节点与从节点的数据读取及传输是通过各自的 IO 线程完成的，而从节点解析并执行解析后的 SQL 语句仅在从节点的 SQL 线程上完成。

要实现 MySQL Replication，需要先在配置文件中开启二进制日志功能，整个工作过程的描述大致如下。

- 从节点开启 IO 线程连接主节点，请求从指定的日志（bin-log）文件中的指定位置（可以是最开始的位置）开始读取日志内容；
- 主节点在收到请求后，通过自身的 IO 线程，从相应的位置读取日志（bin-log）内容并发送给从节点，发送的数据中同时也包括主节点的日志文件名称及最后的读取位置；
- 从节点收到主节点发送的数据后，将获取到的内容写入本地的日志（relay-log）文件，同时将主节点的日志文件名称及位置写入到 master-info 文件中，方便下一次读取；
- 从节点的 SQL 线程检测到 relay-log 日志文件的新增内容后，会对其进行解析并执行，使从节点与主节点的数据保持一致。

9.4.2 MySQL Replication 主从模式的配置实例

本节将演示如何配置 MySQL Replication 主从模式，演示中会使用到两台服务器，分别作为主节点和从节点。由于在 CentOS 7.6 系统中默认移除了 MySQL，转而使用 MariaDB 作为替换软件，因此需要单独下载。演示中使用的 MySQL 版本为 5.7.25，可以使用官方已经编译好的 rpm 包进行安装，使用 YUM 源自带的 MariaDB，同样可以完成实验，此处不再赘述。同时所有服务器已完成了一些常用的初始化设置，如设置主机名、关闭 SELinux、测试域名解析等，后续不再进行说明。

演示过程中使用的服三务器信息如表 9-6 所示。

表 9-6 MySQL Replication 配置信息

主机名	IP 地址	作用
MySQL-Master	192.168.122.80	主节点
MySQL-Slave	192.168.122.128	从节点

以上服务器对应的架构图如图 9-38 所示。

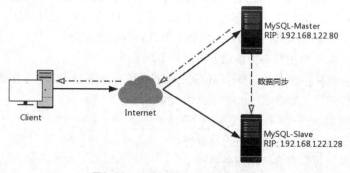

图9-38 MySQL Replication架构图

1. 配置主节点

（1）登录 mysql-master，下载 MySQL 并解压安装（若服务器中存在 MariaDB，安装 MySQL 之前需要先卸载 MariaDB），可以安装所有的 rpm 包，也可以只安装以下几个必需的包：

- mysql-community-server-5.7.25-1.el7.x86_64.rpm
- mysql-community-client-5.7.25-1.el7.x86_64.rpm
- mysql-community-common-5.7.25-1.el7.x86_64.rpm

- mysql-community-libs-5.7.25-1.el7.x86_64.rpm
- mysql-community-libs-compat-5.7.25-1.el7.x86_64.rpm

安装 MySQL 时，建议使用 "yum" 命令，以便自动处理 rpm 包之间的依赖关系，命令如下所示。

```
[root@mysql-master ~]# tar -xf mysql-5.7.25-1.el7.x86_64.rpm-bundle.tar
[root@mysql-master ~]# yum install -y mysql-community-server-5.7.25-1.el7.x86_64.rpm mysql-community-client-5.7.25-1.el7.x86_64.rpm mysql-community-common-5.7.25-1.el7.x86_64.rpm mysql-community-libs-5.7.25-1.el7.x86_64.rpm mysql-community-libs-compat-5.7.25-1.el7.x86_64.rpm
```

安装完成后，由于后续还有一些针对 MySQL 的初始化工作，因此需要启动 MySQL 服务，执行如下命令。

```
[root@mysql-master ~]# systemctl enable mysqld.service
[root@mysql-master ~]# systemctl start mysqld.service
```

启动 MySQL 服务后，打开/var/log/mysqld.log 文件，找到 "[Note] A temporary password is generated for root@localhost:" 一行，其中 "root@localhost" 之后的内容即为 MySQL 的初始登录密码。

（2）登录 mysql-master，拿到 MySQL 的初始密码后，即可对 MySQL 进行初始化，执行如下命令。

```
[root@mysql-master ~]# mysql_secure_installation
```

初始化过程中，会要求重置默认的 root 用户（此处的 root 与系统的超级用户不同）密码，在后续的提示中，均选择 "y|Y" 并回车即可。完成后即可使用以下命令登录 MySQL。

```
[root@mysql-master ~]# mysql -u root -p
```

此处需要特别说明，在 "-p" 参数之后不建议直接填写密码，而应该按回车键并得到提示之后再输入登录密码。

若登录成功，则会出现图 9-39 所示的内容。

```
[root@mysql master ~]# mysql u root p
Enter password:
Welcome to the MySQL monitor.  Commands end with ; or \g.
Your MySQL connection id is 7
Server version: 5.7.25 MySQL Community Server (GPL)

Copyright (c) 2000, 2019, Oracle and/or its affiliates. All rights reserved.

Oracle is a registered trademark of Oracle Corporation and/or its
affiliates. Other names may be trademarks of their respective
owners.

Type 'help;' or '\h' for help. Type '\c' to clear the current input statement.

mysql>
```

图 9-39 MySQL 登录

（3）登录 mysql-master，修改 MySQL 配置文件/etc/my.cnf，在其中的 "[mysqld]" 部分增加以下内容，设置服务 ID（全局唯一，即在所有节点中，server-id 的值必须唯一）、开启 bin-log 日志（此时并未重启 MySQL 服务，故配置并未生效）。

```
server-id=11
log-bin=mysql-bin
binlog-ignore-db=mysql
binlog-ignore-db=test
binlog-ignore-db=information_schema
```

（4）登录 mysql-master，停止 MySQL 服务并对数据文件打包，同时将打包后的文件发到从节点备用，命令如下。

```
[root@mysql-master ~]# systemctl stop mysqld.service
[root@mysql-master ~]# cd /var/lib/
[root@mysql-master lib]# tar -zcf mysql_master_5.7.25.tar.gz mysql
[root@mysql-master lib]# scp mysql_master_5.7.25.tar.gz 192.168.122.128:/var/lib/
```

若在不停止 MySQL 服务的情况下进行备份，则需要先登录主节点的 MySQL 管理界面，执行"flush tables with read lock;"命令对所有表加锁，再打包数据文件。打包完成后，再次回到 MySQL 管理界面，执行"unlock tables;"命令对所有表解锁。

（5）登录 mysql-master，重新启动 MySQL 服务并登录 MySQL 管理界面，创建用于从节点复制同步日志的用户并赋权（密码必须满足一定的强度），执行的命令如下。

```
[root@mysql-master lib]# systemctl restart mysqld.service
[root@mysql-master lib]# mysql -u root -p
mysql> grant replication slave on *.* to tang@'192.168.122.128' identified by 'repn62oJ4#';
mysql> flush privileges;
```

完成后，执行"select user,host from mysql.user;"命令，能在结果中查看到新建的用户，如图 9-40 所示。

```
mysql> grant replication slave on *.* to tang@'192.168.122.128' identified by 'repn62oJ4#';
Query OK, 0 rows affected, 1 warning (0.00 sec)

mysql> flush privileges;
Query OK, 0 rows affected (0.00 sec)

mysql> select user,host from mysql.user;
+---------------+-----------------+
| user          | host            |
+---------------+-----------------+
| tang          | 192.168.122.128 |
| mysql.session | localhost       |
| mysql.sys     | localhost       |
| root          | localhost       |
+---------------+-----------------+
4 rows in set (0.00 sec)
```

图9-40　MySQL新用户

（6）登录 mysql-master，登录主节点的 MySQL 管理界面，执行以下命令，查出主节点当前的二进制日志的文件名及位置信息备用。

```
mysql> show master status;
```

执行后，会出现图 9-41 所示的内容，其中的"File""Position"列即为从节点需要的内容。此处的信息为：

```
File: mysql-bin.000001
Position: 603
```

```
mysql> show master status;
+------------------+----------+--------------+---------------------------+-------------------+
| File             | Position | Binlog_Do_DB | Binlog_Ignore_DB          | Executed_Gtid_Set |
+------------------+----------+--------------+---------------------------+-------------------+
| mysql-bin.000001 |      603 |              | mysql,test,information_schema |                   |
+------------------+----------+--------------+---------------------------+-------------------+
1 row in set (0.00 sec)
```

图9-41　主节点日志信息

（7）登录 mysql-master，配置永久生效的防火墙规则，允许 3306 端口对外开放，以便主节点与从节点进行交互。

```
[root@mysql-master lib]# firewall-cmd --permanent --add-port=3306/tcp
[root@mysql-master lib]# firewall-cmd --reload
```

若通过“firewall-cmd --list-all”命令能查看到“3306/tcp”的信息，则表示防火墙规则已生效，如图 9-42 所示。

```
[root@mysql-master lib]# firewall-cmd --list-all
public (active)
  target: default
  icmp-block-inversion: no
  interfaces: eth0
  sources:
  services: ssh dhcpv6-client
  ports: 3306/tcp
  protocols:
  masquerade: no
  forward-ports:
  source-ports:
  icmp-blocks:
  rich rules:
```

图9-42　添加防火墙规则

至此，主节点已完成配置，接下来只需要配置好从节点并启动同步即可。

2. 配置从节点

（1）登录 mysql-slave，与 mysql-master 的配置相同，首先需要安装 MySQL 服务，此处不再赘述。需要注意的是，此时只需要将服务安装好即可，不需要启动 MySQL 服务，后续的操作也不用再执行。

（2）登录 mysql-slave，修改 MySQL 配置文件 /etc/my.cnf，在其中的“[mysqld]”部分增加以下内容，设置服务 ID（全局唯一，即在所有节点中，server-id 的值必须唯一）、开启 bin-log 日志（此时并未启动 MySQL 服务，故配置并未生效）。

```
server-id=21
relay-log=mysql-relay-bin
replicate-ignore-db=mysql
replicate-ignore-db=test
replicate-ignore-db=information_schema
```

（3）登录 mysql-slave，解压主节点传过来的数据文件备份。解压后，若在/var/lib/mysql/目录下发现 auto.cnf 文件，需要先将该文件删除，命令如下。

```
[root@mysql-slave ~]# cd /var/lib/
[root@mysql-slave lib]# mv mysql mysql_slave
[root@mysql-slave lib]# tar -xf mysql_master_5.7.25.tar.gz
[root@mysql-slave lib]# chown -R mysql.mysql mysql/
[root@mysql-slave lib]# rm /var/lib/mysql/auto.cnf
```

（4）登录 mysql-slave，执行以下命令设置 MySQL 服务为开机自启动并手动启动。

```
[root@mysql-slave lib]# systemctl enable mysqld.service
[root@mysql-slave lib]# systemctl start mysqld.service
```

（5）登录 mysql-slave，使用与主节点相同的用户名和密码登录 MySQL 管理界面并执行以下命令，配置主节点信息，以便从节点能在正确的节点上进行日志同步。

```
[root@mysql-slave lib]# mysql -u root -p
mysql> change master to master_host='192.168.122.80', master_user='tang',
master_password='repn62oJ4#', master_log_file='mysql-bin.000001', master_log_
pos=603;
```

执行完成后，可通过“show slave status\G;”命令查看到刚才添加的信息，如图 9-43 所示（截图中只显示了其中的一部分）。

```
mysql> show slave status\G;
*************************** 1. row ***************************
               Slave_IO_State:
                  Master_Host: 192.168.122.80
                  Master_User: tang
                  Master_Port: 3306
                Connect_Retry: 60
              Master_Log_File: mysql-bin.000001
          Read_Master_Log_Pos: 603
               Relay_Log_File: mysql-relay-bin.000001
                Relay_Log_Pos: 4
        Relay_Master_Log_File: mysql-bin.000001
             Slave_IO_Running: No
            Slave_SQL_Running: No
              Replicate_Do_DB:
          Replicate_Ignore_DB: mysql,test,information_schema
           Replicate_Do_Table:
       Replicate_Ignore_Table:
      Replicate_Wild_Do_Table:
  Replicate_Wild_Ignore_Table:
                   Last_Errno: 0
                   Last_Error:
                 Skip_Counter: 0
          Exec_Master_Log_Pos: 603
```

图9-43 添加主节点信息

从图 9-43 中可以看出 "Slave_IO_Running" 与 "Slave_SQL_Running" 的值仍然是 "No"，故此时还无法同步。

（6）登录 mysql-slave，登录 MySQL 管理界面并执行以下命令，开启从节点同步。

```
mysql> start slave;
```

再次使用 "show slave status\G;" 命令查看从节点状态，若在结果中出现 "Slave_IO_Running" 与 "Slave_SQL_Running" 的值均为 "Yes"，则表示从节点启动成功，如图9-44所示。

```
mysql> show slave status\G;
*************************** 1. row ***************************
               Slave_IO_State: Waiting for master to send event
                  Master_Host: 192.168.122.80
                  Master_User: tang
                  Master_Port: 3306
                Connect_Retry: 60
              Master_Log_File: mysql-bin.000001
          Read_Master_Log_Pos: 774
               Relay_Log_File: mysql-relay-bin.000004
                Relay_Log_Pos: 491
        Relay_Master_Log_File: mysql-bin.000001
             Slave_IO_Running: Yes
            Slave_SQL_Running: Yes
              Replicate_Do_DB:
          Replicate_Ignore_DB: mysql,test,information_schema
```

图9-44 从节点启动成功

若 "Slave_IO_Running" 与 "Slave_SQL_Running" 的值出现其他情况，均表示从节点启动失败，此时在 "show slave status\G;" 命令的执行结果中，"Last_IO_Errno" 或 "Last_SQL_Errno" 的值为非 0，"Last_IO_Error" 或 "Last_SQL_Error" 中会出现错误提示，如图 9-45 所示，可以依据错误提示自行检查。

```
                Last_IO_Errno: 2003
                Last_IO_Error: error reconnecting to master 'tang@192.168.122.80
:3306' - retry-time: 60  retries: 1
               Last_SQL_Errno: 0
               Last_SQL_Error:
```

图9-45 从节点同步开启失败

至此，主节点和从节点均配置完成。登录主节点的 MySQL 管理界面，通过创建数据库及数据表并向其中插入数据的方式即可完成验证，主节点的操作过程及显示如下。

```
mysql> create database rep_tang character set = 'utf8';
Query OK, 1 row affected (0.01 sec)
```

```
mysql> show databases;
+--------------------+
| Database           |
+--------------------+
| information_schema |
| mysql              |
| performance_schema |
| rep_tang           |
| sys                |
+--------------------+
5 rows in set (0.00 sec)

mysql> use rep_tang;
Database changed
mysql> create table rep(id int(3), name char(20), age int(3));
Query OK, 0 rows affected (0.09 sec)
mysql> show tables;
+--------------------+
| Tables_in_rep_tang |
+--------------------+
| rep                |
+--------------------+
1 row in set (0.00 sec)

mysql> insert into rep values(1, "zhang", '18');
Query OK, 1 row affected (0.04 sec)

mysql> mysql> insert into rep values(2, "lilei", '24');
Query OK, 1 row affected (0.01 sec)

mysql> select * from rep;
+------+-------+------+
| id   | name  | age  |
+------+-------+------+
|    1 | zhang |   18 |
|    2 | lilei |   24 |
+------+-------+------+
2 rows in set (0.00 sec)
```

而在从节点上需要检查是否同步成功。通过对比，若主节点添加的数据，在从节点上能查看到，则表示同步正常工作。整个过程使用的命令及显示如下所示。

```
mysql> show databases;
+--------------------+
| Database           |
+--------------------+
| information_schema |
| mysql              |
| performance_schema |
```

```
| rep_tang                    |
| sys                         |
+-----------------------------+
5 rows in set (0.00 sec)

mysql> use rep_tang;
Database changed
mysql> show tables;
+----------------------+
| Tables_in_rep_tang  |
+----------------------+
| rep                 |
+----------------------+
1 row in set (0.00 sec)

mysql> select * from rep;
+------+--------+------+
| id   | name   | age  |
+------+--------+------+
|  1   | zhang  |  18  |
|  2   | lilei  |  24  |
+------+------- -+------+
2 rows in set (0.00 sec)
```

9.5 作业

根据本章所学的知识，独立完成图 9-46 所示的集群配置。要求：

（1）服务器进行统一的初始化；

（2）服务器均要求开启防火墙；

（3）两台 Nginx 服务器运行相同的站点，可以是自己编写的网站程序，也可以是网络上提供的免费网站程序，如 WordPress、Discuz、Shopex 等；数据库连接到统一的后端节点；

（4）数据库版本为 MySQL 5.7.25 或使用 YUM 源自带的 MariaDB，数据库需要完成 MySQL Replication 主从复制与本地冷备份。

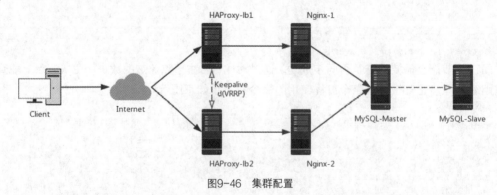

图9-46 集群配置

提示：MySQL 本地冷备份可以使用 "msqldump" 命令完成。

第 10 章 常用系统安全配置

学习目标

- 了解加强系统安全的基础配置。
- 了解一些常规的加固系统的方法。
- 了解入侵检测及端口检测。
- 了解常用的防火墙管理软件。

10.1 系统安全加固配置

安全，本身就是一个比较宽泛的概念，包含的范围也比较广，如服务器安全、网络安全和数据安全等，它们还可以细分为不同的内容。

对 Linux 服务器进行安全加固，主要是为了防止黑客轻易地进入服务器并进行破坏，导致网络环境出现故障，影响服务器及业务等的正常运行。

Linux 服务器安装完成后，还有许多设置需要手动完成，如 aliases（别名）、命令历史等，除了有助于管理员操作，对服务器的加固也有一定的作用。下面将简单介绍一些对服务器进行加固的配置。

1. GRUB 加密

在系统安装完成后，默认的 GRUB 是没有加密的，而在某些特殊情况下，需要对其进行加密，以防止恶意篡改等。在 CentOS 7.6 系统中，可以使用"grub2-setpassword"命令直接生成密码文件，重启服务器即可生效。若能在文件/boot/grub2/user.cfg 中查看到以"GRUB2_PASSWORD=grub.pbkdf2.sha512.10000."开头的内容，则表示加密成功，如图 10-1 所示。

```
[root@centos7u5 ~]# grub2-setpassword
Enter password:
Confirm password:
[root@centos7u5 ~]# cat /boot/grub2/user.cfg
GRUB2_PASSWORD=grub.pbkdf2.sha512.10000.7725F880CC66152ABA52C01A377D2D2400F2FEB3
CDE7B5C0A03148A2C7DD86394E89F35E48DF4566507865C8E9521CD1E13F02AB74D7781BAA7F3699
0D5A9207.8237C8417D1FA251967BE0F5FEE8BD1C92C569DE491C6A1A35E36255FD3F915D1B683B3
B805D75A6CC11ADFBFFAF85F8584497356644A49E5F775244EB261DB3
[root@centos7u5 ~]#
```

图10-1 设置GRUB密码

2. 命令历史

Linux 的命令历史记录可以使用"history"命令查看，但是默认仅能显示序号和已执行的命令，若需要显示更多信息，则需要进行定制。一些常用的设置如下所示。
- HISTFILESIZE：历史命令保存的条数；
- HISTSIZE：保留的历史命令的条数；
- HISTFILE：指定历史记录保存的文件，默认为~/.bash_history；
- HISTCONTROL：设置为 ignoredups 时，表示从命令历史中剔除连续且重复的条目，也可以设置为其他值，如 erasedups、ignorespace；
- HISTIGNORE：在命令历史中不需要记录的命令，以冒号分隔；
- HISTTIMEFORMAT：定义执行 history 命令时的显示格式。

除了上述的一些设置外，还可以使用"history -a""shopt -s histappend"等命令。而上述设置若需要全局生效，建议写入/etc/profile、/etc/bashrc 文件中；若仅对当前用户生效，则写入~/.bashrc、~/.bash_profile 文件中比较合理。

默认情况下，在终端中输入"history"命令后，得到的结果如下所示：

```
[root@localhost ~]# history
    1  clear
    2  ls
    3  history
```

若需要显示更多的信息，如在生产环境中需要知道命令的执行时间等，则需要对命令历史进行调整。下面向~/.bashrc 文件中添加相关的指令，改变命令历史的显示，完成后如图 10-2 所示。

执行命令"source ~/.bashrc"使修改生效，并使用"history"命令查看是否正常生效，若生效，则可以查看到图 10-3 所示的内容。

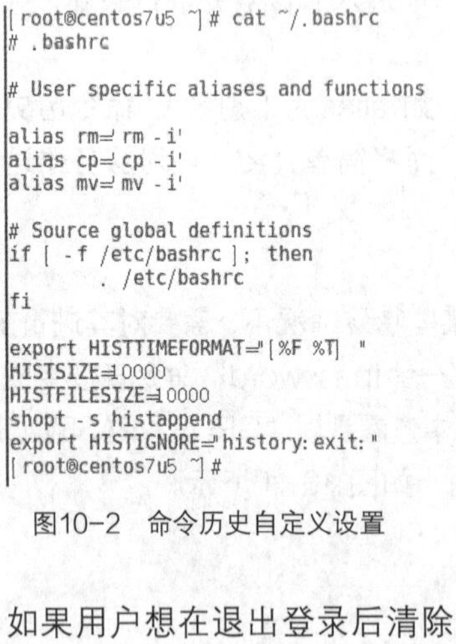

```
[root@centos7u5 ~]# cat ~/.bashrc
# .bashrc

# User specific aliases and functions

alias rm='rm -i'
alias cp='cp -i'
alias mv='mv -i'

# Source global definitions
if [ -f /etc/bashrc ]; then
        . /etc/bashrc
fi

export HISTTIMEFORMAT="[%F %T] "
HISTSIZE=10000
HISTFILESIZE=10000
shopt -s histappend
export HISTIGNORE="history:exit:"
[root@centos7u5 ~]#
```

图10-2 命令历史自定义设置

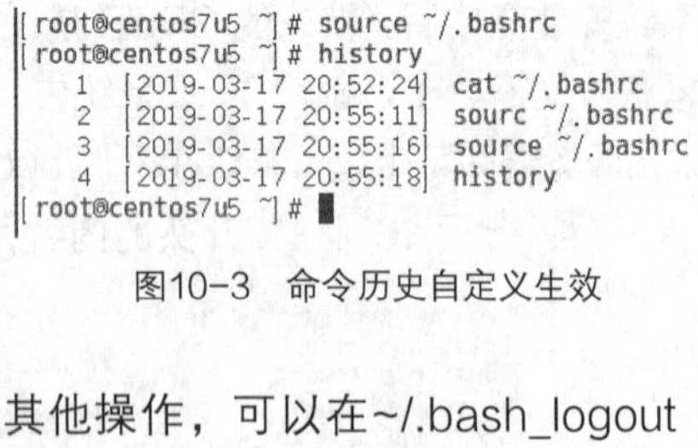

```
[root@centos7u5 ~]# source ~/.bashrc
[root@centos7u5 ~]# history
    1  [2019-03-17 20:52:24] cat ~/.bashrc
    2  [2019-03-17 20:55:11] sourc ~/.bashrc
    3  [2019-03-17 20:55:16] source ~/.bashrc
    4  [2019-03-17 20:55:18] history
[root@centos7u5 ~]#
```

图10-3 命令历史自定义生效

如果用户想在退出登录后清除历史记录或执行其他操作，可以在~/.bash_logout 文件中处理。

例如，需要在退出登录后将历史记录清空，可以通过向文件中添加"history -c"来实现。演示过程中清空了~/.bash_history 文件，如图 10-4 所示。

从图 10-5 可以看出，在登出之前，命令历史中存在执行过的两条命令的记录，但是登出再重新登录，上一次操作的命令历史却没有被记录。

```
[root@centos7u5 ~]# ls -lha .bash_history
-rw-------. 1 root root 0 3月  17 21:06 .bash_history
[root@centos7u5 ~]# history
    1  [2019-03-17 21:07:03] ls -lha .bash_history
    2  [2019-03-17 21:07:06] history
[root@centos7u5 ~]# exit
登出
Connection to 192.168.122.128 closed.
[tang@localhost ~]$ ssh root@192.168.122.128
root@192.168.122.128's password:
Last login: Sun Mar 17 21:06:52 2019 from 192.168.122.246
[root@centos7u5 ~]# history
    1  [2019-03-17 21:07:15] history
[root@centos7u5 ~]#
```

图10-4　登出后不保存命令历史

3．删减系统登录信息

在登录 Linux 操作系统时，系统一般都会给出一些欢迎信息或版本信息，能为管理者在使用上带来一定程度的便利，但是这些信息通常都是针对所有用户的，很容易被黑客在发起针对服务器的攻击时所利用，所以可以修改或删除这些信息以防止被恶意利用。相关的文件主要包括/etc/issue、/etc/issue.net、/etc/redhat-release、/etc/motd。

/etc/issue 和/etc/issue.net 文件主要用于登录前的信息显示。当使用本地终端或控制台登录时，调用/etc/issue 的内容；当使用 ssh 登录时，调用/etc/issue.net 的内容。默认情况下，ssh 服务不会调用/etc/issue.net 的内容，若需要显示该文件中的内容，则需要在/etc/ssh/sshd_config 文件中添加"Banner /etc/issue.net"并重启服务，下一次通过 ssh 登录即可查看到相关的内容，演示如下。

（1）执行图 10-5 所示的命令，对/etc/issue 文件的内容进行修改。

其结果如图 10-6 所示。

```
[root@centos7u5 ~]# echo "Welcome to /etc/issue" > /etc/issue
[root@centos7u5 ~]# cat /etc/issue
Welcome to /etc/issue
[root@centos7u5 ~]#
```

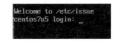

图10-5　/etc/issue修改　　　　　　　　　　　　　　图10-6　终端登录欢迎信息

（2）当使用 ssh 登录时，则需要同时修改/etc/issue.net 与/etc/ssh/sshd_config 两个文件，如图 10-7 所示。

结果如图 10-8 所示。

```
[root@centos7u5 ~]# echo "Welcome to /etc/issue.net" > /etc/issue.net
[root@centos7u5 ~]# cat /etc/issue.net
Welcome to /etc/issue.net
[root@centos7u5 ~]# echo "Banner /etc/issue.net" >> /etc/ssh/sshd_config
[root@centos7u5 ~]# grep "Banner" /etc/ssh/sshd_config
#Banner none
Banner /etc/issue.net
[root@centos7u5 ~]# systemctl restart sshd.service
[root@centos7u5 ~]#
```

```
[tang@localhost ~]$ ssh root@192.168.122.128
Welcome to /etc/issue.net
root@192.168.122.128's password:
```

图10-7　/etc/issue.net及Banner参数修改　　　　　　图10-8　ssh登录欢迎信息

/etc/redhat-release 文件中记录操作系统的版本号及名称。/etc/motd 文件在登录后调用显示，调用时不会区分登录方式，默认文件内容为空。演示如下。

（1）执行图 10-9 所示的命令，向/etc/motd 文件中添加欢迎信息。

（2）其结果如图 10-10 所示。

```
[root@centos7u5 ~]# echo "Welcom to /etc/motd" > /etc/motd
[root@centos7u5 ~]# cat /etc/motd
Welcom to /etc/motd
[root@centos7u5 ~]#
```

图10-9　/etc/motd修改

```
[tang@localhost ~]$ ssh root@192.168.122.128
Welcome to /etc/issue.net
root@192.168.122.128's password:
Last login: Sun Mar 17 21:40:39 2019 from 192.168.122.246
Welcom to /etc/motd
[root@centos7u5 ~]#
```

图10-10　ssh登录后欢迎信息

若通过 ssh 方式登录，同时需要去掉登录后出现的以"Last login"开头的信息，可以将/etc/ssh/sshd_config 文件中的"PrintLastLog"值修改为"no"，并重启服务完成。过程如下（对文件修改未列出）。

（1）修改/etc/ssh/sshd_config 文件中的"PrintLastLog"参数值，结果如图 10-11 所示。

（2）登出后重新登录，会发现以"Last login"开头的信息已不存在，如图 10-12 所示：

```
[root@centos7u5 ~]# grep "PrintLastLog" /etc/ssh/sshd_config
PrintLastLog no
[root@centos7u5 ~]# systemctl restart sshd.service
[root@centos7u5 ~]#
```

图10-11　PrintLastLog参数修改结果

```
[tang@localhost ~]$ ssh root@192.168.122.128
Welcome to /etc/issue.net
root@192.168.122.128's password:
Welcom to /etc/motd
[root@centos7u5 ~]#
```

图10-12　ssh方式登录欢迎信息

4. 禁止 Ctrl+Alt+Delete 键盘命令

Ctrl+Alt+Delete 组合键常用来执行重启操作，禁用它的主要目的是为了防止对服务器的误操作等引起的重启。在 /etc/inittab 文件中，可以查看到如下描述：

```
Ctrl-Alt-Delete is handled by /usr/lib/systemd/system/ctrl-alt-del.target
```

进一步查看会发现，文件/usr/lib/systemd/system/ctrl-alt-del.target 是/usr/lib/systemd/system/reboot.target 的一个软链接，因此，有两种方式可以禁用 Ctrl+Alt+Delete 组合键对服务器的重启。

- 直接将文件/usr/lib/systemd/system/ctrl-alt-del.target 删除。
- 将文件/usr/lib/systemd/system/ctrl-alt-del.target 中的所有内容注释，同时让 reboot 命令失效。

5. 内核常用参数修改

对 Linux 的内核参数进行合理的调整，可以让系统更好地运行。修改的方式一般分为两种。

- 临时修改，直接在/proc 目录下进行操作，会即时生效。
- 若需要永久生效，可以在/etc/sysctl.conf 文件中进行修改 或在/etc/sysctl.d/目录中新建文件进行配置，然后使用"sysctl –p <file>"或"systcl --system"命令使配置生效。

例：开启路由转发功能，可以通过直接修改内核参数的值来完成，命令如下所示。

```
[root@centos7u5 ~]# echo 1 > /proc/sys/net/ipv4/ip_forward
```

成功后，可以查看到文件的值已变为 1，执行结果如图 10-13 所示。

```
[root@centos7u5 ~]# cat /proc/sys/net/ipv4/ip_forward
0
[root@centos7u5 ~]# echo 1 > /proc/sys/net/ipv4/ip_forward
[root@centos7u5 ~]# cat /proc/sys/net/ipv4/ip_forward
1
[root@centos7u5 ~]#
```

图10-13　开启路由转发

例：也可以通过修改配置文件来实现同样的功能，命令如下所示。

```
[root@centos7u5 ~]# echo "net.ipv4.ip_forward = 1" >> /etc/sysctl.conf
[root@centos7u5 ~]# sysctl -p
```

过程如图 10-14 所示。

```
[root@centos7u5 ~]# sysctl -a | grep ip_forward
net.ipv4.ip_forward = 0
net.ipv4.ip_forward_use_pmtu = 0
sysctl: reading key "net.ipv6.conf.all.stable_secret"
sysctl: reading key "net.ipv6.conf.default.stable_secret"
sysctl: reading key "net.ipv6.conf.eth0.stable_secret"
sysctl: reading key "net.ipv6.conf.lo.stable_secret"
[root@centos7u5 ~]# echo "net.ipv4.ip_forward = 1" >> /etc/sysctl.conf
[root@centos7u5 ~]# sysctl -p
net.ipv4.ip_forward = 1
[root@centos7u5 ~]# sysctl -a | grep ip_forward
net.ipv4.ip_forward = 1
net.ipv4.ip_forward_use_pmtu = 0
sysctl: reading key "net.ipv6.conf.all.stable_secret"
sysctl: reading key "net.ipv6.conf.default.stable_secret"
sysctl: reading key "net.ipv6.conf.eth0.stable_secret"
sysctl: reading key "net.ipv6.conf.lo.stable_secret"
[root@centos7u5 ~]#
```

图10-14　开启路由转发

6. 关闭不需要的服务

Linux 系统中默认安装了许多服务，且大部分默认会自动启动，但是其中有一部分可能不是运行时必需的，删除它们也不会对整个系统的运行造成不可逆转的影响。对于服务器来说，运行的服务越多，消耗的资源也越多，同时安全性也会相应地降低。因此，关闭一些不必要的服务，对系统的运行及安全会有所帮助。

在确定需要关闭的服务之前，需要针对是否会对现有的业务或服务的运行造成影响进行评估，若关闭后会导致系统运行不稳定或某些业务无法正常运行，则不建议处理，保留默认配置即可。若某些服务关闭后造成的影响不确定，也建议保留默认配置。一般情况下不需要的服务，如 auditd、cups、avahi-daemon、sendmail、postfix、bluetooth、sound、messagebus、rc-local 等，均可关闭。

关闭服务自启动通过"systemctl"命令即可实现。

例如，禁用 bluetooth 服务，执行图 10-15 所示的命令并重启服务器。

```
[root@centos7u5 ~]# systemctl disable bluetooth.service
Removed symlink /etc/systemd/system/dbus-org.bluez.service.
Removed symlink /etc/systemd/system/bluetooth.target.wants/bluetooth.service.
[root@centos7u5 ~]#
```

图10-15　禁用bluetooth服务

当需要重新设置服务自启动时，执行图 10-16 所示的命令并重启服务器即可。

```
[root@centos7u5 ~]# systemctl enable bluetooth.service
Created symlink from /etc/systemd/system/dbus-org.bluez.service to /usr/lib/systemd/system/bluetooth.service.
Created symlink from /etc/systemd/system/bluetooth.target.wants/bluetooth.service to /usr/lib/systemd/system/bluetooth.service.
[root@centos7u5 ~]#
```

图10-16　开启bluetooth服务

10.2　账户与远程安全

10.2.1　使用 SSH 方式登录

登录一台 Linux 服务器可以有多种方式，SSH 方式是最常用的，它由客户端和服务端共同组成,主配置文件为/etc/ssh/sshd_config。

基于安全的考虑,一般来说服务器(特别是生产环境)是不允许通过超级用户 root 直接进行远程登录的。如果需要禁止超级用户直接进行远程登录,可以将 SSH 服务的主配置文件中的参数"PermitRootLogin"开启并设置其值为"no"(若值为"without-password",则表示 root 用户不能使用密码登录,但可以使用密钥对登录)并重启服务;如果需要禁止使用密码登录,则需要将主配置文件中的参数"PasswordAuthentication"的值修改为"no"并重启服务。除了上述最常用的两个设置,如修改 SSH 服务端口、长连接保活等,也同样可以通过修改主配置文件完成。具体修改如图 10-17 所示。

```
[root@centos7u5 ~]# grep "^PermitRootLogin" /etc/ssh/sshd_config
PermitRootLogin no
[root@centos7u5 ~]# grep "^PasswordAuthentication" /etc/ssh/sshd_config
PasswordAuthentication no
[root@centos7u5 ~]# systemctl restart sshd.service
[root@centos7u5 ~]#
```

图10-17　禁止root及密码登录

结果如图 10-18 所示。

```
[tang@localhost ~]$ ssh root@192.168.122.128
Welcome to /etc/issue.net
Permission denied (publickey,gssapi-keyex,gssapi-with-mic).
[tang@localhost ~]$
```

图10-18　禁止root登录结果

更多的时候,SSH 服务禁止密码登录的设置会配合密钥对使用,关于如何配置密钥对,将在后面进行说明。若禁止了超级用户 root 登录,请确保有其他用户能登录到服务器中且拥有一定的权限。

10.2.2　清理用户和组

前文提到了 SSH 登录的方式,并不是所有的用户都需要登录。往往存在一部分用户在使用过程中不会进行登录操作但却拥有登录权限或者并未使用登录权限而只是为其预留等情况,这时就需要对系统中的用户和组进行清理,以提升系统安全性。

Linux 系统提供了不同角色的系统账号,在这些默认的用户和组中,有一些是可以删除的。
- 可删除的用户:adm、lp、sync、shutdown、halt、games、operator 等。
- 可删除的组:adm、lp、games 等。

某些用户在系统中会使用,但是并不会涉及登录,如:nginx、apache 等,可以通过执行命令"usermod -s /sbin/nologin <user>"修改登录 shell(也可以修改/etc/passwd 文件达到相同的效果)来禁止用户登录。

例:禁止超级用户 root 直接登录,可以执行以下命令,如图 10-19 所示。

结果如图 10-20 所示。

```
[root@centos7u5 ~]# usermod -s /sbin/nologin root
[root@centos7u5 ~]# grep "^root" /etc/passwd
root:x:0:0:root:/root:/sbin/nologin
[root@centos7u5 ~]#
```

图10-19　修改root用户登录shell

```
[tang@localhost ~]$ ssh root@192.168.122.128
Welcome to /etc/issue.net
root@192.168.122.128's password:
Welcom to /etc/motd
This account is currently not available.
Connection to 192.168.122.128 closed.
[tang@localhost ~]$
```

图10-20　root用户登录提示

除了上述的方法外，还可以通过在 /etc/shadow 文件中找到 root 用户所在的行，在第二列（以 ":" 号分隔）加上 "!" 或 "!!" 实现或通过 passwd 命令进行锁定，锁定的用户与使用 usermod 命令禁用的用户，在切换或登录时给出的提示信息会有所区别。

例：通过命令 "usermod -L <user>" 的方式锁定用户，如图 10-21 所示。

图10-21　锁定用户

结果如图 10-22 所示。

图10-22　root用户登录提示

10.2.3　密码与密钥对

Linux 系统中的用户登录时，一般会使用密码或密钥对的方式来进行验证。密码认证即直接通过创建用户时设置的密码（进入系统后可随意修改）进行登录验证，属于传统的安全策略，同时所使用的密码也必须符合一定的复杂度；密钥对认证则是通过公私钥配对来进行登录验证，公钥会上传到服务器，私钥则由个人保存。密钥对认证的方式实现了多种加密算法，使用不同的配置可以生成不同加密方式及强度的密钥对。相对传统的密码认证方式，密钥对认证方式的安全性较高。在生产环境中建议使用密钥对认证的方式进行登录，同时禁用密码登录。

例：使用密钥对认证，创建密钥对并向 192.168.122.43 服务器的指定用户上传公钥。

（1）生成密钥对（"-b" 参数的值不同，生成的密钥对长度也不同），密钥对生成后，可以在~/.ssh 目录下查看。命令如图 10-23 所示。

图10-23　制作SSH密钥对

（2）将公钥上传到指定的服务器（过程中需要输入登录密码），私钥请妥善保存。上传命令如下所示，若执行成功，则会出现如图 10-24 所示的内容。

```
[tang@localhost .ssh]$ ssh-copy-id -i ~/.ssh/id_rsa.pub root@192.168.122.128
/usr/bin/ssh-copy-id: INFO: Source of key(s) to be installed: "/home/tang/.ssh/id_rsa.pub"
/usr/bin/ssh-copy-id: INFO: attempting to log in with the new key(s), to filter out any that
 are already installed
/usr/bin/ssh-copy-id: INFO: 1 key(s) remain to be installed -- if you are prompted now it is
 to install the new keys
Welcome to /etc/issue.net
root@192.168.122.128's password:

Number of key(s) added: 1

Now try logging into the machine, with:   "ssh 'root@192.168.122.128'"
and check to make sure that only the key(s) you wanted were added.

[tang@localhost .ssh]$
```

图10-24　上传公钥到指定服务器

如果使用密码认证，则可以通过设置密码的有效期等相关策略来提升安全性，实现方式有多种。

- 修改文件/etc/login.defs 中的 "PASS_MAX_DAYS"，可以对之后创建的所有新用户应用统一密码过期时间。
- 使用命令 "passwd -x 30 <user>"，则可以对已经存在的用户修改密码过期时间，其中 30 为有效期天数。

针对/etc/login.defs 文件的修改，只对之后创建的用户生效，如图 10-25 所示（过期时间为 60 天）。

若使用 "passwd" 命令，则可以修改已经存在的用户的密码过期时间，如图 10-26 所示（注意 60 与 30 的区别）。

```
[root@centos7u5 ~]# grep "^PASS_MAX_DAYS" /etc/login.defs
PASS_MAX_DAYS   60
[root@centos7u5 ~]# useradd tang
[root@centos7u5 ~]# grep "^tang" /etc/shadow
tang:!!:17972:0:60:7:::
[root@centos7u5 ~]#
```

图10-25　修改密码过期时间

```
[root@centos7u5 ~]# grep "^tang" /etc/shadow
tang:!!:17972:0:60:7:::
[root@centos7u5 ~]# passwd -x 30 tang
调整用户密码老化数据 tang。
passwd: 操作成功
[root@centos7u5 ~]# grep "^tang" /etc/shadow
tang:!!:17972:0:30:7:::
[root@centos7u5 ~]#
```

图10-26　修改密码过期时间

10.2.4　使用 su 与 sudo

su 命令是用来在命令行中切换用户的一种工具，可以使普通用户切换为超级用户，也可以切换为其他普通用户，从而获取相应用户的权限。一般在生产环境中，都会禁止超级用户登录，而使用普通用户登录，当某些服务需要超级用户或其他用户的权限时，再通过 su 命令切换到指定用户进行操作。默认情况下，所有的普通用户均可以直接切换到超级用户或其他用户，这会造成权限的混乱。由于密码会被多人知晓，也提高了密码泄漏的风险。

sudo 命令是一个可以将一些超级用户能使用但普通用户不能使用的权限分配给普通用户使用的工具，可以在不切换为超级用户的情况下执行一些超级用户或其他特殊用户才能使用的权限或命令。从权限上来说，sudo 命令也可以称为受限制的 su 命令。

例：对普通用户 tang（已创建并设置密码）分配 sudo 权限。

新建文件/etc/sudoers.d/90-user-tang 并设置权限，执行的命令如下所示。

```
[root@centos7u5 ~]# touch /etc/sudoers.d/90-user-tang
[root@centos7u5 ~]# chmod 440 /etc/sudoers.d/90-user-tang
```

完成后，会出现图 10-27 所示的一个空文件。

```
[root@centos7u5 ~]# touch /etc/sudoers.d/90-user-tang
[root@centos7u5 ~]# chmod 440 /etc/sudoers.d/90-user-tang
[root@centos7u5 ~]# ls -lha /etc/sudoers.d/90-user-tang
-r--r-----. 1 root root 0 3月  17 23:05 /etc/sudoers.d/90-user-tang
[root@centos7u5 ~]#
```

图10-27　创建sudo文件并赋权

向新建的文件中添加如下内容（具体的权限可根据实际情况而定）。

```
tang ALL=(ALL) NOPASSWD: ALL, !/bin/su, !/bin/rm, !/bin/busybox
```

以上内容限制了用户 tang 在使用“sudo”命令时，不能使用“su”“rm”和“buxybox”命令，如图 10-28 所示。

```
auth        required    pam_wheel.so use_uid
```

```
[tang@centos7u5 ~]$ sudo su - zhink
对不起，用户 tang 无权以 root 的身份在 centos7u5.kvm.com 上执行 /bin/su - zhink。
[tang@centos7u5 ~]$ su
密码：
[root@centos7u5 tang]# su - zhink
[zhink@centos7u5 ~]$ exit
logout
[root@centos7u5 tang]# exit
exit
[tang@centos7u5 ~]$
```

图10-28　sudo失效

但是用户 tang 可以直接使用“su”命令切换到其他用户并获取相应的权限，此时相当于 sudo 限制失效了。因此一般来说，为了配合 sudo 的权限限制，需要完全禁止普通用户使用“su”命令切换到超级用户或其他用户，此时可以通过修改/etc/pam.d/su 文件中的以下内容来达到目的，如图 10-29 所示。

```
[root@centos7u5 ~]# echo "auth      required     pam_wheel.so     use_uid" >> /etc/pam.d/su
[root@centos7u5 ~]# cat /etc/pam.d/su
#%PAM-1.0
auth            sufficient      pam_rootok.so
# Uncomment the following line to implicitly trust users in the "wheel" group.
#auth           sufficient      pam_wheel.so trust use_uid
# Uncomment the following line to require a user to be in the "wheel" group.
#auth           required        pam_wheel.so use_uid
auth            substack        system-auth
auth            include         postlogin
account         sufficient      pam_succeed_if.so uid = 0 use_uid quiet
account         include         system-auth
password        include         system-auth
session         include         system-auth
session         include         postlogin
session         optional        pam_xauth.so
auth      required     pam_wheel.so     use_uid
[root@centos7u5 ~]#
```

图10-29　限制普通用户使用“su”命令

而此时在普通用户 tang 下，再使用“su”命令进行用户切换，则会报错，如图 10-30 所示。

```
[tang@centos7u5 ~]$ su
密码：
su: 拒绝权限
[tang@centos7u5 ~]$ su - zhink
密码：
su: 拒绝权限
```

图10-30　su失效

10.2.5 使用 tcp_wrappers

tcp_wrappers 是一个工作在第四层（传输层）的安全工具，是一个用来分析 TCP/IP 数据包的软件。从某种意义上说，它也属于防火墙的一种，主要提供对主机名和主机地址欺骗的保护。其工作原理可以简要描述为：当客户端发起请求时，tcp_wrappers 会截获请求并读取预先设定文件中的内容与之对比，符合要求，则允许通过，反之则会拒绝并中断请求。

tcp_wrappers 的配置文件主要有两个：/etc/hosts.allow、/etc/hosts.deny。其中，/etc/hosts.allow 文件的优先级更高，基本语法如下：

格式：service:host(s) [:action]

其中各项的含义如下：

service：服务名，如 sshd 等。

host(s)：主机名或 IP 地址，可以有多个，也可以使用关键字 ALL、ALL EXCEPT 等。

action：动作，符合条件后所采取的动作，如允许、拒绝等。

例：只允许某一个 IP 使用 SSH 方式登录到服务器。

（1）在/etc/hosts.allow 文件中添加如图 10-31 所示的内容。

```
[root@centos7u5 ~]# echo "sshd:192.168.122.246" >> /etc/hosts.allow
[root@centos7u5 ~]# cat /etc/hosts.allow
#
# hosts.allow    This file contains access rules which are used to
#                allow or deny connections to network services that
#                either use the tcp_wrappers library or that have been
#                started through a tcp_wrappers-enabled xinetd.
#
#                See 'man 5 hosts_options' and 'man 5 hosts_access'
#                for information on rule syntax.
#                See 'man tcpd' for information on tcp_wrappers
#
sshd:192.168.122.246
[root@centos7u5 ~]#
```

图10-31　添加允许远程登录服务器信息

（2）同时在文件/etc/hosts.deny 中添加如图 10-32 所示的内容，拒绝所有 IP 登录。

```
[root@centos7u5 ~]# echo "sshd: ALL" >> /etc/hosts.deny
[root@centos7u5 ~]# cat /etc/hosts.deny
#
# hosts.deny    This file contains access rules which are used to
#               deny connections to network services that either use
#               the tcp_wrappers library or that have been
#               started through a tcp_wrappers-enabled xinetd.
#
#               The rules in this file can also be set up in
#               /etc/hosts.allow with a 'deny' option instead.
#
#               See 'man 5 hosts_options' and 'man 5 hosts_access'
#               for information on rule syntax.
#               See 'man tcpd' for information on tcp_wrappers
#
sshd: ALL
[root@centos7u5 ~]#
```

图10-32　拒绝所有IP远程连接服务器

（3）完成上述操作之后，只能通过 IP "192.168.122.246" 登录服务器，而通过其他 IP 登录服务器时，则会提示 "ssh_exchange_identification: read: Connection reset by peer" 的错误，如图 10-33 所示。

通过图 10-33 可以看出，当使用 IP "192.168.122.246" 登录服务器时，可以正常登录。如果通过本机继续远程登录，由于本机的 IP 并不在允许远程登录范围内，所以会被服务器拒绝，同时会给出错误提示。

```
[tang@localhost ~]$ ip a | grep eth0
2: eth0: <BROADCAST,MULTICAST,UP,LOWER_UP> mtu 1500 qdisc pfifo_fast state UP group default qlen 1000
    inet 192.168.122.246/24 brd 192.168.122.255 scope global noprefixroute dynamic eth0
[tang@localhost ~]$
[tang@localhost ~]$ ssh root@192.168.122.128
Welcome to /etc/issue.net
Welcom to /etc/motd
[root@centos7u5 ~]#
[root@centos7u5 ~]# ip a | grep eth0
2: eth0: <BROADCAST,MULTICAST,UP,LOWER_UP> mtu 1500 qdisc pfifo_fast state UP group default qlen 1000
    inet 192.168.122.128/24 brd 192.168.122.255 scope global noprefixroute dynamic eth0
[root@centos7u5 ~]#
[root@centos7u5 ~]# ssh tang@192.168.122.128
ssh_exchange_identification: read: Connection reset by peer
[root@centos7u5 ~]#
```

图10-33　登录测试

10.3 文件系统安全

1. 锁定文件

Linux 系统中有一部分文件在默认情况下使用超级用户也无法直接删除，说明文件处于锁定状态。锁定一个文件，可以使用 chattr 命令，对应地查看一个文件是否被锁定，可以使用 lsattr 命令。

通过锁定文件操作，可以保护一些重要的文件免遭恶意修改，从而提高系统的安全性。chattr 命令的语法格式如下所示：

```
chattr [-RVf] [-+=aAcCdDeijsStTu] [-v version] files...
```

其中涉及的参数，最常用的是 a 和 i，a 表示只能向文件中追加，而不能删除；i 表示文件不能被修改、删除等。

lsattr 命令的语法格式则相对要简单很多：

```
lsattr [-RVadlv] [files...]
```

例：锁定~/.ssh/authorized_keys 文件，执行图 10-34 所示的命令即可，防止文件被修改。

例：查看~/.ssh/authorized_keys 文件是否被锁定，可以执行图 10-35 所示的命令，若存在"i"权限，则表示文件处于锁定状态，反之则表示处于未锁定状态。

```
[root@centos7u5 ~]# chattr +i ~/.ssh/authorized_keys
[root@centos7u5 ~]#
```

图10-34　锁定文件

```
[root@centos7u5 ~]# lsattr ~/.ssh/authorized_keys
----i----------- /root/.ssh/authorized_keys
[root@centos7u5 ~]#
```

图10-35　查看文件锁定状态

2. 文件权限检查、备份及 ACL 权限控制

在 Linux 系统中，每个文件都会有相应的权限，但并不是每个文件的权限都是合理的，其中可能存在一些文件的权限过大或权限配置不正确，这些都会给整个系统带来一定的安全隐患。在常规权限及特殊权限之外，还有一个称为 ACL 的权限控制机制，可以为非文件所有者或所属组的用户分配权限。一般来说，文件的权限大小与系统的安全性成正比，因此建议遵循最小权限原则来合理地分配权限。

除了针对文件分配合理的权限以外，对文件的备份也同样非常重要，特别是一些重要的系统文件及生产环境中所运行服务的配置文件等。备份文件时，可以将这些需要备份的文件打包存放到服务器中指定的位置并设置相应的权限，也可以将备份后的文件下载到本地进行保存，还可以使用诸如上传云盘等备份方式。

对服务器中文件的权限进行定期检查也有助于发现并修复问题。检查文件拥有的权限，最常用的方式是使用 ls 命令，但是只能查看到常规权限及一部分特殊权限。其他如 find、getfacl、lsattr 等命令，都可以用于查看权限。

- lsattr 命令主要用来查看文件是否加锁。
- find 命令除了用于查找文件，还可以通过添加不同的参数查找文件是否具备某一类权限。
- getfacl 命令则是用来查看 ACL 权限的。相应的，可以使用 setfacl 命令来设置 ACL 权限。

例：查找文件是否具备 "s" 权限，如图 10-36 所示。

```
[root@centos7u5 ~]# find / -type f -perm -4000 -o -perm -2000 -print | xargs ls -la
find: '/proc/2166/task/2166/fd/6': 没有那个文件或目录
find: '/proc/2166/task/2166/fdinfo/6': 没有那个文件或目录
find: '/proc/2166/fd/5': 没有那个文件或目录
find: '/proc/2166/fdinfo/5': 没有那个文件或目录
---x--s--x. 1 root nobody    382240 4月  11 2018 /usr/bin/ssh-agent
-r-xr-sr-x. 1 root tty        15344 6月  10 2014 /usr/bin/wall
-rwxr-sr-x. 1 root tty        19624 4月  11 2018 /usr/bin/write
---x--s--x. 1 root ssh_keys  469880 4月  11 2018 /usr/libexec/openssh/ssh-keysign
-rwx--s--x. 1 root utmp       11192 6月  10 2014 /usr/libexec/utempter/utempter
-rwxr-sr-x. 1 root root       11224 4月  11 2018 /usr/sbin/netreport
-rwxr-sr-x. 1 root postdrop  218552 6月  10 2014 /usr/sbin/postdrop
-rwxr-sr-x. 1 root postdrop  259992 6月  10 2014 /usr/sbin/postqueue

/run/log/journal:
总用量 0
drwxr-sr-x. 3 root systemd-journal 60 3月  17 23:17 .
drwxr-xr-x. 3 root root            60 3月  17 23:17 ..
drwxr-s---+ 2 root systemd-journal 60 3月  17 23:17 8d3361c776bf4fbfb23a90eb838757ae

/run/log/journal/8d3361c776bf4fbfb23a90eb838757ae:
总用量 6348
drwxr-s---+ 2 root systemd-journal      60 3月  17 23:17 .
drwxr-sr-x. 3 root systemd-journal      60 3月  17 23:17 ..
-rwxr-x---+ 1 root systemd-journal 6500352 3月  18 00:52 system.journal
[root@centos7u5 ~]#
```

图10-36　查找具备 "s" 权限的目录

例：为用户 tang 添加 /opt 目录的可读、可写、可执行权限，如图 10-37 所示。

```
[root@centos7u5 ~]# ls -lha / | grep opt
drwxr-xr-x+ 2 root root    6 4月  11 2018 opt
[root@centos7u5 ~]# getfacl /opt
getfacl: Removing leading '/' from absolute path names
# file: opt
# owner: root
# group: root
user::rwx
group::r-x
mask::r-x
other::r-x

[root@centos7u5 ~]# setfacl -m "u:tang:rwx" /opt
[root@centos7u5 ~]#
[root@centos7u5 ~]# getfacl /opt
getfacl: Removing leading '/' from absolute path names
# file: opt
# owner: root
# group: root
user::rwx
user:tang:rwx
group::r-x
mask::rwx
other::r-x
```

图10-37　ACL权限控制

10.4 入侵检测与端口扫描

10.4.1 入侵检测

一个服务器暴露于公网，随时都有可能遭受到暴力破解、后门程序、漏洞扫描等攻击。若服务器被入侵，有可能造成不可估量的损失，因此，定期对服务器进行检测是非常有必要的。

入侵检测是通过对计算机网络或系统中的若干关键信息进行收集整理并分析，从而发现是否存在被攻击或违反预先定义的安全规则的迹象。

常见的入侵检测工具是RKHunter，一个基于主机的用于扫描rootkits、后门和本地漏洞的工具。RKHunter的主要功能如下。

- MD5校验检测文件是否被改动。
- 检测rootkits使用的二进制文件和系统工具。
- 检测木马程序的特征码。
- 检测文件的属性是否异常。
- 检测后门程序常用的端口。
- 检查日志文件、隐藏文件等。

安装RKHunter有两种方式：一是使用YUM源安装，二是在官网中下载软件包安装，其最新版本为1.4.6。本节的演示中，使用YUM源进行安装（需要先行配置EPEL源），安装命令如下所示：

```
[root@centos7u5 ~]# yum install -y rkhunter
```

可以直接使用命令行来执行，也可以配置计划任务定时执行，最后的结果均会存放于/var/log/rkhunter/rkhunter.log文件中。

在命令行窗口执行如下命令，部分运行结果截图如图10-38所示。

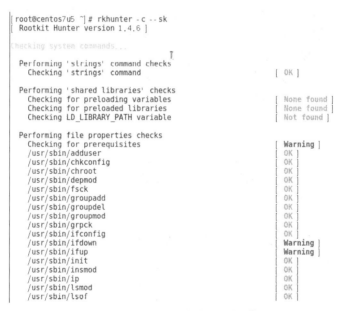

图10-38　RKHunter部分运行结果截图

图中显示"Warning"的行，表示被检测出可能存在异常，需要进行检查。在整个检测运行完成后，会生成一个整体的统计报告并给出日志记录文件（/var/log/rkhunter/rkhunter.log），如图10-39所示。

以每天凌晨3点执行为例，可以在/etc/crontab文件中加入以下内容：

```
0 03 * * * root /usr/bin/rkhunter -c -cronjob
```

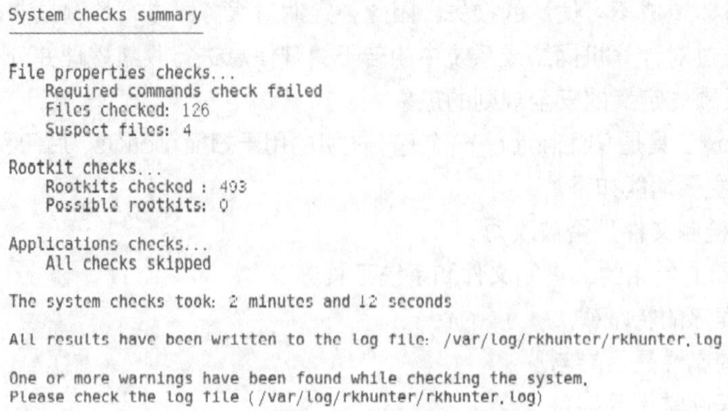

```
System checks summary
=====================

File properties checks...
    Required commands check failed
    Files checked: 126
    Suspect files: 4

Rootkit checks...
    Rootkits checked : 493
    Possible rootkits: 0

Applications checks...
    All checks skipped

The system checks took: 2 minutes and 12 seconds

All results have been written to the log file: /var/log/rkhunter/rkhunter.log

One or more warnings have been found while checking the system.
Please check the log file (/var/log/rkhunter/rkhunter.log)
```

图10-39　RKHunter统计信息

10.4.2　端口扫描

端口扫描是指客户端向一定范围的服务器端口发送对应的请求，以此确认可使用的端口。常见的扫描类型有 TCP 扫描、SYN 扫描、UDP 扫描等，使用的工具也有很多种。在 CentOS 7.6 系统中，Nmap 是使用频率较高的端口扫描工具。

Nmap 默认是没有安装的，需要使用"yum install –y nmap"命令或在官网下载软件包进行安装。Nmap 的特点非常明显，功能也非常强大，主要包括主机发现、端口扫描、应用程序及版本侦测、操作系统及版本侦测，同时还支持自定义检测脚本，非常灵活、易使用，并且具备跨平台能力。Nmap 的核心功能简介如下。

- 主机发现用于发现主机是否处于活动状态，提供了多种检查机制，可以有效辨识主机。其工作原理与 ping 命令类似，通过向需要检测的主机发送探测请求，若收到返回，则认为主机处于在线状态。
- 端口扫描用于扫描主机上的端口使用情况，主要状态分为开放（Open）、关闭（Closed）、过滤（Filtered）、未过滤（Unfiltered）、开放或过滤（Open|Filtered）、关闭或过滤（Closed|Filtered）。默认情况下，Nmap 会扫描 1660 个常用的端口。
- 版本侦测用于识别端口上运行的应用程序与程序版本，可以识别数千种应用的签名,检测数百种应用协议。
- 操作系统侦测用于识别目标主机的操作系统类型、版本编号及设备类型。

Nmap 的基本语法如下所示：

格式：nmap [Scan Type(s)] [Options] {target specification}

在使用的过程中，根据不同的目的，Nmap 使用的参数或选项也存在一定的差异。常用的参数介绍如下。

主机发现常用的参数，如表 10-1 所示。

表 10-1　主机发现参数

参数	含义
-sL	列表扫描。只列出需要扫描的目标
-sn	ping 扫描。禁用端口扫描，即不进行端口扫描，只发现主机

续表

参数	含义
-Pn	跳过主机发现，将所有主机视为在线状态
-PS/PA/PU/PY[portlist]	使用 TCP SYN、TCP ACK、UDP、SCTP 方式发现指定端口
-PE/PP/PM	使用 ICMP echo、timestamp、netmask 请求方式发现主机
-PO[protocol list]	使用 IP 协议包方式发现主机
-n/-R	是否使用 DNS 解析。"-n"表示不使用，"-R"表示总是使用
--dns-servers <serv1[,serv2],...>	指定 DNS 服务器
--system-dns	使用系统的 DNS 解析器
--traceroute	显示每个主机的路由跟踪跳转信息

端口扫描常用的参数，如表 10-2 所示。

表 10-2 端口扫描参数

参数	含义
-p <port ranges>	只扫描指定的端口。例如：-p 1-65535、-p U:53,T:80,S:9
-F	快速模式。扫描比默认更少的端口（开放频率最高的端口）
-r	连续地扫描端口，不使用随机方式
--top-ports <number>	扫描开放频率最高的 number 个端口
--port-ratio <ratio>	扫描指定频率以上的端口

应用程序及版本侦测常用的参数，如表 10-3 所示。

表 10-3 应用程序及版本侦测参数

参数	含义
-sV	探测开放端口以确定服务/版本信息
--version-intensity <level>	扫描强度，范围：0-9，默认为 7
--version-light	轻量级检测，相当于扫描强度为 2
--version-all	尝试所有检测，相当于扫描强度为 9
--version-trace	显示详细的版本扫描过程（用于调试）

操作系统侦测常用的参数，如表 10-4 所示。

表 10-4 操作系统侦测参数

参数	含义
-O	启用操作系统检测
--osscan-limit	针对指定的目标进行操作系统检测
--osscan-guess	更积极地猜测检测目标的操作系统类型

例：探测 192.168.122.128 服务器，即主机发现，执行图 10-40 所示的命令，若出现如图中所示的"Host is up"，则表示服务器处于在线状态。

```
[tang@localhost ~]$ sudo nmap -sn -PE -PS22,80 192.168.122.128

Starting Nmap 6.40 ( http://nmap.org ) at 2019-03-18 10:05 CST
Nmap scan report for centos7u5 (192.168.122.128)
Host is up (0.00023s latency).
MAC Address: 52:54:00:83:B5:94 (QEMU Virtual NIC)
Nmap done: 1 IP address (1 host up) scanned in 0.04 seconds
[tang@localhost ~]$
```

图10-40　主机发现

例：针对主机进行端口扫描，执行图 10-41 所示的命令，通过"STATE"列的信息，可以判断出服务器的端口状况。

```
[tang@localhost ~]$ sudo nmap -sU -sT -p T:22,U80-100 192.168.122.128
[sudo] tang 的密码：

Starting Nmap 6.40 ( http://nmap.org ) at 2019-03-18 14:53 CST
WARNING: UDP scan was requested, but no udp ports were specified.  Skipping this scan type.
Nmap scan report for 192.168.122.128
Host is up (0.24s latency).
PORT     STATE    SERVICE
22/tcp   open     ssh
80/tcp   closed   http
81/tcp   filtered hosts2-ns
82/tcp   filtered xfer
83/tcp   filtered mit-ml-dev
84/tcp   filtered ctf
85/tcp   filtered mit-ml-dev
86/tcp   filtered mfcobol
87/tcp   filtered priv-term-l
88/tcp   filtered kerberos-sec
89/tcp   filtered su-mit-tg
90/tcp   filtered dnsix
91/tcp   filtered mit-dov
92/tcp   filtered npp
93/tcp   filtered dcp
94/tcp   filtered objcall
95/tcp   filtered supdup
96/tcp   filtered dixie
97/tcp   filtered swift-rvf
98/tcp   filtered linuxconf
99/tcp   filtered metagram
100/tcp  filtered newacct
MAC Address: 52:54:00:83:B5:94 (QEMU Virtual NIC)

Nmap done: 1 IP address (1 host up) scanned in 3.16 seconds
```

图10-41　端口扫描

例：侦测主机上的应用程序版本信息，执行图 10-42 所示的命令，可以查看到占用端口的应用程序及其版本号等信息。

```
[tang@localhost ~]$ sudo nmap -sV --version-intensity 5 -p22 192.168.122.128

Starting Nmap 6.40 ( http://nmap.org ) at 2019-03-18 10:11 CST
Nmap scan report for centos7u5 (192.168.122.128)
Host is up (0.00025s latency).
PORT   STATE SERVICE VERSION
22/tcp open  ssh     OpenSSH 7.4 (protocol 2.0)
MAC Address: 52:54:00:83:B5:94 (QEMU Virtual NIC)

Service detection performed. Please report any incorrect results at http://nmap.org/submit/ .
Nmap done: 1 IP address (1 host up) scanned in 0.25 seconds
[tang@localhost ~]$
```

图10-42　主机应用程序版本侦测

例：侦测主机的操作系统，执行图 10-43 所示的命令，但是罗列出来的系统信息并不一定准确。

```
[tang@localhost ~]$ sudo nmap -O --osscan-guess 192.168.122.128

Starting Nmap 6.40 ( http://nmap.org ) at 2019-03-18 10:15 CST
Nmap scan report for centos7u5 (192.168.122.128)
Host is up (0.00037s latency).
Not shown: 999 filtered ports
PORT   STATE SERVICE
22/tcp open  ssh
MAC Address: 52:54:00:83:B5:94 (QEMU Virtual NIC)
Warning: OSScan results may be unreliable because we could not find at least 1 open and 1 cl
osed port
Aggressive OS guesses: Linux 2.6.32 - 3.9 (93%), Linux 3.0 - 3.9 (93%), Linux 2.6.32 - 3.6 (
92%), Linux 2.6.32 (90%), Linux 2.6.22 - 2.6.36 (90%), Linux 2.6.39 (90%), Crestron XPanel c
ontrol system (89%), Netgear DG834G WAP or Western Digital WD TV media player (89%), Linux 3
.3 (89%), Linux 2.6.32 - 2.6.35 (88%)
No exact OS matches for host (test conditions non-ideal).
Network Distance: 1 hop

OS detection performed. Please report any incorrect results at http://nmap.org/submit/ .
Nmap done: 1 IP address (1 host up) scanned in 9.38 seconds
[tang@localhost ~]$
```

图10-43　操作系统侦测

10.5 防火墙

防火墙就是通过制定一些有顺序的规则，来管理、检查、过滤主机接收或发送的数据包的一种机制。防火墙的分类方式有多种，通常情况下可分为硬件防火墙和软件防火墙两类。硬件防火墙工作于独立的硬件设备之上，主要以提供数据包过滤机制为主，相对来说功能单一但效率高；软件防火墙主要工作于服务器之上。在 Linux 系统中，内核已经集成了防火墙功能：Netfilter。

防火墙的工作原理即审核每一个流入或流出的数据包，并使用预先制定好的、有序的规则进行比较，直到满足其中的一条规则为止，然后依据控制机制执行相应的动作。如果制定的规则均不满足，则将数据包丢弃，从而保证网络的安全。

CentOS 7.6 系统中已经使用 firewalld 替换了原有的 iptables 成为默认防火墙管理软件。下面将分别对这两种防火墙软件进行简单的介绍。

10.5.1 iptables

在了解 iptables 之前，先了解一下什么是 Netfilter。Netfilter 是 Linux 内核中的一个用于管理网络数据包的软件框架，可实现网络地址转换（NAT）、数据包内容修改、过滤等功能，是运行于用户空间的应用软件；而 Iptables 则是用来配置、管理 Netfilter 的命令行工具。

在 iptables 中，表、链、规则是比较重要的几个概念，几乎构成了整个 iptables 的核心。

- 表（Tables）：表由链组成。iptables 主要有 5 张表：raw、filter、nat、mangle 和 security，最常用的是 filter 与 nat。filter 表主要用于过滤，nat 表则主要用于网络地址转换（NAT）。
- 链（Chains）：链由顺序排列的规则列表组成。默认的 filter 表包括 3 条内建链：INPUT（入）、OUTPUT（出）、FORWARD（转发）；nat 表也包括 3 条内建链：PREROUTING（修改目标地址，DNAT）、POSTROUTING（修改源地址，SNAT）、OUTPUT（出）。
- 规则（Rules）：可以理解为数据包匹配后需要执行的动作，由一个目标和多个匹配指定，主要包括：ACCEPT（允许）、DROP（丢弃）、DNAT（目标地址转换）、SNAT（源地址转换）、MASQUERADE（地址伪装）、QUEUE（队列）、RETURN（返回调用链）、REJECT（拒绝）、LOG（写入日志）等。

iptables 的语法规则如下：

iptables [-t 要操作的表(filter|nat)] <操作命令(-A|I|D|R|P|F)> [要操作的链] [规则号码] [匹配条件] [-j 匹配后的动作]

iptables 在使用中的一些常用参数可参考表 10-5。

表 10-5 iptables 常用参数

参数	含义
-t table	指定需要操作的表，默认是 filter
-A chain	在链的最后位置追加一条规则
-I chain [rulenum]	向链的指定位置插入一条规则，默认在第 1 条规则之前插入
-D chain [rulenum]	删除链中匹配到的或指定序号的规则
-R chain rulenum	替换链中指定序号的规则
-P chain target	设置某个链的默认规则
-F [chain]	删除所有链或指定链中的规则
-Z [chain [rulenum]]	清空所有链或指定链中的计数器
-L [chain [rulenum]]	显示指定链或所有链的规则，可以单独指定规则序号
-p proto	匹配协议类型
-s address[/mask]	匹配源地址
-d address[/mask]	匹配目标地址
-i input name[+]	匹配数据进入的网络接口
-o output name[+]	匹配数据流出的网络接口
--sport port[,port|,port:port]	匹配源端口，可以是个别端口，也可以是端口范围，必须配合"-p"参数使用
--dport port[,port|,port:port]	匹配目的端口，可以是个别端口，也可以是端口范围，必须配合"-p"参数使用
-j target	指定匹配规则后执行的动作

例：为普通的 Web 服务器进行基本防护，允许服务器进行 ping 检测及只开放 22、80 端口，防火墙规则配置过程如下。

（1）停止 firewalld，安装 iptables 服务并启用（内容过长，此处只给出相关的命令）。

```
[root@centos7u5 ~]# systemctl stop firewalld.service
[root@centos7u5 ~]# systemctl disable firewalld.service
[root@centos7u5 ~]# yum install -y iptables-services
[root@centos7u5 ~]# systemctl enable iptables.service
[root@centos7u5 ~]# systemctl start iptables.service
```

（2）检查当前防火墙规则，确定是否有必要清空规则。查看默认防火墙规则可以使用如下命令，如图 10-44 所示。

```
[root@centos7u5 ~]# iptables -L -n
Chain INPUT (policy ACCEPT)
target     prot opt source          destination
ACCEPT     all  --  0.0.0.0/0       0.0.0.0/0       state RELATED,ESTABLISHED
ACCEPT     icmp --  0.0.0.0/0       0.0.0.0/0
ACCEPT     all  --  0.0.0.0/0       0.0.0.0/0
ACCEPT     tcp  --  0.0.0.0/0       0.0.0.0/0       state NEW tcp dpt:22
REJECT     all  --  0.0.0.0/0       0.0.0.0/0       reject-with icmp-host-prohibited

Chain FORWARD (policy ACCEPT)
target     prot opt source          destination
REJECT     all  --  0.0.0.0/0       0.0.0.0/0       reject-with icmp-host-prohibited

Chain OUTPUT (policy ACCEPT)
target     prot opt source          destination
[root@centos7u5 ~]#
```

图 10-44 默认防火墙规则

（3）清空防火墙规则（也可以直接保留默认的规则，如图10-44所示），如图10-45所示。清空防火墙规则属于危险操作，如果不注意，会丢失连接且无法再次远程登录服务器。

```
[root@centos7u5 ~]# iptables -P INPUT ACCEPT
[root@centos7u5 ~]# iptables -F
[root@centos7u5 ~]# iptables -X
[root@centos7u5 ~]# iptables -Z
[root@centos7u5 ~]# iptables -L -n
Chain INPUT (policy ACCEPT)
target     prot opt source               destination

Chain FORWARD (policy ACCEPT)
target     prot opt source               destination

Chain OUTPUT (policy ACCEPT)
target     prot opt source               destination
[root@centos7u5 ~]#
```

图10-45　清空防火墙规则

（4）添加新的防火墙规则，如图10-46所示。

```
[root@centos7u5 ~]# iptables -A INPUT -i lo -j ACCEPT
[root@centos7u5 ~]# iptables -A INPUT -p tcp -m multiport --dports 22,80 -j ACCEPT
[root@centos7u5 ~]# iptables -A INPUT -m state --state RELATED,ESTABLISHED -j ACCEPT
[root@centos7u5 ~]# iptables -P INPUT DROP
[root@centos7u5 ~]# iptables -L -n
Chain INPUT (policy DROP)
target     prot opt source               destination
ACCEPT     all  --  0.0.0.0/0            0.0.0.0/0
ACCEPT     tcp  --  0.0.0.0/0            0.0.0.0/0           multiport dports 22,80
ACCEPT     all  --  0.0.0.0/0            0.0.0.0/0           state RELATED,ESTABLISHED

Chain FORWARD (policy ACCEPT)
target     prot opt source               destination

Chain OUTPUT (policy ACCEPT)
target     prot opt source               destination
[root@centos7u5 ~]#
```

图10-46　添加防火墙规则

（5）保存自定义的规则，若需要将当前运行中的规则保存到其他文件中，可以使用"iptables-save > iptables.rules"命令，恢复时可以使用"iptables-restore iptables.rules"命令，如图10-47所示。

```
[root@centos7u5 ~]# service iptables save
iptables: Saving firewall rules to /etc/sysconfig/iptables:[  OK  ]
[root@centos7u5 ~]#
[root@centos7u5 ~]# cat /etc/sysconfig/iptables
# Generated by iptables-save v1.4.21 on Mon Mar 18 14:25:41 2019
*filter
:INPUT DROP [2:656]
:FORWARD ACCEPT [0:0]
:OUTPUT ACCEPT [211:27224]
-A INPUT -i lo -j ACCEPT
-A INPUT -p tcp -m multiport --dports 22,80 -j ACCEPT
-A INPUT -m state --state RELATED,ESTABLISHED -j ACCEPT
COMMIT
# Completed on Mon Mar 18 14:25:41 2019
[root@centos7u5 ~]#
```

图10-47　保存防火墙规则

10.5.2　firewalld

firewalld 是能提供动态管理的防火墙，支持网络/防火墙区域，用于定义网络连接或接口的信任级别；支持 IPv4 及 IPv6 防火墙设置、以太网桥接和 IP 集；并将运行时配置选项和永久配置选项分开，为服务或应用程序提供了直接添加防火墙规则的接口。

firewalld 的设计分为核心层及顶部的 D-Bus 接口。核心层负责处理配置和后端，D-Bus 接口则是更改和创建防火墙配置的主要方式。

firewalld 和 iptables 均是用来管理防火墙的工具，它们的不同之处如下。

- firewalld 实现了规则的动态更新及管理，在服务运行时可以立即进行更改并生效，不需要重启服务或守护程序。同时 firewalld 中新引入了区域（Zones）的概念。
- iptables 在 /etc/sysconfig/iptables 文件中存储配置，而 firewalld 将配置存储在 /usr/lib/firewalld/（预定义配置）目录与 /etc/firewalld/（用户配置）目录的各种 XML 文件里。需要注意的是，当 firewalld 安装失败时，/etc/sysconfig/iptables 文件不存在。
- 使用 iptables，每一次更改均代表清除所有旧规则并重新从 /etc/sysconfig/iptables 文件中读取新规则，但使用 firewalld 却不会再创建任何新规则，仅仅运行规则中的不同之处。因此，firewalld 可以在运行时间内改变设置而不丢失现有连接。

firewalld 支持区域、服务、IPSet、ICMP 类型等，其功能也各不相同。

- 区域用于定义连接、接口或源地址绑定的信任级别，是一对多关系，意味着连接、接口或源地址只能是一个区域的一部分，而区域可用于许多网络连接、接口和源地址。
- 服务可以是本地端口和目标的列表，也可以是启动服务时自动加载的防火墙帮助程序模块列表。预定义服务的使用可以让用户更容易启用和禁用对服务的访问。
- IPSet 用于将多个 IP 或 MAC 地址组合在一起，可用于 IPv4 或 IPv6，取值可以是 inet（默认值）或 inet6。
- ICMP（Internet 控制消息协议）用于在 Internet 协议中交换信息以识别错误消息，可以在 firewalld 中使用 ICMP 类型来限制对这些消息的交换。

需要注意的是，/etc/firewalld/ 目录下的区域（zones 目录）设置是一系列可以被快速执行到网络接口的预定义设置。firewalld 默认使用的是 public 区域，同时在 firewall-cmd 命令行工具中，若不指定区域（即不指定参数：--zone=<zone>），也会使用默认区域（public 区域）。各区域简要说明如下。

- drop（丢弃），任何流入的数据包都将被丢弃且无回复，只允许流出。
- block（限制），任何流入的数据包都被 IPv4 的 icmp-host-prohibited 信息和 IPv6 的 icmp6-adm-prohibited 信息所拒绝。
- public（公共），认为网络内的其他主机会对自身造成危害，只允许经过筛选的连接通过。此为默认区域。
- external（外部），不信任网络中的任何主机，认为它们会对自身造成危害，只允许经过筛选的连接通过。
- dmz（非军事区），用于非军事区内的主机，在此区域内可公开访问，可以有限地进入内部网络，仅允许经过筛选的连接通过。
- work（工作），用于工作区，基本相信网络内的其他主机不会威胁自身安全，仅允许经过筛选的连接通过。
- home（家庭），用于家庭网络，基本相信网络内的其他主机不会威胁自身安全，仅允许经过筛选的连接通过。
- internal（内部），用于内部网络，基本相信网络内的其他主机不会威胁自身安全，仅允许经过筛选的连接通过。
- trusted（信任），可接受所有的网络连接。

配置 firewalld 防火墙可以使用两种方式：firewall-config 提供的图形界面与 firewall-cmd 命令行工具。推荐使用命令行工具进行配置、管理。

firewalld 的语法相对简单，但在实际使用中，由于后续需要使用的参数比较多，如使用直接选项（--direct）、端口间转发等，则会稍显复杂。具体语法格式如下：

格式：firewall-cmd [OPTIONS...]

在使用中，firewall-cmd 所能调用的参数均可以使用 Tab 键来补全。一些常用的参数配置如表 10-6 所示。

表 10-6 firewall-cmd 常用参数

参数	含义
--state	返回并打印防火墙状态
--reload	重新加载防火墙并保留状态信息
--complete-reload	重新加载防火墙并丢失状态信息
--runtime-to-permanent	在运行时配置永久规则
--permanent	设置永久配置
--get-default-zone	打印默认区域
--set-default-zone=<zone>	设置默认区域
--get-active-zones	获取当前活动的区域
--get-zones	查看预定义的区域
--get-services	查看预定义的服务
--get-zone-of-interface=<interface>	查看指定的网络接口所使用的区域信息
--zone=<zone>	指定命令生效的区域，默认为 public
--list-all	列出指定区域下添加或启用的所有设置
--list-services	列出指定区域下添加或启用的所有服务
--add-service=<service>	向指定区域添加一个可用的服务。服务需要先定义
--remove-service=<service>	在指定区域移除一个已添加或启用的服务
--add-port=<portid>[-<portid>]/<protocol>	向指定区域添加一个或多个端口。端口必须带协议
--remove-port=<portid>[-<portid>]/<protocol>	在指定区域移除一个或多个端口
--add-masquerade	启用 IPv4 伪装

例：查看防火墙状态，使用图 10-48 所示的命令，若结果为"running"，则表示防火墙处于运行状态；若为"not running"，则表示防火墙未启用。

例：同样的，以开放 80 端口访问为例，向默认的区域中添加需要永久生效的规则，过程如下。

```
[root@centos7u5 ~]# firewall-cmd --state
running
[root@centos7u5 ~]#
```

图10-48 防火墙状态

（1）查看防火墙当前规则，为了方便演示，需要清除非 ssh 服务的其他默认规则（生产环境中，需要根据实际情况进行规则清除。清除规则属于危险操作，需慎重处理）。

```
[root@centos7u5 ~]# firewalld-cmd -permanent --remove-service=dhcpv6-client
[root@centos7u5 ~]# firewalld-cmd --reload
```

清除默认规则后如图 10-49 所示。

```
[root@centos7u5 ~]# firewall-cmd --list-all
public (active)
  target: default
  icmp-block-inversion: no
  interfaces: eth0
  sources:
  services: ssh dhcpv6-client
  ports:
  protocols:
  masquerade: no
  forward-ports:
  source-ports:
  icmp-blocks:
  rich rules:
[root@centos7u5 ~]# firewall-cmd --permanent --remove-service=dhcpv6-client
success
[root@centos7u5 ~]# firewall-cmd --reload
success
[root@centos7u5 ~]# firewall-cmd --list-all
public (active)
  target: default
  icmp-block-inversion: no
  interfaces: eth0
  sources:
  services: ssh
  ports:
  protocols:
  masquerade: no
  forward-ports:
  source-ports:
  icmp-blocks:
  rich rules:
```

图10-49　清除默认规则

（2）添加规则到防火墙并动态生效，如图 10-50 所示。

```
[root@centos7u5 ~]# firewall-cmd --permanent --add-port=80/tcp
success
[root@centos7u5 ~]# firewall-cmd --reload
success
[root@centos7u5 ~]# firewall-cmd --zone=public --list-all
public (active)
  target: default
  icmp-block-inversion: no
  interfaces: eth0
  sources:
  services: ssh
  ports: 80/tcp
  protocols:
  masquerade: no
  forward-ports:
  source-ports:
  icmp-blocks:
  rich rules:
```

图10-50　添加防火墙规则

10.6 作业

1. 对服务器进行加固，如修改密码过期时间、加密 GRUB、删减登录信息，进行权限检查、sudo 权限管理等。

2. 对服务器中的用户、用户组和服务进行清理。

3. 为更多的服务添加防火墙规则，能熟练使用 iptables 及 firewalld 进行管理。

第 11 章 Shell 编程基础

- Shell 编程简介。
- Shell 变量。
- Shell 运算符。
- Shell 流程控制。
- Shell 函数。
- Shell 脚本调试。

11.1 Shell 编程简介

在第 2 章中，已经介绍过 Shell 也是一门编程语言，即 Shell 脚本。Shell 是解释执行的脚本语言，可直接调用 Linux 命令。

同传统的编程语言一样，Shell 也提供了很多特性，这些特性使得 Shell 脚本编程更为有用。

1. 创建 Shell 脚本

一个 Shell 脚本通常包含如下部分。

（1）首行

首行表示脚本将要调用的 Shell 解释器，内容示例：

```
#!/bin/bash
```

"#!"符号能够被内核识别为一个脚本的开始，必须位于脚本的首行；/bin/bash 是 bash 程序的绝对路径，表示后续的内容将通过 bash 程序解释执行。

（2）注释

注释符号"#"放在需注释内容的前面，最好备注 Shell 脚本的功能以防日后忘记。

（3）内容

可执行内容是经常使用的 Linux 命令。

Shell 脚本示例：

```
#!/bin/bash
# MySQL8 的安装
echo MySQL8 的安装
```

```
# 文件名：mysql8setup.sh
echo 以下分步进行
echo 删除MariaDB
yum list installed | grep mariadb
yum -y remove mariadb
echo 删除MySQL
yum list installed | grep mysql
yum -y remove mysql
echo 删除相关的依赖包
rpm -qa | grep mariadb | rpm -e --nodeps
rpm -qa | grep mysql | rpm -e --nodeps
echo 删除MySQL 和MariaDB 的相关文件夹
find / -name mariadb -ok rm -rf {} \;
find / -name mysql -ok rm -rf {} \;
echo 添加mysql 组：
groupadd mysql
echo 创建mysql 用户并指定mysql 用户所在的组
useradd -g mysql mysql
echo 给mysql 账号添加密码
passwd mysql
echo 下载并添加存储库
sudo yum -y localinstall https://dev.mysql.com/get/mysql80-community-release-el7-2.noarch.rpm
echo 安装MySQL 8.0 包
sudo yum -y install mysql-community-server
echo 给MySQL 的配置文件添加内容
echo -e '\n# 使用旧有的密码认证方式\ndefault-authentication-plugin=mysql_native_password\n' >> /etc/my.cnf
echo 启动服务
systemctl start mysqld.service
systemctl status mysqld.service
echo 查询root 的临时密码：
sudo grep 'temporary password' /var/log/mysqld.log
echo 登录数据库更改root 密码
mysql -uroot -p
```

2. 设置Shell 脚本权限

一般情况下，默认创建的脚本是没有执行权限的。

```
[root@slave ~]# ll | grep mysql8setup.sh
-rw-r--r--. 1 root root 1198 4月  11 08:37 mysql8setup.sh
```

没有权限即不能执行，需要赋予其可执行权限。

```
[root@slave ~]# chmod +x mysql8setup.sh
[root@slave ~]# ll | grep mysql8setup.sh
-rwxr-xr-x. 1 root root 1198 4月  11 08:37 mysql8setup.sh
```

3. 执行 Shell 脚本

执行 Shell 脚本可以采用以下三种方式。

（1）输入脚本的绝对路径或相对路径

```
[root@slave ~]# /root/mysql8setup.sh
[root@slave ~]# ./mysql8setup.sh
```

（2）执行 bash 或 sh +脚本

```
[root@slave ~]# bash /root/mysql8setup.sh
[root@slave ~]# sh mysql8setup.sh
```

当脚本没有执行权限时，超级用户 root 和文件所有者通过该方式仍可以正常执行。

（3）在脚本的路径前加"."或 source

```
[root@slave ~]# source /root/mysql8setup.sh
[root@slave ~]# . ./mysql8setup.sh
```

区别：第一种方式和第二种方式会新开一个 bash，但不同 bash 中的变量无法共享。第三种方式则是在同一个 Shell 里执行的。

11.2 Shell 变量

Shell 变量是 Shell 传递数据的一种方式，用来代表每个取值的符号名。当 Shell 脚本需要保存一些信息时，如一个文件名或一个数字，就把它存放在一个变量中。

Shell 变量的设置规则如下。

（1）变量名称可以由字母、数字和下划线组成，但是不能以数字开头，环境变量名称建议采用大写字母，便于区分。

（2）在 bash 中，变量的默认类型都是字符串型，如果要进行数值运算，则必须指定变量类型为数值型。

（3）变量用等号连接值，等号两侧不能有空格。

（4）变量的值如果有空格，需要使用单引号或者双引号括起来。

Shell 中的变量分为用户自定义变量、环境变量、位置参数变量和预定义变量，可以通过 set 命令查看系统中的所有变量。

环境变量保存和系统操作环境相关的数据，如 HOME、PWD、SHELL、USER 等。

位置参数变量主要用来向脚本中传递参数或数据，变量名不能自定义，变量的作用固定。

预定义变量是 bash 中已经定义好的变量，变量名不能自定义，变量的作用也是固定的。

用户自定义变量以字母或下划线开头，由字母、数字或下划线组成，大小写字母的含义不同，变量名长度没有限制。

1. 使用变量

习惯上用大写字母来命名变量，变量名以字母或下划线开头，不能用数字。在使用变量时，要在变量名前加上前缀"$"。

查看变量值使用 echo 命令,示例:
```
echo $A
```
(1)变量赋值

① 定义时赋值
```
变量=值
```

 注意

等号两侧不能有空格。

示例:
```
STR="hello world"
A=9
```
② 将一个命令的执行结果赋给变量
```
A=`ls -la`
```
这里用的是反引号,运行里面的命令并把结果返回给变量 A。
```
A=$(ls -la)
```
等价于使用反引号。

示例:
```
aa=$((4+5))
echo $aa
bb=`expr 4 + 5`
echo $bb
```
③ 将一个变量赋给另一个变量

示例:
```
A=$STR
```
示例:
```
x="$x"456
x=${x}789
echo $x
```
最后输出:
```
456789
```
这种赋值方式常用于环境变量的添加,如设置 PATH 路径。

(2)使用单引号和双引号的区别

单引号里的内容会全部输出,而双引号里的内容会有变化,因为单引号会将所有特殊字符转义。

示例:
```
NUM=10
SUM="$NUM hehe"
echo $SUM
```
输出:
```
10 hehe
SUM2='$NUM hehe'
echo $SUM2
```

输出：
```
$NUM hehe
```
（3）列出所有的变量
```
set
```
（4）删除变量
```
unset  NAME
```
示例：

撤销变量 A。
```
unset A
```
若声明的是静态变量，则不能用 unset 撤销。
```
readonly B=2
```
用户自定义变量的作用域为当前的 Shell 环境。

2. 环境变量

用户自定义变量只在当前的 shell 中生效，而环境变量会在当前 Shell 及其所有子 Shell 中生效。如果把环境变量写入相应的配置文件，那么这个环境变量将会在所有的 Shell 中生效。

语法：
```
export  变量名=变量值
```

3. 位置参数变量

$n：n 为数字，0 代表命令本身，1~9 代表第 1 到第 9 个参数，10 及 10 以上的参数需要用大括号括起来，如${10}。

$*：代表命令行中的所有参数，把所有参数看成一个整体。

$@：代表命令行中的所有参数，把每个参数分别对待。

$#：代表命令行中所有参数的个数，即添加到 Shell 的参数个数。

shift 指令：参数左移，每执行一次，参数序列顺次左移一个位置，$#的值减 1，用于分别处理每个参数，移出去的参数将不再可用。

$*和$@的区别：

- *和@都表示传递给函数或脚本的所有参数，不被双引号包含时，都以"1""2""2" … "n" 的形式输出所有参数；
- 被双引号""包含时，"*"会将所有的参数作为一个整体，以"1 2…2…n"的形式输出；
- "@"则会将各个参数分开，以"1" "2"…"2"…"n" 的形式输出。

4. 预定义变量

$? 执行上一个命令的返回值。执行成功，返回 0，执行失败，返回非 0（具体数字由命令决定）。

$$ 当前进程的进程号（PID），即当前脚本执行时生成的进程号。

$! 后台运行的最后一个进程的进程号（PID），最近一个被放入后台执行的进程。

5. read 命令

语法：
```
read [选项] 值
read -p(提示语句) -n(字符个数) -t(等待时间，单位为秒) -s(隐藏输入)
```
示例：

```
read -t 30 -p "请输入你的名字：" NAME
echo $NAME
read -s -p "请输入你的年龄：" AGE
echo $AGE
read -n 1 -p "请输入你的性别[M/F]：" GENDER
echo $GENDER
read -s -n1 -p "按任意键继续 ..."
……
```

11.3　Shell 运算符

Shell 支持很多运算符，包括算术运算符、关系运算符、布尔运算符、字符串运算符和文件测试运算符。

1. 算术运算符

原生 bash 并不支持简单的数学运算，但可以通过其他命令来实现，如 awk 和 expr，expr 更常用。expr 是一款表达式计算工具，使用它能完成表达式的求值操作。

例如，两个数相加。

```
[root@slave ~]# vi add.sh
[root@slave ~]# cat add.sh
#!/bin/bash
# 文件名：add.sh
val=`expr 2 + 2`
echo "Total value:$val"
[root@slave ~]# chmod +x add.sh
[root@slave ~]# ./add.sh
Total value:4
```

表达式和运算符之间要有空格，例如"2+2"是不对的，必须写成"2 + 2"，这与大多数编程语言不一样，而且完整的表达式要被 ``（反引号）包含。

算术运算符有以下几个。

+ 加法。如：`expr $a + $b`。

− 减法。如：`expr $a − $b`。

* 乘法。如：`expr $a \* $b`。

/ 除法。如：`expr $b / $a`。

% 取余。如：`expr $b % $a`。

= 赋值。如：a=$b，将把变量 b 的值赋给 a。

== 相等。用于比较两个数字，相同则返回 true。

!= 不相等。用于比较两个数字，不相同则返回 true。

注意

乘号（*）前边必须加反斜杠（\）才能实现乘法运算；条件表达式必须放在方括号之间，并且要有空格。

```
[root@slave ~]# vi szys.sh
[root@slave ~]# cat szys.sh
#!/bin/bash
# 文件名: szys.sh
a=20
b=10
val=`expr $a + $b`
echo "a + b:$val"
val=`expr $a - $b`
echo "a - b:$val"
val=`expr $a \* $b`
echo "a * b:$val"
val=`expr $a / $b`
echo "a / b:$val"
if [ $a == $b ];then
   echo "a is equal to b"
fi
if [ $a != $b ];then
   echo "a is not equal to b"
fi
[root@slave ~]# chmod +x szys.sh
[root@slave ~]# ./szys.sh
a + b:30
a - b:10
a * b:200
a / b:2
a is not equal to b
```

2. 关系运算符

关系运算符只支持数字，不支持字符串，除非字符串的值是数字。

-eq 检测两个数是否相等，相等返回 true。如：[$a -eq $b]。
-ne 检测两个数是否不相等，不相等返回 true。如：[$a -ne $b]。
-gt 检测左边的数是否大于右边的数，如果是，则返回 true。如：[$a -gt $b]。
-lt 检测左边的数是否小于右边的数，如果是，则返回 true。如：[$a -lt $b]。
-ge 检测左边的数是否大于等于右边的数，如果是，则返回 true。如：[$a -ge $b]。
-le 检测左边的数是否小于等于右边的数，如果是，则返回 true。如：[$a -le $b]。

示例：

```
[root@slave ~]# vi gxys.sh
[root@slave ~]# cat gxys.sh
#!/bin/bash
# 文件名: gxys.sh
a=20
b=10
if [ $a -eq $b ];then
```

```
    echo "$a -eq $b : a is equal to b"
else
    echo "$a -eq $b: a is not equal to b"
fi
if [ $a -ne $b ];then
     echo "$a -ne $b: a is not equal to b"
else
     echo "$a -ne $b : a is equal to b"
fi
if [ $a -gt $b ];then
     echo "$a -gt $b: a is greater than b"
else
     echo "$a -gt $b: a is not greater than b"
fi
if [ $a -lt $b ];then
     echo "$a -lt $b: a is less than b"
else
     echo "$a -lt $b: a is not less than b"
fi
if [ $a -ge $b ]
then
     echo "$a -ge $b: a is greater or  equal to b"
else
     echo "$a -ge $b: a is not greater or equal to b"
fi
if [ $a -le $b ];then
     echo "$a -le $b: a is less or  equal to b"
else
     echo "$a -le $b: a is not less or equal to b"
fi
[root@slave ~]# chmod +x gxys.sh
[root@slave ~]# ./gxys.sh
20 -eq 10: a is not equal to b
20 -ne 10: a is not equal to b
20 -gt 10: a is greater than b
20 -lt 10: a is not less than b
20 -ge 10: a is greater or  equal to b
20 -le 10: a is not less or equal to b
```

3. 布尔运算符

! 非运算，表达式为 true，则返回 false，否则返回 true。如：[! false] 返回 true。
-o 或运算，有一个表达式为 true，则返回 true。如：[$a -lt 20 -o $b -gt 100]。
-a 与运算，两个表达式都为 true，才返回 true。如：[$a -lt 20 -a $b -gt 100]。
示例：

```
[root@slave ~]# vi beys.sh
[root@slave ~]# cat beys.sh
#!/bin/sh
# 文件名：beys.sh
a=20
b=10
if [ $a != $b ];then
      echo "$a != $b : a is not equal to b"
else
      echo "$a != $b: a is equal to b"
fi
if [ $a -lt 100 -a $b -gt 15 ];then
      echo "$a -lt 100 -a $b -gt 15 : returns true"
else
      echo "$a -lt 100 -a $b -gt 15 : returns false"
fi
if [ $a -lt 100 -o $b -gt 100 ];then
      echo "$a -lt 100 -o $b -gt 100 : returns true"
else
      echo "$a -lt 100 -o $b -gt 100 : returns false"
fi
if [ $a -lt 5 -o $b -gt 100 ];then
      echo "$a -lt 100 -o $b -gt 100 : returns true"
else
      echo "$a -lt 100 -o $b -gt 100 : returns false"
fi
[root@slave ~]# chmod +x beys.sh
[root@slave ~]# ./beys.sh
20 != 10 : a is not equal to b
20 -lt 100 -a 10 -gt 15 : returns false
20 -lt 100 -o 10 -gt 100 : returns true
20 -lt 100 -o 10 -gt 100 : returns false
```

4．字符串运算符

= 检测两个字符串是否相等，相等返回 true。如：[$a = $b]。
!= 检测两个字符串是否不相等，不相等返回 true。如：[$a != $b]。
-z 检测字符串长度是否为 0，为 0 返回 true。如：[-z $a]。
-n 检测字符串长度是否不为 0，不为 0 返回 true。如：[-n $a]。
str 检测字符串是否为空，不为空返回 true。如：[$a]。

示例：

```
[root@slave ~]# vi string.sh
[root@slave ~]# cat string.sh
#!/bin/sh
# 文件名：string.sh
```

```
a="abc"
b="efg"
if [ $a = $b ];then
    echo "$a = $b : a is equal to b"
else
    echo "$a = $b: a is not equal to b"
fi
if [ $a != $b ];then
    echo "$a != $b : a is not equal to b"
else
    echo "$a != $b: a is equal to b"
fi
if [ -z $a ];then
    echo "-z $a : string length is zero"
else
    echo "-z $a : string length is not zero"
fi
if [ -n $a ];then
    echo "-n $a : string length is not zero"
else
    echo "-n $a : string length is zero"
fi
if [ $a ];then
    echo "$a : string is not empty"
else
    echo "$a : string is empty"
fi
[root@slave ~]# chmod +x string.sh
[root@slave ~]# ./string.sh
abc = efg: a is not equal to b
abc != efg : a is not equal to b
-z abc : string length is not zero
-n abc : string length is not zero
abc : string is not empty
```

5. 文件测试运算符

-b file 检测文件是否是块设备文件，如果是，则返回 true。如：[-b $file]。

-c file 检测文件是否是字符设备文件，如果是，则返回 true。如：[-c $file]。

-d file 检测文件是否是目录，如果是，则返回 true。如：[-d $file]。

-f file 检测文件是否是普通文件（既不是目录，也不是设备文件），如果是，则返回 true。如：[-f $file]。

-g file 检测文件是否设置了 SGID 位，如果设置了，则返回 true。如：[-g $file]。

-k file 检测文件是否设置了黏滞位（Sticky Bit），如果设置了，则返回 true。如：[-k $file]。

-p file 检测文件是否是具名管道，如果是，则返回 true。如：[-p $file]。

-u file 检测文件是否设置了 SUID 位,如果设置了,则返回 true。如:[-u $file]。
-r file 检测文件是否可读,如果是,则返回 true。如:[-r $file]。
-w file 检测文件是否可写,如果是,则返回 true。如:[-w $file]。
-x file 检测文件是否可执行,如果是,则返回 true。如:[-x $file]。
-s file 检测文件是否为空(文件大小是否大于 0),不为空返回 true。如:[-s $file]。
-e file 检测文件(包括目录)是否存在,如果是,则返回 true。如:[-e $file]。

示例:

```
[root@slave ~]# vi wjcs.sh
[root@slave ~]# cat wjcs.sh
#!/bin/sh
# 文件名: wjcs.sh
file=" ./mysql8setup.sh"
if [ -r $file ];then
    echo "File has read access"
else
    echo "File does not have read access"
fi
if [ -w $file ];then
    echo "File has write permission"
else
    echo "File does not have write permission"
fi
if [ -x $file ];then
    echo "File has execute permission"
else
    echo "File does not have execute permission"
fi
if [ -f $file ];then
    echo "File is an ordinary file"
else
    echo "This is sepcial file"
fi
if [ -d $file ];then
    echo "File is a directory"
else
    echo "This is not a directory"
fi
if [ -s $file ];then
    echo "File size is zero"
else
    echo "File size is not zero"
```

```
fi
if [ -e $file ];then
     echo "File exists"
else
     echo "File does not exist"
fi
[root@slave ~]# chmod +x wjcs.sh
[root@slave ~]# ./wjcs.sh
File has read access
File has write permission
File has execute permission
File is an ordinary file
This is not a directory
File size is zero
File exists
```

6. $()和``

在 Shell 中，$( )与``（反引号）都可用于命令替换，例如：

```
version=$(uname -r)
version=`uname -r`
```

都可以让 version 得到内核的版本号。

各自的优缺点如下。

（1）`` 基本上可在全部的 Linux Shell 中使用，若写成 Shell 脚本，移植性也比较高，但反引号容易打错或看错。

（2）$()并不是所有 Shell 都支持。

7. ${ }

${ }用于变量替换。一般情况下，$var 与${var}并没有什么不同，但是${ }会比较精确地界定变量名称的范围。

例如：

```
[root@slave ~]# A=B
[root@slave ~]# echo $AB
```

原本是打算先将 $A 的结果替换出来，再补一个字母 B 于其后，但在命令行上，真正的结果却是替换了变量名称为 AB 的值。

若使用${ }就没问题了：

```
[root@slave ~]# echo ${A}B
BB
```

${ }的模式匹配功能如下。

\# 是去掉左边（在键盘上，#在$的左边）

% 是去掉右边（在键盘上，%在$的右边）

使用单一#和%符号代表最小匹配，使用两个相同符号代表最大匹配。

${variable#pattern}：Shell 在 variable 中查找，看它是否以给定的模式 pattern 开始，如果

是，就把 variable 中的内容去掉左边最短的匹配模式。

${variable##pattern}：Shell 在 variable 中查找，看它是否以给定的模式 pattern 开始，如果是，就把 variable 中的内容去掉左边最长的匹配模式。

${variable%pattern}：Shell 在 variable 中查找，看它是否以给定的模式 pattern 结尾，如果是，就把 variable 中的内容去掉右边最短的匹配模式。

${variable%%pattern}：Shell 在 variable 中查找，看它是否以给定的模式 pattern 结尾，如果是，就把 variable 中的内容去掉右边最长的匹配模式。

这四种模式都不会改变 variable 的值，只有在 pattern 中使用了通配符"*"时，%和%%，#和##才有区别。pattern 支持通配符，*表示匹配零个或多个任意字符，?表示匹配一个任意字符，[...]表示匹配中括号里面的字符，[!...]表示不匹配中括号里面的字符。

8. $[]和$(())

$[]和$(())是一样的，都用于数学运算，支持+、-、*、/、%（加、减、乘、除、取模）。但要注意，bash 只能作整数运算，浮点数是当作字符串处理的。

例如：

```
[root@slave ~]# a=5; b=7; c=2
[root@slave ~]# echo $(( a+b*c ))
19
[root@slave ~]# echo $(( (a+b)/c ))
6
[root@slave ~]# echo $(( (a*b)%c ))
1
```

$(( ))中的变量名称，可在其前面加 $ 符号来替换，也可以不加，如：$(($a + $b * $c))也可得到 19 的结果。

此外，$(( ))还可用于不同进制（如二进制、八进制、十六进制）的运算，只是，输出结果皆为十进制：

echo $((16#2a))的结果为 42（十六进制转十进制）。

9. [ ]

[ ]为 test 命令的另一种形式，但要注意以下几点。

（1）必须在左括号的右侧和右括号的左侧各加一个空格，否则会报错。

（2）test 命令使用标准的数学比较符号来表示字符串的比较，而使用文本符号来表示数值的比较。

（3）大于符号或小于符号必须要转义，否则会被理解成重定向操作。

10. (( ))和[[ ]]

(( ))和[[ ]]分别是[ ]的针对数学比较表达式和字符串表达式的加强版。

其中：

[[ ]]增加了模式匹配特效；

(( ))不需要再将表达式里面的大于和小于符号转义，除了可以使用标准的数学运算符外，还增加了以下符号：a++（后增）、a--（后减）、++a（先增）、--a（先减）、!（逻辑求反）、~（位求反）、**（幂运算）、<<（左位移）、>>（右位移）、&（位布尔和）、|（位布尔或）、&&（逻辑和）、||（逻辑或）。

11.4 Shell 流程控制语句

Shell 流程控制语句是指会改变 Shell 程序运行顺序的指令，可以是不同位置的指令，或者是在两段或多段程序中选择一个，一般可以分为以下几种。
- 无条件语句：继续运行位于不同位置的一段指令。
- 条件语句：特定条件成立时，运行一段指令，例如单分支 if 条件语句、多分支 if 条件语句、case 命令。
- 循环语句：运行一段指令若干次，直到特定条件成立为止，例如 for 循环、while 循环、until 循环。
- 运行位于不同位置的一段指令，但完成后仍会继续运行原来要运行的指令，包括子程序、协程（coroutine）及继续执行程序（continuation）。
- 停止程序，不运行任何指令（无条件的终止）。

1. 单分支 if 条件语句

语法：
```
if [ 条件判断式 ]
    then
        程序
fi
```
或者
```
if [ 条件判断式 ];then
    程序
fi
```
示例：
```
#!/bin/sh
if [ -x /etc/rc.d/init.d/httpd ]
    then
        /etc/rc.d/init.d/httpd restart
fi
```

> **注意**
>
> （1）if 语句使用 fi 结尾，和一般程序设计语言使用大括号结尾不同。
> （2）[条件判断式]就是使用 test 命令进行判断，所以中括号和条件判断式之间必须有空格。
> （3）then 后面跟符合条件之后执行的程序，then 可以放在[]之后，用 ";" 分割，也可以换行写入，就不需要 ";" 了。

2. 多分支 if 条件语句

```
if [ 条件判断式 1 ]
    then
        当条件判断式 1 成立时，执行程序 1
    elif [ 条件判断式 2 ]
    then
```

```
    当条件判断式 2 成立时，执行程序 2
    ...省略更多条件
  else
    当所有条件都不成立时，最后执行此程序
fi
```
示例：
```
[root@slave ~]# vi iftest.sh
[root@slave ~]# cat iftest.sh
#!/bin/bash
# 文件名：iftest.sh
read -p "please input your name:" NAME
echo $NAME
if [ $NAME == root ]
  then
    echo "hello ${NAME}, welcome !"
  elif [ $NAME == lxy ]
  then
    echo "hello ${NAME}, welcome !"
  else
    echo "Hi,get out here!"
fi
[root@slave ~]# chmod +x iftest.sh
[root@slave ~]# ./iftest.sh
please input your name:lxy
lxy
hello lxy, welcome !
```

3. case 命令

case 命令相当于一个多分支的 if/else 语句，case 变量的值用来匹配 value1、value2、value3 等。匹配之后则执行其后的命令，直到遇到双分号为止（;;），case 命令以 esac 作为终止符。

语法：
```
case 值 in
value1)
    command1
    command2
    ...
    commandN
    ;;
value2)
    command1
    command2
    ...
    commandN
    ;;
esac
```

示例：

```
[root@slave ~]# vi ifmore.sh
[root@slave ~]# cat ifmore.sh
#!/bin/bash
# 文件名：ifmore.sh
echo '输入 1 到 4 之间的数字：'
echo '你输入的数字为：'
read aNum
case $aNum in
    1)  echo '你选择了 1'
    ;;
    2)  echo '你选择了 2'
    ;;
    3)  echo '你选择了 3'
    ;;
    4)  echo '你选择了 4'
    ;;
    *)  echo '你没有输入 1 到 4 之间的数字'
    ;;
esac
[root@slave ~]# chmod +x ifmore.sh
[root@slave ~]# ./ifmore.sh
输入 1 到 4 之间的数字：
你输入的数字为：
3
你选择了 3
```

4．for 循环

for 循环语句用来在一个列表中执行有限次数的命令。比如，在一个姓名列表或文件列表中循环执行某个命令。for 命令后跟一个自定义变量、一个关键字 in 和一个字符串列表（可以是变量）。第一次执行 for 循环时，字符串列表中的第一个字符串会赋值给自定义变量，然后执行循环体，直到遇到 done 语句；第二次执行 for 循环时，会右推字符串列表中的第二个字符串给自定义变量，依次类推，直到字符串列表遍历完。

语法：

```
for: for NAME [in WORDS … ] ; do COMMANDS; done
for ((: for (( exp1; exp2; exp3 )); do COMMANDS; done
NAME 变量
[in WORDS … ] 执行列表
do COMMANDS 执行操作
done 结束符
```

执行条件：依次将列表中的元素赋值给"变量名"；每次赋值后即执行一次循环体；直到列表中的元素耗尽，循环结束。

示例：

```
[root@slave ~]# vi fortest.sh
[root@slave ~]# cat fortest.sh
#!/bin/bash
# 文件名：fortest.sh
echo 计算1+2+…+100 的值
echo 方法一
sum=0;for i in {1..100};do let sum=sum+i;let i++;done;echo sum is $sum
echo 方法二
sum=0;for ((i=1;i<=100;i++));do let sum+=i;done;echo sum is $sum
echo 字符循环
for i in `rpm -qa | grep mysql`;do echo $i;done
echo 路径循环
for i in /usr/*;do echo $i;done
echo 打印99乘法表
for i in {1..9};do for j in `seq 1 $i`;do echo -e "$i*$j=$[i*j]    \c\t";
done;echo;done;unset i j
[root@slave ~]# chmod +x fortest.sh
[root@slave ~]# ./fortest.sh
计算1+2+…+100 的值
方法一
sum is 5050
方法二
sum is 5050
字符循环
mysql-community-libs-8.0.15-1.el7.x86_64
mysql80-community-release-el7-2.noarch
mysql-community-client-8.0.15-1.el7.x86_64
mysql-community-common-8.0.15-1.el7.x86_64
qt-mysql-4.8.7-2.el7.x86_64
mysql-community-server-8.0.15-1.el7.x86_64
mysql-community-libs-compat-8.0.15-1.el7.x86_64
路径循环
/usr/bin
/usr/etc
/usr/games
/usr/include
/usr/lib
/usr/lib64
/usr/libexec
/usr/local
/usr/sbin
/usr/share
/usr/src
/usr/tmp
```

```
打印 99 乘法表
1*1=1
2*1=2    2*2=4
3*1=3    3*2=6    3*3=9
4*1=4    4*2=8    4*3=12   4*4=16
5*1=5    5*2=10   5*3=15   5*4=20   5*5=25
6*1=6    6*2=12   6*3=18   6*4=24   6*5=30   6*6=36
7*1=7    7*2=14   7*3=21   7*4=28   7*5=35   7*6=42   7*7=49
8*1=8    8*2=16   8*3=24   8*4=32   8*5=40   8*6=48   8*7=56   8*8=64
9*1=9    9*2=18   9*3=27   9*4=36   9*5=45   9*6=54   9*7=63   9*8=72   9*9=81
```

5. while 循环

while 循环用于重复执行一组命令。

语法：

```
while: while EXPRESSION; do COMMANDS; done
while ((: while(( exp1; exp2; exp3 )); do COMMANDS; done
```

当条件 EXPRESSION 为真时，执行循环语句块 COMMANDS，直到遇到 done 语句，再返回到 while 命令，判断 EXPRESSION，当其为假时，终止 while 循环。

示例：

```
[root@slave ~]# vi whileqp.sh
[root@slave ~]# cat whileqp.sh
#!/bin/bash
# 文件名：whileqp.sh
echo 打印国际象棋棋盘
# 国际象棋棋盘为八行八列，以两个空格为一个盘格，打印空格底色实现棋盘效果。
i=1
while ((i<=8));do
        j=1
        while ((j<=8));do
                varnum=$[$[i+j]%2]  # 计算行数和列数之和取余的值
                if [ $varnum -eq 0 ];then
                        echo -n -e "\033[41m  \033[0m\033"
                                    # 打印两个红色
                elif [ $varnum -eq 1 ];then
                        echo -n -e "\033[47m  \033[0m\033"
                                    # 打印两个白色
                fi
                let j++
        done
        let i++
        echo
done
unset i j
```

```
[root@slave ~]# chmod +x whileqp.sh
[root@slave ~]# ./whileqp.sh
```
程序运行结果如图 11-1 所示。

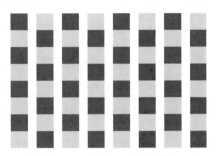

图 11-1 打印国际象棋棋盘

6. until 循环

until 循环和 while 循环类似，区别是：until 循环在条件为真时退出循环，在条件为假时继续执行循环；while 循环在条件为假时退出循环，在条件为真时继续执行循环。

示例：

```
[root@slave ~]# vi untilqp.sh
[root@slave ~]# cat untilqp.sh
#!/bin/bash
# 文件名：untilqp.sh
echo 打印国际棋盘
# 国际棋盘为八行八列，以两个空格为一个盘格，打印空格底色实现棋盘效果。
i=1
until ((i>8));do
        j=1
        until ((j>8));do
                varnum=$[$[i+j]%2]    # 计算行数和列数之和取余的值
                if [ $varnum -eq 0 ];then
                        echo -n -e "\033[41m  \033[0m\033"
                                                # 打印两个红色
                elif [ $varnum -eq 1 ];then
                        echo -n -e "\033[47m  \033[0m\033"
                                                # 打印两个白色
                fi
                let j++
        done
        let i++
        echo
done
unset i j
[root@slave ~]# chmod +x untilqp.sh
[root@slave ~]# ./ untilqp.sh
```

程序执行结果如图 11-1 所示，与前面的程序是一样的效果。

7. continue

continue 为循环控制语句，用于循环体中，表示结束某一个符合条件的循环，但结束的只是当前循环。

8. break

break 的用法同 continue 相同，不同的是它结束整个循环。

11.5 Shell 函数

函数是指一个或一组命令的集合，在脚本中可以调用函数，重复使用，效率较高，函数定义如下。
语法：

```
[ function ] funname [()]
{
  action;
  [return int;]
}
```

函数可以用"function funname()"定义，也可以用"function funname"定义，还可以用"funname()"定义。如果函数名后没有()，在函数名和"{"之间必须要有空格以示区分。

调用一个函数时直接使用定义的函数名即可，与 Shell 命令的用法相同。

函数的运行进程与当前 Shell 是用一个进程，因此不能使用 exit 退出函数体，这个关键字会导致系统退出当前 Shell，因此函数有一个专用的返回命令 return。在函数体中可以使用 return 返回值，返回值在 0~255 之间，使用 $?可以查看返回值。

示例：查看所有定义的函数。

```
declare -f
```

示例：查看特定的函数。

```
declare -f 函数名
```

示例：删除函数。

```
unset -f 函数名
```

示例：

```
[root@slave ~]# vi addfun.sh
[root@slave ~]# cat addfun.sh
#!/bin/bash
# 文件名：addfun.sh
# 简单的加法函数
function addfun()
{
return $(($1+$2));
}
read -p "请输入两个正整数，其间用空格相隔：" a b
addfun $a $b;
echo $a "+" $b "=" $?;
```

```
[root@slave ~]# chmod +x addfun.sh
[root@slave ~]# ./addfun.sh
请输入两个正整数，其间用空格相隔：123 45
123 + 45 = 168
```

11.6 Shell 脚本调试

Shell 编程在 Linux 中使用得非常广泛，熟练掌握 Shell 编程也是成为一名优秀的 Linux 开发人员和系统管理员的必经之路。脚本调试的主要工作就是发现引发脚本错误的原因以及在脚本源代码中定位发生错误的行，常用的手段包括分析输出的错误信息，在脚本中加入调试语句输出调试信息来辅助诊断错误，利用调试工具等。但与其他高级语言相比，Shell 解释器由于缺乏相应的调试机制和调试工具的支持，输出的错误信息又往往很不明确，使得初学者在调试脚本时，除了能够用 echo 语句输出一些信息外，别无他法。而仅仅依靠大量地加入 echo 语句来诊断错误，确实会令人不胜其烦。本节将系统地介绍一些常用的 Shell 脚本调试技术，希望能对 Shell 脚本调试工作有所裨益。

一般情况下 Shell 脚本的调试过程如下。

（1）使用"-n"选项检查语法错误。

示例：

```
[root@slave ~]# vi bug.sh
[root@slave ~]# cat bug.sh
#!/bin/bash
# 问题脚本，仅用于测试
isRoot()
{
        if [ "$UID" -ne 0 ]
                return 1
          else
                return 0
          fi
}
isRoot
if ["$?" -ne 0 ]
then
        echo "Must be root to run this script"
        exit 1
else
        echo "welcome root user"
        #do something
fi
[root@slave ~]# sh -n bug.sh
bug.sh:行7: 未预期的符号 `else' 附近有语法错误
bug.sh:行7: `          else'
```

第 7 行有一个语法错误，仔细检查第 7 行前后的命令，发现是由于第 5 行的 if 语句缺少 then 关键字引起的（习惯了 C 语言的人很容易犯这个错误）。可以把第 4 行修改为"if ["$UID" -ne 0]; then"来修正这个错误。再次运行"sh -n bug.sh"来进行语法检查，没有再报告错误。

```
[root@slave ~]# sh -n bug.sh
```

接下来就可以实际执行这个脚本了，执行结果如下：

```
[root@slave ~]# sh bug.sh
bug.sh:行12: [0: 未找到命令
welcome root user
```

尽管脚本已经没有语法错误了，但在执行时又报告了错误。错误信息还非常奇怪"[0: 未找到命令"。

（2）接下来定制 PS4 变量的值来增强"-x"选项的输出信息，至少应该让其输出行号信息。

```
[root@slave ~]# export PS4='+${LINENO}: ${FUNCNAME[0]}: '
```

（3）再使用"-x"选项来跟踪脚本的执行，将使调试之旅更轻松。

```
[root@slave ~]# sh -x bug.sh
+ isRoot
+ '[' 0 -ne 0 ']'
+ return 0
+ '[0' -ne 0 ']'
bug.sh:行12: [0: 未找到命令
+ echo 'welcome root user'
welcome root user
```

从输出结果中可以看到，脚本实际执行的语句、该语句的行号以及所属的函数名都被打印出来，从中可以清楚地分析出脚本的执行轨迹及其调用函数的内部执行情况。由于执行时是第 12 行报错，它是一个 if 语句，对比分析一下同为 if 语句的第 5 行的跟踪结果：

```
+{5:isRoot} '[' 503 -ne 0 ']'
+{12:} '[1' -ne 0 ']'
```

可知第 12 行的"["号后面缺少了一个空格，导致"["号与紧跟它的变量"$?"的值 1 被 Shell 解释器看作了一个整体，并试着把这个整体作为一个命令来执行，故有"[0: 未找到命令"的错误提示。只需在"["号后面插入一个空格就一切正常了。

```
[root@slave ~]# vi bug.sh
[root@slave ~]# sh -x bug.sh
+ isRoot
+ '[' 0 -ne 0 ']'
+ return 0
+ '[' 0 -ne 0 ']'
+ echo 'welcome root user'
welcome root user
[root@slave ~]# sh bug.sh
welcome root user
```

shell 中还有其他一些对调试有帮助的内置变量，比如在 Bash Shell 中有 BASH_SOURCE、BASH_SUBSHELL 等，可以通过 man sh 或 man bash 命令来查看，然后根据调试目的的不同，使用这些内置变量来定制$PS4，从而达到增强"-x"选项的输出信息的目的。

还可以利用 trap、调试钩子等手段输出关键调试信息，以快速缩小排查错误的范围，并在脚本中使用"set -x"及"set +x"对某些代码块进行重点跟踪。

11.7 作业

1. 对本章第一节的 Shell 脚本 mysql8setup.sh 进行改进，在自己的计算机（Linux 从机）上安装 MySQL 8.0.15。

2. 编写 Apache 2.4.6 的自动安装 Shell 脚本，并在自己的计算机（Linux 从机）上安装。

3. 编写 Shell 脚本，每隔 8 分钟监控一次，如果/usr 目录大于 6GB，发邮件给管理员（web@zidb.com）。

4. 编写 Shell 脚本，在自己的计算机（Linux 从机）上安装 PHP 7.3.3，同时安装 phpMyAdmin 4.8.5。

5. 编写 Shell 脚本，生成 1000 个随机数保存于数组中，并找出其中的最大值和最小值。

参 考 文 献

[1] 余柏山. Linux 系统管理与网络管理. 北京：清华大学出版社. 2014.
[2] 胡玲.曲广平.Linux 系统管理与服务配置. 北京：电子工业出版社. 2015.
[3] 李贺华，李腾. 云架构操作系统基础. 北京：电子工业出版社. 2018.
[4] 高俊峰.高性能 Linux 服务器构建实例. 北京：机械工业出版社.2015.
[5] 何明. Linux 从入门到精通. 北京：中国水利水电出版社. 2018.
[6] 鸟哥. 鸟哥的 Linux 私房菜基础学习篇. 4 版. 北京：人民邮电出版社，2018.
[7] CentOS 手册. 2019.
[8] MySQL 手册. 2017.
[9] Apache HTTP 服务器 2.4 文档. 2019.
[10] PHP 手册. 2019.